Humphries / Press / Sutton

Der Kosmos-Baumführer

Über 400 europäische Bäume in Farbe

Illustriert von Ian Garrad, Tim Hayward und David More

Kosmos · Gesellschaft der Naturfreunde
Franckh'sche Verlagshandlung · Stuttgart

Aus dem Englischen übersetzt und bearbeitet von Dr. Bruno P. Kremer
Titel der Originalausgabe „The Hamlyn Guide to Trees of Britain and Europe“, erschienen bei The Hamlyn Publishing Group Ltd., Feltham 1981, unter ISBN 0 600 35278 1 und ISBN 0 600 38777 1

Mit 1132 Farbzeichnungen, 1 farbigen Karte und 30 Schwarzweißzeichnungen von I. Garrad, T. Hayward, D. More und H. Press (Eukalyptus-Früchte)

Umschlaggestaltung von Kaselow Design, München, unter Verwendung einer Farbzeichnung von Marianne Golte-Bechtle

CIP-Titelaufnahme der Deutschen Bibliothek

Der **Kosmos-Baumführer** : über 400 europäische Laub- und Nadelbäume / Humphries ... Ill. von Ian Garrad ... [Aus d. Engl. übers. u. bearb. von Bruno P. Kremer]. – 4. Aufl. – Stuttgart : Franckh, 1990
(Kosmos-Naturführer)
Einheitssacht.: The Hamlyn guide to trees of Britain and Europe <dt.>
ISBN 3-440-06140-X
NE: Humphries, Christopher J. [Mitverf.]; Garrad, Ian [Ill.]; Kremer, Bruno P. [Bearb.]; EST

4. Auflage
Franckh'sche Verlagshandlung, W. Keller & Co., Stuttgart / 1990

Printed in Hong Kong / Imprimé en Hong Kong / LH 14 Ste / ISBN 3-440-06140-X
Satz: Setzerei G. Müller, Heilbronn
Herstellung: Mandarin Publ. Ltd., Hong Kong

Der Kosmos-Baumführer

Vorwort

Dieses Buch möchte Naturfreunden und Hobbybotanikern bei der Bestimmung der in Europa heimischen oder angepflanzten Bäume helfen.
Es bietet einfache, überschaubare Schlüssel, klare Illustrationen und knappe, kennzeichnende Texte, um Form, Variation und Verbreitung wichtiger, in Europa wachsender Bäume zu erkennen. Etwa 400 Arten werden in Wort und Bild vorgestellt.
Die Artenauswahl schließt sämtliche in Europa heimischen Laub- und Nadelbäume ein und läßt nur einige wenige, ausgesprochen seltene Arten aus. Zusätzlich werden alle wichtigen Forst-, Park- und Zierbäume berücksichtigt, die aus anderen Kontinenten stammen, sofern sie in Europa häufiger angepflanzt werden. Da insgesamt mehr als 1000 Gehölzarten nach Europa eingeführt wurden und in Kultur sind, ist es natürlich unmöglich, die fremdländischen Formen lückenlos zu erfassen. Dies ist gewiß auch unnötig, da viele Exoten nur in privaten Sammlungen oder in botanischen Gärten anzutreffen sind. Es kann daher vorkommen, daß in einem Spezialfall die sichere Bestimmung einer fremdländischen Art nicht möglich ist, besonders dann, wenn eine Art aus einem komplexen Formenkreis mit Neigung zu stärkerer Variabilität besteht. In solchen Fällen wird die Benutzung von Spezialwerken nicht zu umgehen sein. Die große Mehrzahl aller Bestimmungsprobleme, die sich in der durchschnittlichen Praxis ergeben, wird mit diesem Buch jedoch ohne weiteres zu lösen sein.

C. J. Humphries
J. R. Press
D. A. Sutton

Zum Umgang mit diesem Buch

Die in diesem Buch aufgeführten Baumarten umfassen alle in Mitteleuropa heimischen Arten, zusätzlich die meisten europäischen Formen und viele kultivierte Gehölze, sofern sie in mehr als einem europäischen Land angepflanzt werden. Das behandelte Gebiet deckt sich mit der Abgrenzung, die auch der „Flora Europaea" zugrunde liegt und die der traditionellen Grenzziehung folgt. Dieses Gebiet ist auf der Karte (s. Seite 5) angegeben. Baumarten, die in diesem Buch nicht aufgeführt werden, sind große Seltenheiten aus entlegenen oder unzugänglichen Gegenden Europas. Sie sind oft nur in privaten Sammlungen oder in botanischen Gärten anzutreffen. Da das europäische Klima die erfolgreiche Kultur vieler eingeführter Arten aus Nordamerika, China, Japan oder sogar Australien zuläßt, sind zahlreiche als Forst-, Park- oder Zierbäume angepflanzte Arten unabhängig von ihrer Herkunft und nur nach ihrer Häufigkeit aufgenommen worden.
Das Buch besteht aus vier Teilen: Am Anfang stehen Bestimmungsschlüssel zum Auffinden der Gattungen und Arten. Dann folgt der systematische Teil mit Farbtafeln und genaueren Artbeschreibungen, und schließlich erleichtert ein Sachregister die Suche bestimmter Formen und Arten des systematischen Teils. Diese Teile können unabhängig voneinander oder zusammen benutzt werden, um den Namen eines bestimmten Baumes festzustellen. Wenn eine Art zum erstenmal bestimmt werden soll, beginnt man am

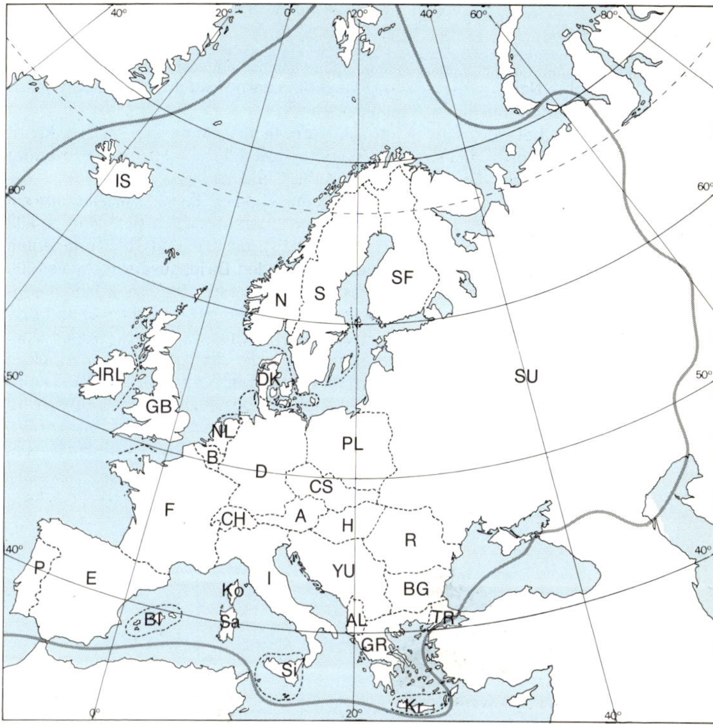

A Österreich **AL** Albanien **B** Belgien **Bl** Balearen **BG** Bulgarien **CH** Schweiz **CS** Tschechoslowakei **D** Deutschland **DK** Dänemark **E** Spanien **F** Frankreich **GB** Großbritannien **GR** Griechenland **H** Ungarn **I** Italien **IRL** Irland **IS** Island **Ko** Korsika **Kr** Kreta **N** Norwegen **NL** Niederlande **P** Portugal **PL** Polen **R** Rumänien **S** Schweden **Sa** Sardinien **SF** Finnland **Si** Sizilien **SU** Sowjetunion **TR** Türkei **YU** Jugoslawien

besten mit den Schlüsseln, die alle vor dem Hauptteil des Buches stehen und auf Seite 14 beginnen. Wenn man den Namen der Gattung oder der Art bereits zu kennen glaubt, kann man sie über das Sachregister gezielt aufsuchen und anhand der Abbildungen und Beschreibungen Vergleiche anstellen. Fast alle der im Text erwähnten Arten werden auch farbig abgebildet. Grundsätzlich stehen die Abbildungen immer den zugehörigen Texten gegenüber. Die umfangreicheren Gruppierungen wie Nadelhölzer, Eichen oder Palmen stehen alle beisammen, so daß man den Bild- und Textteil auch einfach durchblättern kann, um die passenden Zusammenhänge zu finden.
Jede Artbeschreibung nennt zuerst den verbindlichen deutschen Pflanzennamen und dann die wissenschaftliche Bezeichnung mit dem Namen des Autors, der als erster eine gültige Artkennzeichnung gegeben hat. Für einige eingeführte Baumarten, für die es keine gängige deutschsprachige Bezeichnung gibt, wurde aus dem wissenschaftlichen Artnamen eine zutreffende Bezeichnung abgeleitet. Grundsätzlich werden systematische Einheiten innerhalb der Art nur dann erwähnt, wenn eine sehr formenreiche Art in Europa durch eine besondere Kulturvarietät oder Unterart vertreten oder eine fremdländische Art nur in Form bestimmter Kulturvarietäten vorhanden ist.

Einleitung

Was ist ein Baum?

Ein gemeinsames Merkmal von Bäumen und Sträuchern ist, daß sich ihre Stämme und Äste jedes Jahr durch das Austreiben von Endknospen um einen bestimmten Betrag verlängern. Dabei nehmen sie auch allmählich an Dicke und Umfang zu, – ein Vorgang, der als sekundäres Dickenwachstum bezeichnet wird. Wichtige Unterschiede bestehen darin, daß ein Baum normalerweise einen einzelnen Stamm besitzt, der am Grunde in das reich verzweigte Wurzelwerk übergeht und oben eine lockere oder dichte Krone mit Astwerk und Zweigen trägt, während ein Strauch mitunter mehrere Stämme aufweist, die sich sämtlich schon von Grund an verzweigen. Dieses Buch behandelt ausschließlich Bäume. Es sollte betont werden, daß die sichere Entscheidung zwischen Baum oder Strauch im Zweifelsfall nicht immer leicht ist. So ist beispielsweise der Eingriffelige Weißdorn *(Crataegus monogyna)* häufiger Bestandteil von Hecken und als solcher gewiß strauchförmig mit vielen Ästen, die unmittelbar über dem Boden vom Stamm abzweigen. Da er jedoch auch als einzelner Baum bis 10 m Höhe mit deutlichem Stamm wachsen kann, wird er hier in jedem Fall zu berücksichtigen sein. Andererseits ist die Baum-Heide *(Erica arborea)* trotz ihrer beachtlichen Wuchshöhe bis 7 m immer ein Strauch, der keinen echten oder deutlichen Einzelstamm hervorbringt. Solche Arten werden folglich nicht aufgeführt. Für die Zwecke dieses Buches kann man einen Baum als eine Holzpflanze definieren, die gewöhnlich 3 m Wuchshöhe überschreitet und einen einzelnen, deutlichen Hauptstamm aufweist.

Aufbau und Wachstum der Bäume

Triebe

Der Trieb (s. Bild 1) besteht aus den Ast- und Zweigenden, die gewöhnlich die Blätter sowie die Blüten und Früchte tragen. Bei vielen Bäumen umfaßt der Trieb eine Hauptachse und mehrere Seitenzweige. Die Stelle, an der das Blatt ansitzt, heißt Knoten. Der Winkel, den das Blatt mit dem Zweig oder Trieb bildet, ist die Blattachsel. Eine achselständige Knospe oder Blüte wird folglich an dieser Stelle zu suchen sein. Die Endknospe sitzt am Trieb- oder Zweigende. Jede Knospe stellt ein spezialisiertes Überwinterungsorgan zum Schutz der empfindlichen wachsenden Teile des Baumes dar. Sie können am besten im Winter beobachtet werden.

Bild 1 zeigt einen dreijährigen Zweig der Roßkastanie *(Aesculus hippocastanum)* mit der typischen Verteilung der End- und Seitenknospen. Außer den Knospen sind die Knospennarben vergangener Vegetationsperioden zu erkennen. Sie heißen Knospenspuren und fallen ebenso auf wie die größeren, helleren, hufeisenförmigen Blattnarben (Blattspuren). Die übrigen Zeichnungen und Marken auf dem Trieb sind Lentizellen. Dies sind kleine Öffnungen, die mit lose gepackten Korkzellen angefüllt sind und die ausreichende Durchlüftung des Rindengewebes sicherstellen.

Die Endknospen schließen die Vegetationspunkte für das Längenwachstum der Triebe ein, während die Seitenknospen am zweijährigen Trieb die Seitenzweige entwickeln. Keine der Seitenknospen wächst im ersten Jahr zu einem längeren Zweig aus, es sei denn, die Endknospe geht infolge Verletzung oder Beschädigung verloren. Erst im folgenden Frühjahr entstehen durch das Wachstum der Seitenknospen am zweijährigen Trieb Seitenzweige. Nach drei Jahren bzw. Wachstumsperioden sind eine Hauptachse und Seitenzweige verschiedener Ordnung entstanden.

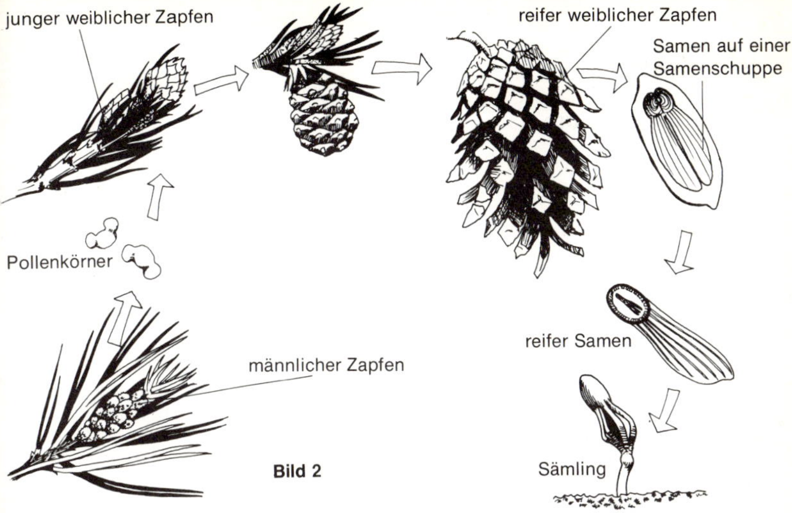

Bild 2

Bild 1

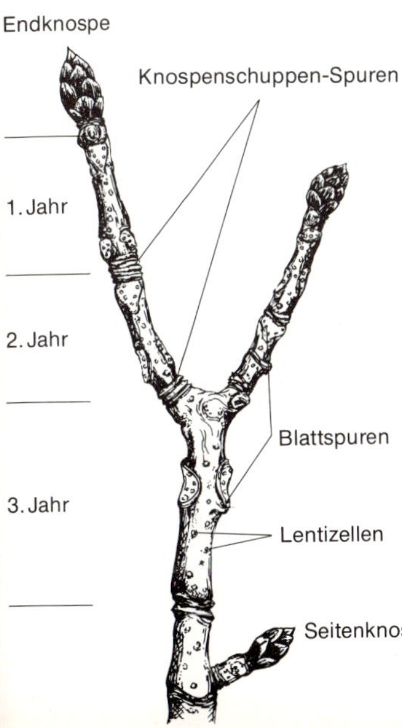

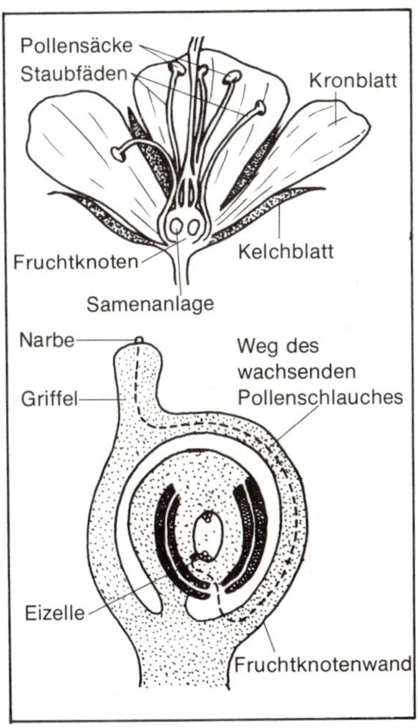

Bild 3

Wuchsform

Hinsichtlich Wuchsform und Aussehen sind Bäume außerordentlich variabel, weil ihre Wachstumseigenschaften von vielerlei Faktoren und Einflüssen kontrolliert und überlagert werden. Viele Leute kennen die typischen Unterschiede zwischen einer Fichte und einer Eiche. Der Nadelbaum wächst mit kegelförmiger, spitz zulaufender Krone. Der typische Laubbaum ist dagegen dichtkronig und rundlich. Beim genaueren Hinsehen zeigt sich, daß die Fichte aus einer definierten Hauptachse besteht, von der deutlich untergeordnete Seitenzweige waagrecht abstehen. Dagegen trägt die Eiche mehrere Hauptäste, von denen keiner den anderen übergeordnet ist; innerhalb der Krone ist keine einzelne Hauptachse erkennbar. Daß der Hauptstamm der Nadelbäume ausschließlich senkrecht, die Seitenzweige dagegen immer horizontal wachsen, ist der Ausdruck eines Kontrollsystems, das Apikaldominanz genannt wird. Die Spitze des Baumes weist das rascheste Wachstum auf. Das Wachstum des gesamten Baumes wird durch pflanzliche Hormone reguliert, die von der Hauptachse in die Seitenzweige gelangen. Sollte der Leittrieb beschädigt werden oder verlorengehen, wird einer der nächsten Seitenzweige sich aufrichten und dessen Funktion übernehmen. Bei einigen Nadelbäumen, beispielsweise bei den Zedern oder bei der einheimischen Wald-Kiefer, wird die Apikaldominanz mit zunehmendem Alter unterdrückt. Dann können auch die Seitenäste erstarken und bis auf das Niveau der Hauptachse emporwachsen, so daß die Krone zunehmend unregelmäßig und abgeflacht ausgestaltet wird. Alle Bäume mit reguliertem Wachstum werden daher einen auffallenden Hauptstamm und kontrollierte Seitenäste entwickeln, folglich also eine regelmäßig kegelförmige Krone entwickeln. Nadelbäume, Pappeln, Kirschbäume und andere Arten wachsen viele Jahre lang in dieser Weise. Andere Formen verlieren dagegen schon frühzeitig die Apikaldominanz und formen daher sehr bald unregelmäßig erscheinende, unübersichtliche Verzweigungssysteme. Bei Bäumen mit runder, gewölbter Krone, beispielsweise bei Eichen, ist der frühzeitige Verlust der Apikaldominanz nicht zu übersehen.

Auch die Umwelt beeinflußt die Wuchsform sehr nachhaltig. Die wichtigsten Umweltfaktoren, die dabei wirksam werden, sind Licht und Wind. Freistehende Bäume entwickeln meist sehr massive, bis fast auf den Boden herabreichende Äste. Sie scheinen nur sehr kurze Stämme zu haben und fallen durch ihre volle, dichte Krone auf. Im dichten Verband werden dagegen eher schlanke, im unteren Teil weitgehend astfreie Stämme und schmale, überlappende Kronen angelegt. Die unteren Äste stellen infolge der dauernden Beschattung schon sehr bald ihr Wachstum ein. In dieser Art werden Forstbäume in Monokulturen anstelle lichterer Mischbestände gezogen.

Wind ist ebenfalls ein wichtiger Umweltfaktor, der auf die Baumform Einfluß nimmt. Bäume an Standorten mit bevorzugter Windrichtung tragen auf der Leeseite längere, kräftigere Äste und entwickeln daher eine etwas einseitswendige Krone. Dies hängt damit zusammen, daß die dem Wind zugewandten Knospen viel leichter beschädigt oder im Wachstum gestört werden. Zusätzlich brechen im Luv auch die Äste viel eher ab. Bäume in unmittelbarer Küstennähe werden außerdem von der aufgesprühten Salzgischt beeinflußt. Die Summe dieser Einflüsse ist die gerade in Meeresnähe immer wieder zu beobachtende Windschur, die die Erscheinungsform der Bäume sehr weitgehend verändern kann.

Stamm und Holzaufbau

Am gefällten Baumstamm sind meist drei verschiedene Zonen deutlich zu erkennen: Den größten Teil nimmt das eigentliche Holz, auch Xylem genannt, ein. Außen findet sich eine unterschiedlich dicke Lage von korkiger Rinde oder Borke, und dazwischen liegt der Bastteil oder das Phloem. Der Holzteil besteht aus einem meist trockenen, dunkler gefärbten Kernholz und dem helleren, saftführenden Splintholz, das mit Wasser und den aus dem Boden aufgenommenen Nährstoffen gefüllt ist. Mit anderen Worten, das Kernholz ist tot und erfüllt nur noch mechanische Funktionen der Festigung. Es lagert immer mehr Holzsubstanz, Lignin genannt, ein, die dem gesamten Stamm die nötige Festigkeit verleiht. Den Holzzylinder umgibt das Phloem, durch das die in den Blättern hergestell-

ten Reservestoffe abgeleitet und Speicherorten zugeführt werden. Das Phloem wird schließlich von Korkschichten umgeben, die je nach Baumart unterschiedlich dick ausfallen können. Kork und Borke sind schützende Schichten aus totem Gewebe.
Das Holz der Nadelbäume besteht nur aus zwei verschiedenen Zelltypen. Die Leitelemente bestehen aus langen, dicken, faserförmigen Zellen, die an den Enden in charakteristischer Weise durchbrochen sind (Tracheiden). Die anderen Zellen bestehen aus dünnwandigen, mehr rechteckigen Elementen (Parenchymzellen), die in radialen Reihen angeordnet sind und dem geschnittenen Holz seine auffallende Maserung verleihen. Laubbaumholz besteht fast immer aus drei verschiedenen Zelltypen. Anstelle der faserigen Bausteine im Leitgewebe (Tracheiden) besitzen Laubbäume große, ziemlich dünnwandige, aber ausgesteifte Gefäße (Tracheen) neben kompakten, dickwandigen, zugespitzten Holzfasern. Die Parenchymzellen sind ebenfalls in radialen Reihen zu Markstrahlen angeordnet.

Blätter

Die Blätter sind die Reservestoffabriken der Pflanzen. Sie stellen spezialisierte Organe dar, die Wasser und Nährstoffe aus dem Boden – von den Wurzeln und den Leitelementen des Xylems herangeführt – sowie Kohlendioxid aus der Atmosphäre – durch Spaltöffnungen (Stomata) an der Blattunterseite aufgenommen – mit Hilfe der Energie des Sonnenlichtes in komplexe, organische Moleküle umwandeln. Sie benötigen dazu chlorophyllhaltiges Blattgewebe. Die hier synthetisierten Stoffe, vor allem Kohlenhydrate, werden über das Phloem auf alle anderen Teile der Pflanze verteilt.
Das typische Blatt besteht aus einem Blattstiel, mit dem es am Zweig ansitzt, und der Blattspreite, die der wichtigste funktionelle Teil ist. Manchmal kann der Blattstiel sehr kurz sein oder ganz fehlen. (Solche Blätter heißen sitzend.)
Die Blattspreite wird durch den Blattstiel mit einem Netzwerk von Blattnerven (Leitgewebe) versorgt, deren Gesamtheit die typische Blattnervatur ergibt. In manchen Blättern setzt sich der Blattstiel zunächst in einem Hauptnerv fort, der sich seinerseits in ein komplexes Netzwerk auflöst. Dieser Typ wird als Netznervatur bezeichnet. Er findet sich bei Ahorn, Eiche oder Ulme. Bei anderen Bäumen findet sich dagegen ein anderes Muster, das aus mehreren gleichwertigen, parallel verlaufenden Blattnerven besteht. Solche Parallelnervatur (Streifennervatur) ist typisch für einkeimblättrige Pflanzen, zu denen die Palmen und ihre Verwandtschaft gezählt werden. Nadelhölzer führen in ihren Nadelblättern meist nur ein oder einige wenige Leitbündel.

Vermehrungseinrichtungen

Die Fortpflanzungsorgane der Nacktsamer und Bedecktsamer unterscheiden sich grundsätzlich in einer Reihe von Merkmalen. Bei den Nacktsamern (Gymnospermen) sind die Blüten immer zu komplexeren Systemen angeordnet, die meist als Zapfen bezeichnet werden. Gewöhnlich sind die beiden Geschlechter auf verschiedene Bäume verteilt, obwohl sie auch auf dem gleichen Baum untergebracht sein können. Die Blüten der Bedecktsamer (Angiospermen) sind weitaus vielgestaltiger. Sie stehen nicht notwendigerweise in Blütenständen, und die einzelne Blüte kann entweder rein männlich, rein weiblich oder auch zwittrig sein.

Gymnospermen (s. Bild 2)
Der junge weibliche Zapfen besteht aus einer zentralen Achse, auf der die Fortpflanzungseinrichtungen in einer engen Spirale angeordnet sind. Eine oder mehrere Samenanlagen sind am Grunde einer blattartigen Schuppe, der Samenschuppe (Fruchtblatt) angebracht und werden von einer dünneren Schuppe, der Deckschuppe, überlagert. Samen- und Deckschuppe variieren in ihren jeweiligen Anteilen und können auch in ganz unterschiedlichem Ausmaß miteinander verwachsen. Bei einigen Gattungen, zum Beispiel bei *Abies*, sind beide immer klar erkennbar. Bei anderen, etwa bei *Cupressus*, sind beide Schuppen zur Reifezeit fest miteinander verbunden und normalerweise nicht zu unterscheiden. Junge Zapfen sind grün und weich. Zur Bestäubungszeit sind beide

Schuppentypen noch voneinander getrennt, um dem anfliegenden Pollen Zugang zu den Samenanlagen zu gewähren. Nach der Bestäubung schließen die Zapfenschuppen wieder dichter ab und werden außen sogar durch einen harzigen Überzug versiegelt. Erst nach einigen Monaten (in manchen Gattungen auch Jahren) werden die Eizellen in den Samenanlagen befruchtet und beginnen mit der Entwicklung der Samen. Während der Reifezeit wird der Zapfen holzig und braun. Die Schuppen weichen bei Trockenheit auseinander, um den reifen Samen freizugeben.
Die weiblichen Zapfen können sehr unterschiedlich aussehen und aufgebaut sein. Die folgenden Beispiele sind nur einige Extreme aus dem umfangreichen Formenspektrum. Bei *Juniperus* werden die Samenschuppen fleischig und bilden einen Beerenzapfen. *Taxus* besitzt nur eine Samenanlage an der Spitze einer kurzen Achse, die später von einem fleischigen Samenmantel (Arillus) umgeben wird. *Cephalotaxus* besitzt ein gegenständiges Paar napfförmiger Schuppen mit je zwei grundständigen Samenanlagen, von denen sich gewöhnlich nur eine zu einem olivenähnlichen Gebilde entwickelt.
Die männlichen Zapfen bestehen aus meist zahlreichen Mikrosporophyllen oder Staubblättern, die zu kätzchenähnlichen Ständen zusammengefaßt werden. Jedes Staubblatt trägt Pollensäcke (Mikrosporangien), die meist gelb oder rot gefärbt sind und die Pollenkörner freisetzen.

Angiospermen (s. Bild 3)
Die Blüte der Angiospermen ist wie die der Gymnospermen ein umgestalteter, blatttragender Trieb, der sich durch Samenbildung sexuell fortpflanzt. Die Samenanlagen der Angiospermen sind jedoch im Unterschied zu den Nacktsamern in einen Fruchtknoten eingeschlossen. Ein weiteres Unterscheidungsmerkmal ist die Narbe an der Spitze des Fruchtknotens, der sich darauf spezialisiert hat, die Pollen einzufangen und festzuhalten, da die Pollenkörner die Samenanlagen nicht mehr wie bei den Gymnospermen unmittelbar erreichen können. Da die Pollen der Nacktsamer überwiegend vom Wind „verfrachtet" werden, können die Zapfen unauffällig bleiben. Obwohl auch einige Bedecktsamer windblütig sind (beispielsweise die kätzchentragenden Gattungen mit ebenfalls unauffälligen Blüten), wird bei der Mehrzahl der Angiospermen der Pollen durch Tiere übertragen. Auffällige Blüten und bestäubende Tiere gehören untrennbar zusammen. Eine Blüte ist eigentlich immer eine auffällige Einrichtung aus vier verschiedenen funktionellen Teilen: Die Kelchblätter (Sepalen) schützen die Blütenknospe vor Beschädigung; die duftenden und farbig ausgestalteten Kronblätter (Petalen) locken die Bestäuber an; das Andrözeum umfaßt die Gesamtzahl der Staubblätter (mit Pollensäcken auf einem Filament); das Gynözeum schließlich besteht aus dem Fruchtknoten mit den Samenanlagen, der Narbe und dem Griffel. Die meisten Angiospermenblüten sind zwittrig. Dagegen gibt es jedoch auch eine Reihe zweihäusiger Arten mit eingeschlechtigen Blüten. Bekannte Beispiele sind die Weiden. Einhäusige Arten mit getrenntgeschlechtigen Blüten auf der gleichen Pflanze sind die Birken, Hasel, Buchen, Eichen und Eschen, meist also kätzchentragende, windbestäubte Pflanzen.
Anordnung und Bau der Bestandteile einer typischen Angiospermenblüte unterliegen zahlreichen Veränderungen. Alle oben benannten Bauelemente sind auf bestimmte Wirtel oder Kreise beschränkt. Die einzelnen Kreise unterscheiden sich in der relativen Stellung zueinander, die Anzahl der Elemente innerhalb des Kreises sowie in Art und Ausmaß der Verwachsung untereinander oder zwischen den verschiedenen Kreisen. Das Bild wird noch komplizierter dadurch, daß in vielen Arten einzelne Teile der Kreise ausfallen können. So fehlen in der Gattung *Eucalyptus* oder bei den kätzchentragenden Gattungen beispielsweise die Kronblätter.

Verbreitung der Bäume

Für den beachtlichen Artenreichtum der europäischen Gehölzflora gibt es im wesentlichen nur zwei Gründe: Der erste besteht in der reichen Vielfalt ökologischer und klimati-

scher Faktoren, die zur Entwicklung einer umfangreichen Flora entscheidend beitragen. Der zweite Grund ist zivilisationsbedingt: Seit Jahrhunderten führt der Mensch fremdländische Pflanzenarten ein und erweitert so deren natürliche Verbreitungsräume durch die Übernahme in Forst- und Gartenkulturen.
Die 190 einheimischen Arten, die in diesem Buch behandelt werden, sind gleichzeitig eindrucksvolle Beispiele verschiedener Verbreitungstypen. Weltweit gesehen gibt es Familien wie die Fagaceae, Ulmaceae oder Aquifoliaceae, die auf den Kontinenten beidseits des Äquators vertreten sind. Die Fagaceae, in Europa durch *Quercus, Fagus* und *Castanea* repräsentiert, stellen eine recht alte Familie dar, die wahrscheinlich bis in die Kreidezeit zurückreicht. Der nächste Verwandte der Gattung *Fagus* (auf der Nordhalbkugel sehr weit verbreitet), ist die Südbuche *(Nothofagus)*, die auf der Südhalbkugel ebenso weitverbreitet ist und in Neuseeland, Australien oder Südamerika oder in den Gebirgen Neukaledoniens und Neuguineas auftritt. Die getrennte Entwicklung dieser beiden Gattungen begann mit dem Auseinanderbrechen des Superkontinents Pangäa. Auf der Nordhalbkugel gibt es nur eine Baumart, den Gemeinen Wachholder *(Juniperus communis)*, der sowohl in Europa, in Nordamerika und in Asien natürlicherweise sehr weit verbreitet ist. Andererseits gibt es aus verschiedenen Gattungen Beispiele für nah verwandte Arten, die sich in getrennten Kontinenten gegenseitig vertreten. Die östliche und westliche Platane, *Platanus orientalis* und *Platanus occidentalis*, müssen in diesem Zusammenhang genannt werden. Heute sind sie auf den getrennten nördlichen Landmassen weit verbreitet, bildeten mutmaßlich jedoch eine einheitliche Population, bevor die Kontinentalverdriftung einsetzte. Trotz geologisch langer Trennung bildeten sie einen gemeinsamen Bastard *Platanus hybrida*, der jetzt überall in Europa gepflanzt wird und ein lebender Zeuge für die genetische Ähnlichkeit seiner Elternarten ist.
Im Gegensatz zu diesen interkontinentalen Verbreitungstypen stehen solche Gattungen, die ausschließlich auf die Alte oder Neue Welt beschränkt sind. Ein Paradebeispiel für die Verbreitung in der Alten Welt ist die Gattung *Pterocarya*, die eine Art im Kaukasus, eine in Japan und sechs Arten in China aufweist. Ein weiteres interessantes Beispiel ist die artenreiche Gattung *Cotoneaster*, deren etwa 70 verschiedene Arten nur in den Gebirgen Europas und Asiens beheimatet sind. Weniger artenreich, aber von einem vergleichbaren Verbreitungsbild ist die Gattung *Laburnum*, die drei ziemlich weit verbreitete Arten aufweist. Sie reichen vom südlichen Mitteleuropa bis nach Asien.

Systematik, Taxonomie und Nomenklatur

Die Systematik untersucht die verwandtschaftlichen Beziehungen zwischen den Organismen. Die Taxonomie betreibt die daraus abzuleitende Klassifizierung der Pflanzen und Tiere und deren Unterbringung in ein hierarchisches System verschiedener Rangstufen, die jeweils besondere Bezeichnungen tragen. Zunächst geht man dabei von einer definierten und gültig benannten Art aus. Mehrere ähnliche Arten werden in die gleiche Gattung gestellt. Mehrere Gattungen, die bestimmte gemeinsame Merkmale aufweisen, bilden zusammen eine Familie. Ein Taxon (Mehrzahl: Taxa) ist die allgemeine Bezeichnung für eine beliebige Rangstufe oder Kategorie innerhalb einer bestimmten Klassifizierung der Organismen. Familien, Gattungen oder Arten sind daher allesamt Taxa, gehören jedoch verschiedenen Rangstufen an.
Seit jeher versucht der Mensch, verschiedene Dinge der Umgebung besonders zu benennen, um sie voneinander unterscheiden zu können. Im Fall der Pflanzen und Tiere werden dazu mehr oder weniger geläufige Namen und Bezeichnungen verwendet. Obwohl solche Namen meist vertraut sind und verständlich erscheinen, haben sie doch viele Nachteile. Einerseits sind sie wenig kontrollierbar und festgelegt. Der gleiche Name wird oft für verschiedene Pflanzen selbst innerhalb des gleichen Landes verwendet. Vor allem aber eignen sie sich kaum oder überhaupt nicht für den internationalen Verkehr, selbst wenn sie durch besondere Festlegung nur einer bestimmten Art vorbehalten sind. Aus ‚Stein-Eiche' wird im Englischen ‚Holm Oak', im Französischen ‚Chênevert' und im

Maltesischen ‚Ballut'. Eindeutiger und klarer ist da gewiß die wissenschaftliche Bezeichnung *Quercus ilex.*
Die wissenschaftliche Namengebung dient folglich der Genauigkeit und Klarheit. Man wählt dafür lateinische Wortbestandteile, da Latein von (den meisten) Wissenschaftlern verstanden wird und sich für eine internationale sprachliche Verständigung am ehesten eignet. Die wissenschaftliche Benennung von Pflanzen und Tieren heißt Nomenklatur. In der botanischen Nomenklatur werden die Pflanzen mit Binomen benannt, die die Artbezeichnung festlegen und gleichzeitig erkennen lassen, zu welcher Gattung die betreffende Art gehört. So werden alle Eichen-Arten in die Gattung *Quercus* gestellt; bestimmte Arten werden dann etwa *Quercus ilex* oder *Quercus robur* genannt, indem dem Gattungsnamen ein weiterer kennzeichnender Begriff (das Art-Epitheton) zur Seite gestellt wird. Der vollständige Name der Stein-Eiche lautet *Quercus ilex* L. Das ‚L.' ist eine Abkürzung von LINNAEUS, dem latinisierten Namen CARL VON LINNEs, der diese Art im Jahre 1753 zum erstenmal gültig beschrieben und benannt hat. Um die Nomenklatur schlüssig zu gestalten, wird hinter dem wissenschaftlichen Artnamen stets der Name des Autors angeführt, der die betreffende Art als erster benannt und die Artbeschreibung gültig publiziert hat. Manchmal kommt es vor, daß ein späterer Autor den gleichen Namen nochmals für eine andere Art verwendet. Mit *Quercus ilex* wurde beispielsweise auch eine südostasiatische Eichen-Art benannt. Diese erneute Verwendung ist natürlich unzulässig und muß gelöscht werden.
Da sich taxonomische Konzepte oder das systematische Verständnis mit der Zeit ändern können, weil neues und besseres Untersuchungsmaterial vorgelegt wird, sind Namensänderungen oft nicht zu umgehen. Mitunter ist auch festzustellen, daß frühere Nomenklaturen ein weiteres Arten- oder Gattungsverständnis hatten als moderne Taxonomen, die möglichst kleine Formenkreise zu fassen versuchen. In solchen Fällen sind Verbesserungen oder Anpassungen fällig. LINNE hat beispielsweise die Schwarz-Erle als Vertreter kätzchentragender Bäume aufgefaßt und sie in die Gattung *Betula* mit der Benennung *Betula glutinosa* L. gestellt. Ein anderer Botaniker, PHILLIP MILLER, war der Meinung, daß der Gattungsname *Betula* eingeschränkter zu verwenden sei und nur die weißberindeten Birken umfassen sollte. Er beschrieb folgerichtig eine neue Gattung *Alnus,* um die zuvor ausgeklammerten Erlen unterzubringen. Ein dritter Autor, GAERTNER, überführte die einheimische Schwarz-Erle in diese Gattung. Da der „Botanical Code of Nomenclature", eine Art botanisches Gesetzbuch, in seinem Prioritätsartikel vorschreibt, daß das ursprüngliche Art-Epitheton beim Wechsel der Gattungsbezeichnung erhalten bleiben muß, erhielt die Schwarz-Erle den nunmehr gültigen Namen *Alnus glutinosa.* Weil aber LINNE diese Neukombination nicht schuf, sondern nur den artkennzeichnenden Beinamen beisteuerte, wird sein Namenskürzel in Klammern hinter die Artbezeichnung gesetzt, gefolgt von dem Autorennamen, auf den die derzeit gültige Neukombination zurückgeht. Die vollständige Benennung der Schwarz-Erle lautet daher *Alnus glutinosa* (L.) GAERTNER.
Innerhalb der Art gibt es mehrere Kategorien, die die infraspezifische Variabilität der Baumarten zu beschreiben und benennen helfen. Unterarten (Subspecies) stehen für regional verschiedene Formen der gleichen Art, die sich in bestimmten Merkmalen mehr oder weniger deutlich unterscheiden und getrennte Formenkreise darstellen. Fällt die Unterscheidbarkeit weniger deutlich aus oder reicht sie für die gesonderte Abtrennung eigener Unterarten nicht aus, spricht man von Varietäten. Für die Benennung von Unterarten und Varietäten gibt es ebenfalls genau festgelegte, im „Botanical Code of Nomenclature" verankerte Regeln. Als Cultivars werden solche Varietäten bezeichnet, die in Gärten und Baumschulen in der Folge züchterischer Maßnahmen auftreten. Sie werden nach dem „International Code of Nomenclature of Cultivated Plants" benannt, der im Unterschied zum botanischen Regelwerk die Zusatzangabe des Autors nicht fordert. Die am häufigsten kultivierte Form der Atlas-Zeder (*Cedrus atlantica* (ENDL.) CARRIERE) ist die Blaue Atlas-Zeder, die als cv. ‚glauca' unterschieden wird und sich durch den bläulichen Wachsüberzug auf den Nadeln von der Nominatform abhebt.

Hybriden

Hybriden sind die Nachkommen zweier ungleicher Individuen. Da in diesem Buch verschiedene Taxa (Gattungen, Arten, Unterarten, Varietäten, Cultivars) vorgestellt werden, können Hybriden am ehesten als taxonomische Bastarde verstanden werden, d. h. Kreuzungen zwischen Individuen verschiedener taxonomischer Zugehörigkeit. Hybriden können daher durch intergenerische oder interspezifische Kreuzung etc. zustande kommen.

Die meisten hier beschriebenen Hybriden sind interspezifischer Natur; die zugehörigen Eltern gehören verschiedenen definierten Arten, aber der gleichen Gattung an. Die Bastard-Pappel kommt beispielsweise in Gebieten vor, in denen auch beide Eltern-Arten, die Grau-Pappel (*Populus canescens* (AITON) SM.) und die Zitter-Pappel (*Populus tremula* L.) angetroffen werden.

Interspezifische Bastarde oder Hybriden können in der wissenschaftlichen Nomenklatur auf verschiedene Weise behandelt werden. Wenn die väterliche (Pollen) und die mütterliche (Samenanlage) Art exakt festliegen, ist es üblich, den weiblichen Elternteil zuerst anzuführen. In vielen Fällen ist die genauere Elternschaft bedauerlicherweise jedoch nicht exakt bekannt. Die mutmaßlichen Eltern einer hybridogenen Art werden dann in alphabetischer Reihenfolge angegeben und durch ein ‚×' verbunden. Im erwähnten Beispiel würde die wissenschaftliche Benennung der Bastard-Pappel also *Populus canescens × tremula* lauten. Manchmal erhalten klar als Bastarde erkannte Formen, die in der Natur vorkommen und sich erfolgreich behaupten, auch einzelne artkennzeichnende Zusätze genau wie die konventionellen Arten. Dieses Verfahren ist besonders in der älteren taxonomischen Literatur weit verbreitet. Zur besseren Unterscheidung wird das ‚×' aber auch dann verwendet und vor dem Art-Epitheton geführt, um die hybridogene Herkunft klar zu kennzeichnen. Die Bastard-Pappel würde somit auch als *Populus × hybrida* BIEB. benannt werden können.

Die korrekte wissenschaftliche Benennung eines intergenerischen Bastards, dessen Eltern verschiedenen Gattungen angehören, wird durch ein großes ‚X' vor dem Namen vorgenommen. Solche Fälle sind bei den Bäumen jedoch extrem selten. Das einzige in diesem Buch enthaltene Beispiel ist die Leyland-Zypresse, X *Cupressocyparis leylandii*, ein intergenerischer Bastard zwischen der Nootka-Zypresse *(Chamaecyparis nootkatensis)* und der Monterey-Zypresse *(Cupressus macrocarpa).*

Bestimmung

Umgang mit den Bestimmungsschlüsseln

Die Bestimmungsschlüssel auf den folgenden Seiten leisten die sichere Bestimmung aller in diesem Buch enthaltenen Gattungen und einzelnen Arten, wenn eine Gattung mehr als sechs Arten umfaßt. Gattungen, für die noch ein besonderer Artenschlüssel bereitgehalten wird, sind im Gattungsschlüssel mit einem Sternchen gekennzeichnet und mit zwei Seitenverweisen versehen, von denen der erste auf den Beginn der Artbeschreibungen, der zweite auf die Seitenzahl des Artenschlüssels hinweist. Die weniger artenreichen Gattungen erhalten einfach einen Seitenhinweis auf den Textbeginn der Artenbeschreibung im Hauptteil. Die hier verwendeten Gattungs- und Artenschlüssel sind dichotom angelegt, d. h. es muß schrittweise eine Entscheidung zwischen zwei möglichen Alternativen getroffen werden, die zusammen ein Fragenpaar bilden. Diese Fragen sind nach praktischen Gesichtspunkten zusammengestellt worden. Sie versuchen, möglichst viele Feldmerkmale wie Rinde, Blätter, Kronenaufbau etc. zu verarbeiten, und erlauben damit die Bewältigung von Bestimmungsproblemen während des ganzen Jahres.

Um eine Gattung oder Art zu finden, zu der ein unbekannter Baum gehört, beginnt man mit dem Fragenpaar Nr. 1 unten auf S. 15 und vergleicht den vorliegenden oder mitgebrachten Pflanzenteil mit den Beschreibungen, um Übereinstimmungen festzustellen. Treffen beispielsweise die in Zeile 1 der ersten Frage angegebenen Merkmale zu, geht man zum Fragenpaar Nr. 2 über, wie am Ende der ersten Merkmalsgruppierung angegeben ist. Sollte sich die Beschreibung im zweiten Teil des Fragenpaares Nr. 1 als richtig und ausschließlich zutreffend erweisen, schließt sich, wie vermerkt, das Fragenpaar Nr. 25 unmittelbar an. Auf diese Weise wird die zu bestimmende Form immer weiter eingekreist, bis man schließlich bei der richtigen Gattung (oder Art) anlangt.

Für die meisten Taxa arbeiten die Schlüssel recht gut. Mitunter stellen sie aber auch Fragen, die für die fragliche Pflanze überhaupt nicht zutreffen und nur noch Widersprüche aufdecken. Dafür können verschiedene Gründe vorliegen. Mitunter hat man dann die Bestimmung an einem untypischen Exemplar versucht, oder die fragliche Art ist eine seltene Kulturvarietät, die im Buch nicht eigens aufgeführt wird. Wesentlich häufiger ist jedoch beim Umgang mit den Fragen ein Irrtum unterlaufen und irgendwo eine falsche Entscheidung getroffen worden, weil vielleicht ein bestimmtes Merkmal unrichtig gedeutet oder bewertet wurde. Dann beginnt man den Bestimmungsgang am besten noch einmal von vorn bis zu der kritischen Stelle, an der vielleicht falsch abgezweigt wurde. Wenn eine unbekannte Pflanze nicht genau zu den in der Frage aufgeführten Merkmalen paßt, muß man einfach entscheiden, welche von den beiden angebotenen Alternativen mit dem Aussehen und dem Aufbau der zu bestimmenden Art am ehesten übereinstimmt. In solchen Fällen hat die wahrscheinlichere Feststellung den Vorrang. Ist an einer bestimmten Frage offensichtlich einmal eine falsche Beurteilung vorgenommen worden, folgt man der Alternative zum entsprechenden Teil des Schlüssels.

Gattungsschlüssel

1 Blätter dunkelgrün, hart, schmal, meist stachelspitzig, schuppen- oder nadelförmig (mit Ausnahme von *Ginkgo*); Blattnerven parallel; Jahreswachstum in Wirteln; männliche und weibliche Blüten immer getrennt und meist auf verschiedenen Bäumen, immer ohne Kronblätter; Samen in Zapfen oder in Beerenzapfen **Ginkgo und Nadelhölzer 2**

Blätter heller grün, weich, lederig oder derb, breit (oder selten linealisch bis nadelförmig), Blattnervatur netzförmig, wenn parallelnervig, dann immer mit mehreren gleichwertigen Blattnerven; Triebe wechselständig oder gegenständig, niemals in Wirteln; Blüten zwittrig oder eingeschlechtig, mit oder ohne Kronblätter; Samen in Früchten von verschiedener Form (Beeren, Kapseln, Nüsse, Flügelfrüchte) **Breitblättrige Angiospermen 25**

2 Blätter fächerförmig, breit 2lappig, lederig, Blattnerven gabelig verzweigt, laubwerfend, sommergrün ***Ginkgo*** S. 34

Blätter schuppenförmig, linealisch oder lanzettlich, aber niemals fächerförmig **3**

3 Blätter in Form dicht anliegender, gegenständiger oder wirteliger Schuppen **4**

Blätter in Form abstehender Schuppen oder nicht schuppenförmig **9**

4 Belaubung abgeflacht, ähnlich wie Farnwedel **5**

Belaubung nicht abgeflacht, in mehreren Richtungen **8**

5 Schuppenblätter 5 mm breit oder breiter, hart, glänzend ***Thujopsis*** S. 48

Schuppenblätter unter 5 mm breit, wenn glänzend, dann weich 6

6 Zapfen kugelig, zur Reifezeit holzig **7**

Zapfen flaschenförmig, zur Reifezeit lederig ***Thuja*** S. 48

7 Zapfen mit 4 Schuppen ***Tetraclinis*** S. 48

Zapfen mit 6–12 Schuppen ***Cupressocyparis*** S. 38 ***Chamaecyparis*** S. 36

8 Nadelförmige Jugendblätter am Grunde oder an der Spitze der Triebe ****Juniperus*** S. 42, Schlüssel S. 22

Blätter einheitlich in Form anliegender Schuppen ***Cupressus*** S. 38, ***Cupressocyparis*** S. 38

9 Nadelblätter büschelig oder in Rosetten an Kurztrieben zweijähriger Triebe **10**

Nadelblätter gegenständig oder spiralig gestellt, niemals büschelig an Kurztrieben **12**

10 Blätter weich, ziemlich dünn, blaß oder hellgrün, Baum nur sommergrün **11**

Blätter hart, ziemlich dick und steif, dunkelgrün, immergrün ***Cedrus*** S. 60

11 Kurztriebe lang und gekrümmt, Nadelblätter mit bleichen Rändern ***Pseudolarix*** S. 64

Kurztriebe gedrungen und gerade, Nadelblätter einheitlich grün ***Larix*** S. 62

12 Samen von einem beerenartigen Mantel eingeschlossen, Schuppen nicht erkennbar **13**

Samen immer in Zapfen mit deutlich erkennbaren Schuppen **15**

13 Fruchtähnliches Gebilde einsamig, Samenmantel auffallend karminrot ***Taxus*** S. 34

Fruchtähnliches Gebilde mehrsamig, bläulich, grünlich oder rot **14**

14 Beerenzapfen kugelig, Blätter nadel- oder schuppenförmig, paarig oder in Wirteln zu je 3 ****Juniperus*** S. 42, Schlüssel S. 22

Fruchtähnliches Gebilde länglich, Nadelblätter linealisch, spiralig gestellt ***Cephalotaxus*** S. 34

15 Nadelblätter beidseits des Triebes in 2 flachen Reihen **16**

Nadelblätter spiralig gestellt **18**

16 Blätter und Triebe wechselständig, Blätter dünn ***Taxodium*** S. 52

Blätter und Triebe gegenständig **17**

17 Alle Triebe mit grünen Schuppenblättern, Seitentriebe auch mit 2 flachen Reihen linealischer Nadelblätter ***Sequoia*** S. 50

Alle Triebe mit gegenständigen Paaren flacher Nadelblätter ***Metasequoia*** S. 52

18 Nadelblätter breit dreieckig, 3–4 cm lang und am Grunde 1 cm breit ***Araucaria*** S. 36
Nadelblätter linealisch oder linealisch-lanzettlich, niemals über 5 mm breit **19**
19 Nadelblätter unterseits mit 2 deutlichen, hellen Längsstreifen **20**
Nadelblätter unterseits ohne auffallende, hellere Längsstreifen **22**
20 Zapfen aufrecht, Nadelblätter am Grunde kissenförmig verbreitert ****Abies*** S. 54, Schlüssel S. 22
Zapfen hängend, Nadelblätter am Grunde nicht verbreitert **21**
21 Blätter weich, zugespitzt, Zapfenschuppen vorne gelappt ***Pseudotsuga*** S. 72
Blätter hart, lang-oval, Zapfenschuppen nicht gelappt ***Tsuga*** S. 72
22 Nadelblätter in Büscheln zu je 2, 3 oder 5 ****Pinus*** S. 74, Schlüssel S. 23
Nadelblätter nicht in Büscheln **23**
23 Rinde schuppig, niemals furchig oder faserig, Nadelblätter scharf zugespitzt, aber nicht gekrümmt ***Picea** S. 66, Schlüssel S. 23
Rinde gefurcht oder längsrissig-faserig, Nadelblätter spitz, vorne oft stark gekrümmt **24**
24 Blattspitze unter 1 cm lang, mattgrün oder graugrün ***Sequoiadendron*** S. 50
Blattspitze über 1 cm lang, hellgrün ***Cryptomeria*** S. 52
25 Bäume palmartig mit einzelnem, ansehnlichem Stamm und unverzweigter Krone mit langen, zusammengesetzten Blättern **26**
Bäume meist mit deutlichem Stamm und verzweigter Krone, Äste mit kleineren Blättern **33**
26 Blätter gefiedert, 1–5 m lang **27**
Blätter handförmig geteilt, 60–120 cm breit **30**
27 Stamm mit abgestorbenen, herabhängenden Blättern bedeckt ***Washingtonia*** S. 308
Stamm nur mit den Basen abgestorbener Blätter bedeckt, manchmal auch faserig oder völlig glatt **28**
28 Blätter bis zum Blattstiel tief geteilt, Abschnitte starr **29**
Blätter nur etwa zu 2/3 geteilt, Abschnitte weich und überhängend ***Livistona*** S. 304
29 Stamm dicht mit braunen Fasern bedeckt, mittelgroßer Baum zwischen 3 und 12 m Höhe ***Trachycarpus*** S. 308
Stamm glatt, kleiner Baum zwischen 1 und 5 m Höhe ***Chamaerops*** S. 304
30 Stamm sehr dick, mit Basen abgestorbener Blätter ***Phoenix*** S. 306
Stamm schlank, glatt, nur mit Blattspuren **31**
31 Blättchen unter 2,5 cm breit ***Arecastrum*** S. 302
Blättchen breiter als 2,5 cm **32**
32 Blättchen an der Spitze geteilt bis gegabelt, Blattstiel kurz, mit steifen Haaren ***Jubaea*** S. 302
Blättchen an der Spitze nicht geteilt, Blattstiel bis 2 m lang ***Howeia*** S. 302
33 Blätter zusammengesetzt **34**
Blätter einfach **53**
34 Blätter mit 3 Teilblättchen oder handförmig gelappt **35**
Blätter einfach oder doppelt gefiedert **36**
35 Blätter mit 3 Teilblättchen, diese ganzrandig und weich ***Laburnum*** S. 218
Blätter handförmig geteilt mit 5–7 Lappen ***Aesculus*** S. 242
36 Blätter doppelt gefiedert **37**
Blätter einfach gefiedert **39**
37 Blüten lilafarben mit 5 gleichen Kronblättern, Blättchen gezähnt oder gelappt ***Melia*** S. 224
Blüten rosa oder gelb mit 5 ungleichen Kronblättern in einer Schmetterlingsblüte, Blättchen ganzrandig **38**
38 Blüten rosa, Blätter 30–45 cm lang mit 6–12 Paar Fiedern 1. Ordnung, diese mit je 20–30 Paar Fiedern 2. Ordnung ***Albizia*** S. 208
Blüten gelb, Blätter 6–15 cm lang mit 15–20 Paar Fiedern 1. Ordnung, diese mit bis

zu 50 Paar Fiederblättchen 2. Ordnung *__Acacia__ S. 212, Schlüssel S. 30
39 Blüten ohne Kronblätter, männliche Blüten in Kätzchen **40**
Blüten mit Kronblättern, zwittrig oder männliche Blüten nicht in Kätzchen **43**
40 Blätter gegenständig *__Fraxinus__ S. 286, Schlüssel S. 33
Blätter wechselständig **41**
41 Blätter mit 3–9 Teilblättchen ***Carya*** S. 110
Blätter mit 9–25 Teilblättchen **42**
42 Knospen ohne Knospenschuppen, Frucht geflügelt ***Pterocarya*** S. 112
Knospen mit Knospenschuppen, Frucht kugelig ***Juglans*** S. 112
43 Teilblättchen ganzrandig **47**
Teilblättchen gezähnt oder gelappt **44**
44 Teilblättchen am Rande gelappt ***Koelreuteria*** S. 242
Teilblättchen am Rande gezähnt **45**
45 Teilblättchen linealisch-lanzettlich ***Schinus*** S. 226
Teilblättchen rundlich, oval oder oval-lanzettlich **46**
46 Blätter unpaarig gefiedert, Blüten in flachen Schirmrispen, Endfieder größer ***Sambucus*** S. 298
Alle Fiederblättchen ungefähr gleichgroß, *__Sorbus__ S. 170 Schlüssel S. 28
47 Blüten zygomorph, Frucht eine Hülse **48**
Blüten radiär, Steinfrucht oder Flügelfrucht **51**
48 Teilblättchen lanzettlich bis oval-lanzettlich, vorne zugespitzt **49**
Teilblättchen oval, vorne etwas ausgerandet oder abgeschnitten **50**
49 Blätter unpaarig gefiedert ***Sophora*** S. 220
Blätter paarig gefiedert, Fiederblättchen wechselständig ***Gleditsia*** S. 210
50 Baum dornig, Blätter mit 13–15 Paar Fiederblättchen ***Robinia*** S. 220
Baum ohne Dornen, Blätter mit 4–10 Paar Fiederblättchen ***Ceratonia*** S. 210
51 Steinfrucht **52**
Flügelfrucht ***Ailanthus*** S. 224
52 Fiederblättchen gestielt ***Rhus*** S. 226
Fiederblättchen sitzend ***Pistacia*** S. 228
53 Blätter gelappt **54**
Blätter nicht gelappt **65**
54 Blätter gegenständig **55**
Blätter wechselständig **57**
55 Blüten groß, glockenförmig, blau, in aufrechten Trauben ***Paulownia*** S. 296
Kleinerer Baum oder Strauch, Blüten klein, weiß oder gelb, in dichten Rispen oder Trauben **56**
56 Frucht aus 2 geflügelten Samen *__Acer__ S. 230, Schlüssel S. 31
Frucht beerenförmig ***Viburnum*** S. 298
57 Blüten mit auffälligen Kronblättern **58**
Blüten ohne Kronblätter **60**
58 Blätter regelmäßig gelappt, vorne abgeschnitten, Lappen seitlich ***Liriodendron*** S. 148
Blätter unregelmäßig gelappt, vorne spitz **59**
59 Triebe und Blätter samthaarig, Äste nicht dornig, Blätter lang zugespitzt ***Corynabutilon*** S. 248
Triebe und Blätter nicht samtig behaart, Äste dornig, Blätter breiter zugespitzt *__Crataegus__ S. 184, Schlüssel S. 29
60 Blätter mit rundlichen Seitenlappen **61**
Blätter mit spitzen Seitenlappen **62**
61 Immergrüne Bäume mit großen, glänzend dunkelgrünen Blättern von etwa 30×25 cm Größe ***Ficus*** S. 144
Laubwerfende, sommergrüne Bäume mit glatten, glänzend grünen oder oberseits hellgrünen, unterseits behaarten Blättern ***Morus*** S. 142
62 Blätter im Umriß etwas handförmig, die unteren Lappen weit abstehend **63**

Blätter länglich-oval, unregelmäßig gelappt *__Quercus__ S.124, Schlüssel S.26

63 Blätter unterseits weißfilzig *__Populus__ S.104, Schlüssel S.25

Blätter unterseits kahl oder flaumhaarig **64**

64 Rinde blaß- oder dunkelgrau- gefurcht ***Liquidambar*** S.152

Rinde dunkelgrau oder blaßbräunlich, schuppig abgehend mit helleren Flecken ***Platanus*** S.156

65 Blätter deutlich gezähnt oder gekerbt **103**

Blätter ganzrandig **66**

66 Blätter über 60 cm lang **67**

Blätter unter 30 cm lang **69**

67 Blätter linealisch-lanzettlich, parallelnervig, ohne Blattstiel **68**

Blätter länglich-oval, mit starker Mittelrippe und parallelen, von der Mittelrippe senkrecht abstehenden Nerven ***Musa*** S.300

68 Blütenstand mit 3 Hochblättern, Blätter 3–8 cm breit ***Cordyline*** S.300

Blütenstand ohne Hochblätter, Blätter 3–4 cm breit ***Dracaena*** S.300

69 Blätter nadel- oder schuppenförmig *__Tamarix__ S.264, Schlüssel S.32

Blätter anders **70**

70 Blätter mit gewelltem oder gefaltetem Rand **71**

Blätter mit flachem Rand **81**

71 Blätter immergrün **72**

Baum nur sommergrün **74**

72 Blätter hellgrün, mit stark gewelltem Rand ***Pittosporum*** S.154

Blätter dunkelgrün bis schwärzlich, nur wenig gewellt **73**

73 Blattstiel rot, unterseits kahl, Blattrand runzlig ***Laurus*** S.150

Blattstiel braun oder grün, Blattrand wenig gewellt, unterseits behaart *__Quercus__ S.124, Schlüssel S.26

74 Blüten mit Kronblättern **75**

Blüten ohne Kronblätter **77**

75 Blätter oberseits glänzend dunkelgrün, unterseits heller, kahl oder verkahlend **76**

Blätter oberseits blaßgrün bis gelbgrün, unterseits flaumhaarig ***Mespilus*** S.182

76 Rinde schwarz oder dunkel rosa-grau, in dicke, kleine, annähernd quadratische Felder zerrissen, Blüten hängend ***Diospyros*** S.284

Rinde rötlich-orangebraun, mt Furchen oder Leisten, Blüten in kugeligen Köpfen am Grunde junger Triebe ***Maclura*** S. 144

77 Blüten mit 4 großen weißen Hochblättern ***Cornus*** S.280

Blüten anders **78**

78 Blattstiele dunkelrot ***Nyssa*** S.260

Blattstiele grün oder braun **79**

79 Frucht einer Eichel *__Quercus__ S.124, Schlüssel S.26

Frucht anders **80**

80 Blätter mit Sternhaaren ***Hamamelis*** S.152

Blätter mit einfachen Haaren ***Parrotia*** S.152

81 Blätter blaugrün, lederig, aromatisch duftend **82**

Blätter hell- oder dunkelgrün, krautig bis lederig, kaum aromatisch **83**

82 Frucht kapselförmig, öffnet sich an der Spitze mit Klappen *__Eucalyptus__ S.270, Schlüssel S.33

Frucht eine abgeflachte Hülse, öffnet sich mit Längsnaht *__Acacia__ S.212, Schlüssel S.30

83 Frucht eine Eichel *__Quercus__ S.124, Schlüssel S.26

Frucht anders **84**

84 Blätter sommergrün **85**

Blätter immergrün **93**

85 Blätter gegenständig, manchmal nur am Grunde wechselständig **86**

Blätter immer wechselständig **89**

86 Blätter 2–12 cm lang **87**

Blätter 20–35 cm lang **88**
87 Blüten klein, röhrig, lilafarben, in endständigen Rispen, Blätter länglich-oval, am Grunde herzförmig ***Syringa*** S. 292
Blüten groß, 3–4 cm breit, mit freien Kronblättern, Blätter zugespitzt, länglich-lanzettlich ***Punica*** S. 280
88 Rinde mattrosa und braun, schuppig, oder fein rissig mit flachen Leisten, Seitenknospen orangebraun ***Catalpa*** S. 294
Rinde glatt, grau, Seitenknospen purpurn ***Paulownia*** S. 296
89 Baum oder Strauch mit schuppenförmigen Sternhaaren **90**
Baum mit einfachen Haaren oder unbehaart **91**
90 Laubwerfend, Kelch 2lappig ***Hippophae*** S. 262
Laubwerfend, Kelch 4lappig ***Elaeagnus*** S. 262
91 Nebenblätter fehlen, Blätter rundlich ***Cercis*** S. 210
Nebenblätter vorhanden, Blätter oval bis oval-elliptisch, manchmal auch von dreieckigem Umriß **92**
92 Blätter oval bis dreieckig, Blüten getrenntgeschlechtig, in langen Blütenständen ***Phytolacca*** S. 146
Blätter verkehrt-eiförmig bis elliptisch, Blüten in Schirmrispen **Pyrus*** S. 158, Schlüssel S. 27
93 Blätter gegenständig **94**
Blätter wechselständig **97**
94 Blätter unterseits mit Schuppenhaaren ***Olea*** S. 290
Blätter unterseits kahl oder mit einfachen Haaren **95**
95 Blüten röhrig ***Ligustrum*** S. 290
Blüten mit getrennten Kelch- und Kronblättern **96**
96 Blätter beim Zerreiben aromatisch duftend, Beerenfrucht ***Myrtus*** S. 278
Blätter beim Zerreiben nicht aromatisch, Kapselfrucht ***Buxus*** S. 248
97 Blätter über 5 cm lang **98**
Blätter unter 5 cm lang ***Cotoneaster*** S. 182
98 Blätter länglich-elliptisch oder spitz zulaufend, dunkelgrün, Blüten weiß, gelblich oder grünlich **99**
Blätter länglich-lanzettlich, stumpf, hellgrün, Blüten hellrot ***Embothrium*** S. 146
99 Blüten klein, unscheinbar **100**
Blüten groß, blumig **101**
100 Blütenstand kaum gestielt, Blütenhülle 4teilig ***Laurus*** S. 150
Blütenstand langgestielt, Blütenhülle 6teilig ***Persea*** S. 150
101 Citrusfrucht, Blätter beim Zerreiben von angenehmem Aroma ***Citrus*** S. 222
Frucht zapfenähnlich oder mit 2teiliger Hülle, Blätter kaum aromatisch **102**
102 Frucht zapfenähnlich, Blüten sehr groß, einzeln, mit 6–15 Hüllblättern ***Magnolia*** S. 148
Frucht mit 2 Hüllblättern, Blüten klein, in einem kugeligen Blütenstand, mit 7 weißen, zurückgekrümmten Hüllblättern ***Drimys*** S. 148
103 Blätter immergrün, meist dunkelgrün, lederig **104**
Blätter sommergrün, meist hellgrün, krautig **112**
104 Blätter gegenständig **105**
Blätter wechselständig **106**
105 Nebenblätter vorhanden, Kronblätter fehlen ***Rhamnus*** S. 252
Nebenblätter fehlen, Kronblätter vorhanden ***Phillyrea*** S. 292
106 Blätter mit unregelmäßigen Blattdornen, am Rand etwas wellig ***Ilex*** S. 244
Blätter gesägt oder gekerbt, flach oder umgeschlagen **107**
107 Blattrand umgerollt ***Myrica*** S. 110
Blattrand glatt, nicht gerollt oder zurückgeschlagen **108**
108 Blätter meist über 12 cm lang ***Eriobotrya*** S. 180
Blätter meist unter 10 cm lang **109**
109 Kronblätter verwachsen **110**

Kronblätter frei **111**

110 Staubblätter zahlreich, ebenso viele oder weniger als Kronzipfel, Steinfrucht ***Myoporum*** S. 296

Staubblätter fast doppelt so viel wie Kronzipfel, Beerenfrucht ***Arbutus*** S. 282

111 Einige Blätter scheinbar mit 3 Teilblättchen ***Eucryphia*** S. 260

Blätter nicht so ***Frangula*** S. 252

112 Blätter gegenständig **113**

Blätter wechselständig **115**

113 Blätter fein gesägt oder gekerbt, herzförmig-länglich oder lanzettlich **114**

Blätter gröber gelappt, fast handförmig geteilt ****Acer*** S. 230, Schlüssel S. 31

114 Blattstiele rot, Blätter herzförmig, Blattrand gekerbt ***Cercidophyllum*** S. 146

Blattstiele grün, Blätter länglich bis lanzettlich, gesägt ***Euonymus*** S. 246

115 Baum mit dornigen Nebenblättern **116**

Nebenblätter nicht dornig oder fehlend **117**

116 Junge Zweige fein flaumhaarig, Frucht trocken, geflügelt ***Paliurus*** S. 250

Junge Zweige kahl, Frucht fleischig, ungeflügelt ***Zizyphus*** S. 250

117 Frucht apfelförmig, oder Steinfrucht, Blüte mit freien, großen Kronblättern **118**

Frucht eine Nuß, Eichel, Flügelfrucht oder Kapsel, Blüten ohne Kronblätter **125**

118 Fruchtblätter nicht mit der Kronröhre verwachsen, Steinfrucht **119**

Fruchtblätter mit der Kronröhre verwachsen, Apfelfrucht **120**

119 Behaarung einfach ****Prunus*** S. 192, Schlüssel S. 29

Stern- oder Schuppenhaare ***Styrax*** S. 284

120 Blüten einzeln ***Cydonia*** S. 158

Blüten in mehrblütigen Blütenständen **121**

121 Fruchtblattwand in der reifen Frucht steinig, Blätter unregelmäßig gelappt ****Crataegus*** S. 184, Schlüssel S. 29

Fruchtblattwand in der reifen Frucht lederig, Blätter regelmäßig gekerbt oder gesägt **122**

122 Blüten in Schirmrispen, Blätter unterseits dicht wollhaarig ****Sorbus*** S. 170, Schlüssel S. 28

Blüten in Trauben oder wenigblütigen Blütenständen **123**

123 Kronblätter schmal-linealisch, vorne rund ***Amelanchier*** S. 180

Kronblätter rundlich oder breit-oval **124**

124 Griffel frei, Fruchtfleisch körnig ****Pyrus*** S. 158, Schlüssel S. 27

Griffel verwachsen, Fruchtfleisch ohne Steinzellen ***Malus*** S. 166

125 Blüten in Kätzchen oder in dichten Köpfen **130**

Blüten anders **126**

126 Blütenhülle mit 2 deutlich verschiedenen Kreisen **127**

Blütenhülle anders **128**

127 Blütenstand mit einem großen Tragblatt, dieses mit dem Blütenstandstiel teilweise verwachsen ****Tilia*** S. 254, Schlüssel S. 32

Blütenstand mit sehr großem, breit-ovalem Tragblatt ***Davidia*** S. 260

128 Rinde gefurcht, Blätter doppeltgezähnt, Flügelfrucht, Blattgrund auffallend asymmetrisch ****Ulmus*** S. 134, Schlüssel S. 27

Rinde nicht gefurcht, Blätter einfach gesägt oder gezähnt, Blüten alle zwittrig oder nur männlich, Steinfrucht **129**

129 Rinde schuppig, Blütenhüllblätter verwachsen, trockene Steinfrucht ***Zelkova*** S. 138

Rinde nicht schuppig, Blütenhüllblätter frei, Steinfrucht fleischig ***Celtis*** S. 140

130 Milchsaft vorhanden, Frucht oder Scheinfrucht fleischig **131**

Milchsaft fehlend, Frucht trocken **132**

131 Knospen mit 3–6 Schuppen, Scheinfrucht zylindrisch oder eiförmig ***Morus*** S. 142

Knospen mit 2–3 Schuppen, Scheinfrucht kugelig ***Broussonetia*** S. 144

132 Baum zweihäusig, Blütenhülle fehlt **133**

Baum einhäusig, Blütenhülle vorhanden **134**

133 Knospen mit 1 Schuppe, Hoch- und Tragblätter ganzrandig, Blätter länglich-lanzettlich oder linealisch *****Salix*** S. 90, Schlüssel S. 25

Knospen mit mehreren Außenschuppen, Hoch- und Tragblätter gezähnt oder ausgerandet, Blätter eiförmig bis dreieckig *****Populus*** S. 104, Schlüssel S. 25

134 Griffel 3 oder mehr, Blüten beider Geschlechter mit Blütenhülle **135**

Griffel 2, Blütenhüllblätter nur bei Blüten eines Geschlechts vorhanden **138**

135 Männliche Blüten in Gruppen von 1–3 hängenden Köpfen, Knospen spindelförmig, Nußfrucht scharf dreikantig **136**

Männliche Blüten in langen hängenden oder aufrechten Kätzchen, Knospen eiförmig, Nußfrucht eiförmig bis kugelig **137**

136 Männliche Blüten einzeln, paarig oder zu 3, sitzend oder kurzgestielt, weibliche Blüten und Nußfrüchte zu 3 in gemeinsamer Hülle ***Nothofagus*** S. 122

Männliche Blütenstände vielblütig, weibliche Blüten und Nußfrüchte zu 2 in gemeinsamer Hülle ***Fagus*** S. 122

137 Männliche Kätzchen aufrecht, weibliche Blüten an deren Basis, Fruchtbecher umschließt die Nußfrucht vollständig ***Castanea*** S. 124

Männliche Kätzchen hängend, weibliche Blüten in getrennten Blütenständen, Fruchtbecher umschließt nur die untere Hälfte der Nußfrucht *****Quercus*** S. 124, Schlüssel S. 26

138 Männliche Blüten zu 3 über jedem Tragblatt, Blütenhülle vorhanden **139**

Männliche Blüten einzeln über dem Tragblatt, Blütenhülle fehlt **140**

139 Fruchtende Kätzchen zylindrisch oder schmal-eiförmig, Schuppen 3lappig, mit der Frucht abfallend, Staubblätter 2, unterhalb der Antheren 2spaltig ***Betula*** S. 114

Fruchtende Kätzchen eiförmig oder zapfenähnlich, Schuppen 5zipflig, holzig, nicht abfallend, Staubblätter 4, ***Alnus*** S. 116

140 Knospen stumpf-eiförmig, Blätter meist mit weniger als 8 Paar Seitennerven, Früchte büschelig zu 2–4 ***Corylus*** S. 120

Knospen länglich-spitz, Blätter mit mehr als 8 Paar Seitennerven, Früchte zahlreich in hängenden Fruchtständen **141**

141 Rinde grau, glatt, männliche Kätzchen im Frühjahr, Frucht in der Achsel einer 3zipfligen oder gesägten Hülle ***Carpinus*** S. 118

Rinde braun, rauh, schuppig, männliche Kätzchen schon im Winter sichtbar, Nußfrucht in einer ganzrandigen, spitzen Hülle ***Ostrya*** S. 118

Juniperus – **Wacholder** (S. 42)

1 Blätter alle nadelförmig, am Grunde verbunden, in Wirteln zu 3, Beerenzapfen in den Blattachseln **2**

Blätter unterschiedlich, Jugendblätter nadelförmig, Folgeblätter schuppenförmig, dicht anliegend, Beerenzapfen endständig **3**

2 Blätter oberseits mit einzelnem weißen Längsstreifen, Beerenzapfen 6–9 mm dick, zur Reifezeit schwärzlich ***J. communis*** S. 42

Blätter oberseits mit 2 weißlichen Längsstreifen, Beerenzapfen bis 1,5 cm dick, purpurn ***J. oxycedrus*** S. 42

3 Jugendblätter meist in Wirteln zu 3, Schuppenblätter mit schmalem, blassem Rand **4**

Jugendblätter paarig, Schuppenblätter am Rande grün **5**

4 Jugendblätter nicht an ausgewachsenen Zweigen, Schuppenblätter stumpf, Beerenzapfen dunkelrot ***J. phoenicea*** S. 44

Jugendblätter auch am Grunde ausgewachsener Zweige, Schuppenblätter spitz, Beerenzapfen bläulich-weiß ***J. chinensis*** S. 46

5 Beerenzapfen 4–6 mm lang ***J. virginiana*** S. 46

Beerenzapfen 0,7–1,2 cm lang **6**

6 Zweige etwa 0,6–0,8 mm dick, im Querschnitt rundlich, Schuppenblätter 1,5 mm lang ***J. excelsa*** S. 44

Zweige etwa 1 mm dick, im Querschnitt kantig, Schuppenblätter 1,5–2 mm lang **7**
7 Zweige unregelmäßig angebracht, Beerenzapfen schwärzlich ***J. foetidissima*** S. 44
Zweige regelmäßig angeordnet, fast wedelförmig, Beerenzapfen dunkelpurpurn ***J. thurifera*** S. 46

Abies – Tanne (S. 54)

1 Nadelblätter biegsam, stumpf oder leicht ausgerandet, nach vorne weisend **2**
Nadelblätter starr, zugespitzt, nach allen Seiten vom Trieb abstehend **9**
2 Zweige mit rötlichen Haaren, Blätter oberseits bläulich-grün **3**
Zweige mit grauen oder bräunlichen Haaren oder unbehaart, Blätter meist grün, seltener oberseits mattgrau **4**
3 Zweige grau, Zapfen 5–10 cm lang, Deckschuppen nicht vorschauend ***A. lasiocarpa*** S. 56
Zweige braun, Zapfen 12–20 cm lang, Deckschuppen schauen aus den Samenschuppen heraus ***A. procera*** S. 58
4 Knospen nicht harzig, Zapfen 10–20 cm lang **5**
Knospen sehr harzig, Zapfen 5–10 cm lang **6**
5 Zweige dicht behaart, Zapfen 3–4 cm dick ***A. alba*** S. 54
Zweige fast unbehaart, Zapfen 4–5 cm dick ***A. nordmanniana*** S. 54
6 Blätter auf der Zweigunterseite nicht gescheitelt, Deckschuppen schauen immer zwischen den Samenschuppen hervor ***A. delavayi*** S. 54
Blätter deutlich gescheitelt, Deckschuppen schauen nicht zwischen den Samenschuppen hervor **7**
7 Zweige mit auffälliger grauer Flaumbehaarung, Nadelblätter 1,5–2 cm × 1–1,3 mm ***A. sibirica*** S. 58
Zweige fast glatt, gelblich oder bräunlich-grün, Nadelblätter 2–6 cm × 1,5–2,5 mm **8**
8 Junge Zweige bräunlich-grün, Nadelblätter 2–4 cm lang ***A. grandis*** S. 56
Junge Zweige gelblich-grün, Nadelblätter 4–6 cm lang ***A. concolor*** S. 56
9 Nadelblätter 1–1,5 cm lang, oberseits und unterseits mit grauen oder weißlichen Längsstreifen, Deckschuppen schauen nicht zwischen den Samenschuppen hervor ***A. pinsapo*** S. 58
Nadelblätter 1,5–3,5 cm lang, nur unterseits mit grauen Längsstreifen ***A. cephalonica*** S. 54

Picea – Fichte (S. 66)

1 Nadelblätter mehr oder weniger 4kantig, weißliche Längsstreifen auf allen Flächen **2**
Nadelblätter flach, nur auf einer Seite mit 2 hellen Längsstreifen **7**
2 Nadelblätter steif, starr, mit Stachelspitze, allseits abstehend ***P. pungens*** S. 66
Nadelblätter biegsam, ohne Stachelspitze, auf der Zweigunterseite gescheitelt **3**
3 Zweige dicht behaart **4**
Zweige glatt oder spärlich behaart **6**
4 Nadelblätter 0,6–1 cm lang, stumpf, ***P. orientalis*** S. 68
Nadelblätter 1–2,5 cm lang, spitz **5**
5 Zweige gelblich-braun, Nadelblätter 1,5–2,5 cm lang, Zapfenschuppen vorne verschmälert und in eine unregelmäßig gezähnte Spitze ausgezogen ***P. engelmannii*** S. 68
Zweige braun, Nadelblätter 1–1,8 cm lang, Zapfenschuppen meist rundlich, manchmal etwas ausgerandet ***P. abies*** ssp. ***obovata*** S. 66
6 Nadelblätter bläulich-grün, beim Zerreiben unangenehm riechend, Zapfen 3,5–5 cm lang ***P. glauca*** S. 68
Nadelblätter dunkelgrün, ohne unangenehmen Geruch beim Zerreiben, Zapfen 10–18 cm lang ***P. abies*** spp. ***abies*** S. 66

7 Zweige lang, dünn, hängend, Zapfen 10–12 cm lang ***P. breweriana*** S. 66
Zweige kurz und ziemlich starr. Zapfen 5–10 cm lang **8**
8 Zweige behaart, Nadelblätter 0,8–1,8 cm lang, stumpf, Zapfen 3–6 cm lang ***P. omorika S. 70***
Zweige glatt, Nadelblätter 1,5–2,5 cm lang, scharf zugespitzt, Zapfen 6–10 cm lang ***P. sitchensis*** S. 70

Pinus – Kiefer (S. 74)

1 Nadelblätter zu 3 oder 5 **2**
Nadelblätter zu 2 **13**
2 Nadelblätter zu 5 **3**
Nadelblätter zu 3 **8**
3 Samen nicht geflügelt ***P. cembra*** S. 86
Samen geflügelt **4**
4 Nadelblätter 12–25 cm lang **5**
Nadelblätter 2–12 cm lang **6**
5 Zapfen 15–25×3 cm, Samen 8–9 mm lang mit 1–2 cm langem Flügel ***P. wallichiana*** S. 88
Zapfen 8–20×3–4 cm, Samen 5–8 mm lang mit 1,5–2,5 cm langem Flügel ***P. strobus*** S. 88
6 Nadelblätter 2–5 cm lang ***P. aristata*** S. 88
Nadelblätter 8–12 cm lang **7**
7 Triebe hellgrün, kahl ***P. peuce*** S. 88
Triebe bräunlich bis blaßgrün, am Grunde der Nadeln mit kurzen Haaren ***P. strobus*** S. 88
8 Nadelblätter bis 15 cm lang **9**
Nadelblätter 15–30 cm lang **10**
9 Nadelblätter sehr dünn, schlaff, hellgrün, Zapfen um 12 cm lang ***P. radiata*** S. 76
Nadelblätter dicker, steif, Zapfen um 4 cm lang ***P. rigida*** S. 76
10 Knospen eiförmig, nicht harzig ***P. canariensis*** S. 84
Knospen zylindrisch, harzig **11**
11 Triebe rötlich-braun oder graubraun, nicht graugrün ***P. ponderosa*** S. 78
Triebe blauweiß oder blaß blaugrau bis graugrün-violett **12**
12 Nadelblätter 12–20 cm lang, Buckel der Samenschuppen mit gekrümmtem Dornfortsatz ***P. jeffreyi*** S. 78
Nadelblätter 20–30 cm lang, Buckel der Samenschuppen mit geradem Dornfortsatz ***P. sabiniana*** S. 78
13 Triebe im ersten Jahr graugrün **14**
Triebe im ersten Jahr gelb bis grün oder dunkelrot **17**
14 Samen deutlich geflügelt **15**
Samen ungeflügelt oder Flügel kürzer als 1 mm ***P. pinea*** S. 84
15 Nadelblätter dicker als 1 mm, Harzkanal zentral **16**
Nadelblätter dünner als 1 mm, Harzkanäle randlich ***P. halepensis*** S. 84
16 Triebe in den ersten 3 Jahren graugrün, sichtbarer Teil der Samenschuppen mit gekrümmtem Dornfortsatz ***P. leucodermis*** S. 82
Triebe schon im 2. Jahr braun, sichtbarer Teil der Samenschuppen flach, mit kurzer, aufrechter Spitze ***P. heldreichii*** S. 82
17 Knospen harzig, Knospenschuppen an der Spitze gerade **18**
Knospen nicht harzig, Knospenschuppen an der Spitze gekrümmt **19**
18 Harzkanäle zentral, Zapfen 8–20×5–8 cm, ***P. pinaster*** S. 74
Harzkanäle randlich, Zapfen 5–11× etwa 4 cm ***P. brutia*** S. 84
19 Harzkanäle zentral **20**
Harzkanäle randlich **21**
20 Zapfen asymmetrisch, Nadelblätter gedreht ***P. contorta*** S. 74
Zapfen symmetrisch, Nadelblätter nicht oder nur wenig gedreht ***P. nigra*** S. 78

21 Nadelblätter dunkelgrün, Zapfen stark gekrümmt ***P. banksiana*** S. 76
Nadelblätter hellgrün oder graugrün, Zapfen gerade **22**
22 Kleiner Baum oder fast strauchförmig, Nadelblätter hellgrün, Zapfen glänzend ***P. mugo*** S. 80
Immer baumförmig, Nadelblätter graugrün, Zapfen matt, hängend ***P. sylvestris*** S. 80

Salix – Weide (S. 90)

1 Zweige lang, dünn, hängend **2**
Zweige nicht überhängend **3**
2 Zweige gelb, Behaarung seidig ***S. × chrysocoma*** S. 92
Zweige braun, Blätter später kahl ***S. babylonica*** S. 92
3 Äste bläulich-weiß bereift, Rinde darunter purpurn bis violett ***S. daphnoides*** S. 102
Zweige graubraun oder grün **4**
4 Ausgewachsene, voll entfaltete Blätter kahl **5**
Blätter wenigstens auf der Unterseite behaart **7**
5 Blätter oberseits glänzend, fein und gleichmäßig gesägt, Drüsen gelblich, Staubblätter 4–12, meist jedoch 5 ***S. pentandra*** S. 90
Blätter nicht auffällig glänzend, ziemlich grob gesägt oder gezähnt, Zähne weißlich, Staubblätter 2–3 **6**
6 Nebenblätter bleibend, Rinde älterer Stämme schuppig ablösend, Zweige zäh ***S. triandra*** S. 94
Nebenblätter frühzeitig ablösend, Zweige brüchig ***S. fragilis*** S. 90
7 Blätter unterseits rostig-braun behaart ***S. atrocinerea*** S. 98
Blätter unterseits weiß oder grau behaart **8**
8 Blätter anliegend seidenhaarig **9**
Blätter wollig oder flaumig behaart **10**
9 Blätter oberseits kahl, schmal-linealisch, fast ganzrandig, am Rande umgerollt ***S. viminalis*** S. 100
Blätter oberseits seidig-zottig behaart, lanzettlich, fein gesägt, flach ***S. alba*** S. 92
10 Blätter 1,5–2 mal so lang wie breit, oval bis verkehrt-eiförmig, ***S. caprea*** S. 98
Blätter 2–14 mal so lang wie breit, dünn, lanzettlich bis länglich oval **11**
11 Staubfadenfilamente mindestens auf der Hälfte ihrer Länge miteinander verwachsen ***S. elaeagnos*** S. 102
Staubfäden alle frei **12**
12 Blätter nach dem Trocknen schwarz werdend, kahl oder beidseits flaumhaarig ***S. borealis*** S. 94
Blätter beim Trocknen nicht schwärzend, unterseits dicht behaart **13**
13 Fruchtknoten kahl ***S. pedicellata*** S. 96
Fruchtknoten behaart **14**
14 2- bis 4jährige Zweige mit oder ohne Leistenmuster unterhalb der Rindenschicht **15**
2- bis 4jährige Zweige mit sehr auffälligem Leistenmuster unterhalb der Rindenschicht ***S. cinerea*** S. 96
15 Nebenblätter meist fehlend ***S. xerophila*** S. 100
Nebenblätter kräftig entwickelt ***S. appendiculata*** S. 96

Populus – Pappel (S. 104)

1 Blattrand durchscheinend, Blätter unterseits meist dicht behaart oder weißlich **2**
Blattrand nicht durchscheinend, Blätter unterseits kahl und grün **5**
2 Blattstiel im Querschnitt rund, Krone säulig ***P. × berolinensis*** (ohne Abbildung)
Blattstiel abgeflacht, Krone meist breit **3**
3 Blattrandzähne meist mit 2–5 Drüsen, Staubblätter 30–60 ***P. deltoides*** S. 108
Blattrandzähne nicht angeschwollen oder drüsig, Staubblätter 20–30 **4**
4 Stamm mit Buckeln, Blätter gewimpert ***P. × canadensis*** S. 108

Stamm ohne Buckel, Blätter nicht gewimpert **P. nigra** S. 108
5 Entfaltete Blätter unterseits wollig **6**
Entfaltete Blätter unterseits manchmal behaart, jedoch nicht wollig **7**
6 Blätter 3–5lappig, unterseits weiß behaart **P. alba** S. 104
Blätter gezähnt, selten gelappt, unterseits grau **P. canescens** S. 104
7 Blattstiel stark abgeflacht, Knospen und junge Blätter nicht duftend **P. tremula** S. 106
Blattstiel drehrund, Knospen und junge Blätter duften beim Zerreiben **8**
8 Krone schmal, kegelförmig **P. balsamifera** S. 106
Krone breiter, gewölbt **P. trichocarpa** S. 106

Quercus – Eiche (S. 124)

1 Baum sommergrün, Blätter jedoch längere Zeit am Baum bleibend, halb-immergrün, weich oder (selten) lederig **2**
Baum immergrün, Blätter lederig **16**
2 Eicheln reifen im 2. Jahr am blattlosen Zweigteil **3**
Eicheln reifen im 1. Jahr zwischen den Blättern **8**
3 Spitzen der Fruchtbecherschuppen eng anliegend **4**
Spitzen der Fruchtbecherschuppen abstehend oder umgebogen **6**
4 Blätter weniger als bis zur Spreitenhälfte geteilt, Spitzen nach vorne weisend **Qu. rubra** S. 124
Blätter über die Spreitenhälfte hinaus geteilt, Lappen fast senkrecht abstehend **5**
5 Blätter unterseits mit auffälligen Büscheln brauner Haare in den Blattnervachseln **Qu. palustris** S. 126
Haarbüschel der Blattunterseite spärlich oder fehlend **Qu. coccinea** S. 126
6 Blätter glatt und glänzend, Blattstiele bis 5 mm lang **Qu. trojana** S. 128
Blätter mattgrün mit weichen oder steifen Haaren, Blattstiel meist über 1 cm lang **7**
7 Blätter oberseits glatt, Zipfel mit Borstenspitzen **Qu. macrolepis** S. 128
Blätter oberseits rauh, Zipfel stumpf oder selten in eine Spitze auslaufend **Qu. cerris** S. 128
8 Blätter halb-immergrün, unterseits graugrün **Qu. canariensis** S. 132
Blätter anders, filzig, behaart, flaumhaarig, selten auch unterseits unbehaart, jedoch nicht blau-graugrün **9**
9 Fruchtbecherschuppen mehr oder weniger verwachsen, Eicheln lang gestielt **10**
Fruchtbecherschuppen deutlich getrennt, Eicheln kurzgestielt oder sitzend **11**
10 Unterseite der Blätter grau behaart **Qu. pedunculiflora** S. 130
Unterseite der Blätter glatt **Qu. robur** S. 130
11 Junge Zweige glatt, Blattstiele gefurcht **12**
Junge Zweige behaart, Blattstiele rundlich **13**
12 Blätter im ausgewachsenen Zustand unterseits kahl, Fruchtbecher fast unbehaart **Qu. dalechampii** S. 130
Fruchtbecher wenig flaumhaarig, Blätter unterseits deutlich behaart **Qu. petraea** S. 130
13 Blätter mit mehr als 8 Paar Seitennerven **Qu. frainetto** S. 132
Blätter mit weniger als 8 Paar Seitennerven **14**
14 Fruchtbecherschuppen stumpf, nicht eng anliegend **Qu. pyrenaica** S. 132
Fruchtbecherschuppen spitz, eng anliegend **15**
15 Blattstiel 0,5–1,2 cm lang **Qu. pubescens** S. 132
Blattstiel 1,5–2,5 cm lang **Qu. virgiliana** S. 132
16 Rinde dick und korkig, tiefere Rindenschichten orange, Mittelrippe der Blätter gebogen **Qu. suber** S. 128
Rinde nicht verdickt, Mittelrippe ziemlich gerade **17**
17 Blätter unterseits behaart, Blattstiel 0,5–1,5 cm lang **Qu. ilex** S. 126
Blätter unterseits kahl und glatt, Blattstiel 1–4 mm lang **Qu. coccifera** S. 126

Ulmus – Ulme (S. 134)

1 Blütenstielchen wesentlich länger als die Blüten, Früchte am Flügelrand bewimpert, an langen Stielchen hängend ***U. laevis*** S. 138
Blütenstielchen kürzer als die Blüten, Früchte am Flügelrand nicht behaart, hängend, nahezu ungestielt **2**
2 Größere Hälfte der Blattbasis überlappt den Blattstiel, Samen genau in der Mitte der Frucht ***U. glabra*** S. 134
Größere Hälfte der Blattbasis überlappt den Blattstiel nicht, Samen oberhalb der Fruchtmitte **3**
3 Blätter bis 15 cm lang, oberseits glatt und kahl, Blattstiel 1–2 cm lang ***U. × hollandica*** S. 134
Blätter 6–10 cm lang, oberseits rauh oder glatt, Blattstiel 1–5 cm lang **4**
4 Blätter rundlich, oberseits rauh, Frucht fast genauso lang wie breit ***U. procera*** S. 134
Blätter oval, verkehrt-eiförmig oder oval-lanzettlich, Frucht länger als breit **5**
5 Zweige dicht behaart, Blätter mit 12–16 Paar Seitennerven, Unterseite dicht grauhaarig ***U. canescens*** S. 136
Zweige fast kahl, Blätter mit 7–12 Paar Seitennerven, Unterseite mit Haarbüscheln in den Blattnervenachseln **6**
6 Blätter mit sehr schiefem Blattgrund, Blattrippe zur kürzeren Spreitenhälfte gebogen ***U. coritana*** S. 136
Blätter mit fast symmetrischem Blattgrund, Mittelrippe fast gerade **7**
7 Junge Zweige kurz und ziemlich starr, Blätter oft konkav gewölbt ***U. angustifolia*** S. 136
Junge Zweige lang und hängend, Blätter flach **8**
8 Blätter oberhalb der Spreitenmitte am breitesten, Basis der längeren Spreitenhälfte rechtwinklig zum Blattstiel gedreht ***U. carpinifolia*** S. 136
Blätter etwa in der Mitte am breitesten, Basis der längeren Hälfte rundlich **9**
9 Krone dicht, kleinere Äste aufrecht ***U. minor*** S. 136
Krone schlank, dünn, Spitze einseitswendig ***U. plotii*** S. 136

Pyrus – Birne (S. 158)

1 Früchte ohne Kelchreste ***P. cordata*** S. 160
Früchte mit bleibenden Kelchresten **2**
2 Früchte 5–16 cm lang, Fleisch süßlich ***P. communis*** S. 164
Früchte nicht länger als 5,5 cm, Fleisch hart, bitter **3**
3 Blätter nicht mehr als 1,5 mal so breit wie lang ***P. pyraster*** S. 160
Blätter mehr als 1,5 mal so lang wie breit **4**
4 Entfaltete Blätter unterseits kahl oder punktiert **5**
Entfaltete Blätter unterseits haarig oder wollig **6**
5 Blätter gezähnt, am Grunde gerundet ***P. bourgaeana*** S. 160
Blätter ganzrandig oder fein gezähnt, am Grunde keilförmig ***P. amygdaliformis*** S. 162
6 Griffel wenigstens am Grunde dicht behaart **7**
Griffel mehr oder weniger kahl **9**
7 Griffel bis zur Mitte behaart ***P. elaeagnifolia*** S. 162
Griffel nur am Grunde behaart **8**
8 Frucht 2,5–3 cm lang ***P. nivalis*** S. 164
Frucht 3–5 cm lang ***P. salicifolia*** S. 158
9 Blätter meist weniger als 3,5 cm breit, ganzrandig ***P. salvifolia*** S. 162
Blätter meist breiter als 3,5 cm, vorne gezähnt ***P. austriaca*** S. 164

Sorbus – Vogelbeere, Eberesche, Mehlbeere (S. 170)

1 Blätter gefiedert **2**
Blätter überwiegend ungefiedert **9**

2 Endfieder gleichgroß wie die übrigen, nicht tief gelappt **4**
Endfieder viel größer als die übrigen, meist tief gelappt **3**
3 Blätter mit 2 Paar freier Fiedern ***S. hybrida*** S. 178
Blätter mit 4–5 Paar freier Fiedern ***S. meinchii*** S. 178
4 Reife Früchte orangerot oder scharlachrot **7**
Reife Früchte grünlich, bräunlich, rosa oder weiß **5**
5 Reife Früchte grünlich oder bräunlich, eiförmig oder birnenförmig ***S. domestica*** S. 170
Reife Früchte rosa oder weiß, kugelig **6**
6 Blattmittelrippe oberseits gefurcht, rötlich ***S. hupehensis*** S. 172
Blattmittelrippe oberseits nicht gefurcht, grün ***S. vilmorinii*** S. 170
7 Blätter mit 5 oder weniger Fiederpaaren, unterseits behaart, Blütezeit VI ***S. sargentiana*** S. 172
Blätter mit 5 oder mehr Fiederpaaren, unterseits kahl oder verkahlend, Blütezeit V **8**
8 Blütenstand 10–15 cm breit, Knospen dunkelpurpurn ***S. aucuparia*** S. 172
Blütenstand unter 10 cm breit, Knospen glänzend rot ***S. commixta*** S. 170
9 Blätter gelappt **12**
Blätter ganzrandig **10**
10 Blätter mit gebogenen Zähnen, Frucht mit zahlreichen Lentizellen **11**
Blätter mit geraden Zähnen, Frucht mit wenigen, aber großen Lentizellen ***S. graeca*** S. 174
11 Blätter mit 10–14 Paar Blattnerven, Früchte eiförmig ***S. aria*** S. 174
Blätter mit 7–9 Paar Blattnerven, Früchte kugelig ***S. rupicola*** S. 174
12 Reife Früchte rot **13**
Reife Früchte braun oder gelb **15**
13 Blätter unterseits gelblich-grau filzig ***S. intermedia*** S. 176
Blätter unterseits weißlich-grau filzig **14**
14 Blätter etwa 1,5–2 mal so lang wie breit, Früchte eiförmig mit wenigen kleinen Lentizellen ***S. mougeotii*** S. 176
Blätter 1,25 mal so lang wie breit, Früchte kugelig mit vielen großen Lentizellen ***S. austriaca*** S. 176
15 Blätter gelappt, Zipfel mehr als 1/4 der Spreite eingeschnitten, unterseits kahl ***S. torminalis*** S. 174
Blätter meist weniger als 1/4 eingeschnitten und gelappt, unterseits filzig behaart **16**
16 Blätter unterseits grauhaarig, Früchte braun ***S. latifolia*** S. 178
Blätter unterseits weißhaarig, Früchte gelb ***S. umbellata*** S. 176

Crataegus – Weißdorn (S. 184)

1 Seitennerven der Blätter enden in den Spitzen der Zipfel oder in Zähnen **2**
Seitennerven enden sowohl in Zipfeln als auch in den Buchten dazwischen **3**
2 Blätter nicht gelappt, einfach, vorne spitz gezähnt, am Grunde ganzrandig ***C. crus-galli*** S. 184
Blätter mit 7–11 Zipfeln, scharf und unregelmäßig gezähnt oder gesägt, auch am Blattgrund ***C. nigra*** S. 188
3 Griffel 4–5 **4**
Griffel 1–3 **5**
4 Blätter spärlich zottig behaart, Blattstiele kräftig, Blütenstand schlaff, Frucht schwarz ***C. pentagyna*** S. 188
Blätter wollig oder seidig behaart, Blattstiele schmächtig, Blütenstand kompakt ***C. orientalis*** S. 190
5 Griffel 2–3 **6**
Griffel 1 **7**
6 Blätter mit schmalen Zipfeln und Lappen, Blütenstand schlaff, Frucht kaum über

1,1 cm breit *C. laevigata* S.184

Blätter geschlitzt, Blattstiele kurz, Blütenstand dicht, Frucht breiter als 1,1 cm *C. azarolus* S.190

7 Blattzipfel ganzrandig oder mit wenigen Zähnen an der Spitze, Kelchblätter dreieckig oder breit-lanzettlich, Frucht kugelig *C. monogyna* S.186

Blattzipfel bis zum Grunde gezähnt oder gesägt, Kelchblätter schmal-lanzettlich, Frucht schmal-eiförmig *C. calycina* S.186

Prunus – Kirsche und Pflaume (S.192)

1 Fruchtknoten und reife Frucht glatt **2**

Fruchtknoten und reife Frucht behaart **20**

2 Blüten einzeln, in Büscheln oder in Dolden **3**

Blüten in Trauben **15**

3 Fruchtstiel viel länger als die reife Frucht, Blütenstiel selten 1 cm lang, meist 1,5–8 cm lang, wenn kürzer, dann Kronblätter länger als 1,5 cm **4**

Fruchtstiele so lang oder kürzer als die reife Frucht, Blütenstiele 0,1–1,5 cm lang, selten bis 2 cm, wenn länger als 1,5 cm, dann Kronblätter kürzer als 1,5 cm **5**

4 Blütenröhre vorne verengt und zugeschnürt **5**

Blütenröhre vorne nicht verengt, schmal oder breit glockig **6**

5 Blätter 1–3 cm breit, Blattstiele 6–7 cm lang *P. serrula* S.202

Blätter 4–7 cm breit, Blattstiele 2–5 cm lang *P. avium* S.198

6 Blätter 3–8 cm lang, Blütenröhre breit glockenförmig *P. cerasus* S. 198

Blätter 8–20 cm lang, Blütenröhre schmal glockenförmig **7**

7 Junge Zweige behaart, Blüten büschelig zu 5–6 *P. yedoensis* S. 200

Junge Zweige glatt, Blüten zu 2–4 **8**

8 Zähne am Blattrand in eine haarähnliche Spitze ausgezogen, Blüten weiß oder rosa, Blattstiel 1,5–8 cm *P. serrulata* S. 200

Zähne am Blattrand scharf, ohne Haarspitze, Blüten tiefrosa, Blattstiel 1–2 cm lang *P. sargentii* S. 200

9 Blütenröhre vorne verengt *P. subhirtella* S. 202

Blütenröhre breit glockenförmig **10**

10 Kronblätter rosa, Blüten ungestielt *P. persica* S. 192

Kronblätter meist weiß, selten rosa, Blütenstiele 0,5–2 cm lang **11**

11 Junge Zweige glatt und glänzend **12**

Junge Zweige matt und behaart **14**

12 Blätter mit langen, spitzen Zähnen *P. brigantina* S. 194

Blätter mit gerundeten oder sehr kleinen, nach vorne weisenden Zähnen **13**

13 Blüten meist einzeln, Blütenstiele etwa 1,5 cm lang *P. cerasifera* S. 194

Blüten zu 2–4, Blütenstiele 2–4 mm lang *P. cocomilia* S. 196

14 Rinde schwärzlich, Zweige bedornt, Frucht meist kürzer als 2 cm, oft aufrecht *P. spinosa* S. 196

Rinde braun, unbedornt, Frucht meist länger als 2 cm, hängend *P. domestica* S.196

15 Blüten in kurzen, runden Blütenständen, bis 10 *P. mahaleb* S. 202

Blüten in langen Trauben von 12–100 Einzelblüten **16**

16 Sommergrün, Blätter dünn und weich **17**

Immergrün, Blätter dick und lederig **19**

17 Kronblätter 6–9 mm, Stein gefurcht *P. padus* S. 204

Kronblätter 3–5 mm, Stein glatt **18**

18 Rinde bitter und aromatisch, Frucht schwarzpurpurn *P. serotina* S. 204

Rinde nicht aromatisch, Frucht dunkelrot *P. virginiana* S. 204

19 Blütenstände 8–13 cm lang, kürzer als die Blätter *P. laurocerasus* S. 206

Blütenstände 15–28 cm lang, länger als die Blätter *P. lusitanica* S. 206

20 Blätter etwa so lang wie breit *P. armeniaca* S. 194

Blätter doppelt so lang wie breit oder länger **21**

21 Kronblätter tiefrosa, äußere Fruchtschicht saftig ***P. persica*** S. 192
Kronblätter weiß oder hellrosa, äußere Fruchtschicht lederig ***P. dulcis*** S. 192

Acacia – Akazien, Mimosen (S. 212)

1 Ausgewachsene Blätter doppelt gefiedert **2**
Ausgewachsene Blattorgane sind Phyllodien **5**
2 Nebenblätter dornig, Blätter sommergrün, mit 2–8 Paar Fiedern 1. Ordnung **3**
Nebenblätter kümmerlich, Blätter immergrün, mit 7–20 Paar Fiedern 1. Ordnung **4**
3 Fiederblättchen 3–5 mm lang, Nebenblätter bis 2,5 cm lang (nur an älteren Zweigen) ***A. farnesiana*** S. 216
Fiederblättchen 0,6–1 cm lang, Nebenblattdornen an alten Zweigen bis 10 cm lang ***A. karoo*** S. 216
4 Zweige und junge Blätter weißlich-filzig, Fiederblättchen 3–4 mm lang, Hülse 1–1,2 cm breit, zwischen den Samen nicht sehr stark eingeschnürt ***A. dealbata*** S. 212
Zweige und junge Blätter gelblich-zottig, Fiederblättchen um 2 mm lang, Hülse 5–7 mm breit, stärker eingeschnürt ***A. mearnsii*** S. 214
5 Blüten in achselständigen Blütenständen, Hülse drehrund ***A. longifolia*** S. 214
Blütenstände in Gruppen zu 2–3, Hülse abgeflacht **6**
6 Phyllodien mit 2–6 Leitbündeln (Nerven) **7**
Phyllodien mit einzelner Rippe (Nerv) **8**
7 Blüten gelb ***A. cyclops*** S. 216
Blüten cremeweiß ***A. melanoxylon*** S. 214
8 Phyllodien sichelförmig, Blütenstand mit 10–20 Köpfen ***A. pycnantha*** S. 216
Phyllodien kaum oder nicht sichelförmig, Blütenstand mit 2–9 Köpfen **9**
9 Blütenköpfe 1–1,5 cm breit, Hülse zwischen den Samen stark eingeschnürt ***A. cyanophylla*** S. 212
Blütenköpfe 4–6 mm breit, Hülse zwischen den Samen nicht oder kaum eingeschnürt ***A. retinodes*** S. 216

Acer – Ahorn (S. 230)

1 Blätter gefiedert, mit 3–7 Fiederblättchen **2**
Blätter einfach, ungeteilt oder handförmig geteilt **3**
2 Rinde in papiernen Streifen abschälend, Blätter mit 3 dunkelgrünen Fiederblättchen ***A. griseum*** S. 230
Rinde glatt oder flach gefurcht, nicht abschälend, Blätter mit 3–7 hellgrünen Fiederblättchen ***A. negundo*** S. 234
3 Blätter ungeteilt oder manchmal mit 3–5 kurzen Zipfeln **4**
Blätter mit 3–7 deutlichen Zipfeln **5**
4 Flügel der Früchte annähernd parallel, rot, Blattstiel gefurcht ***A. tataricum*** S. 240
Flügel der Früchte fast horizontal, Blattstiel nicht gefurcht ***A. davidii*** S. 230
5 Flügel der Früchte bilden einen spitzen Winkel, mehr oder weniger parallel, Blätter meist lederig, mitunter immergrün **11**
Flügel der Früchte bilden einen stumpfen Winkel oder sind mehr oder weniger horizontal, Blätter meist nicht lederig, sommergrün **6**
6 Mittlerer Zipfel des Blattes bis fast zur Mittelrippe geteilt, Flügel der Früchte meist stark gekrümmt ***A. heldreichii*** S. 230
Mittlerer Zipfel des Blattes höchstens zu 1/3 bis zur Mittelrippe geteilt, Flügel der Früchte meist nicht auffällig gekrümmt **7**
7 Früchte 5 cm lang oder länger, Flügel horizontal **8**
Früchte um 5 cm lang oder kürzer, Flügel schließen meist einen stumpfen Winkel ein, mitunter auch horizontal **9**
8 Frucht 5–6 cm lang, grün oder rötlich, Blätter 3–5lappig ***A. campestre*** S.230
Frucht 6–10 cm lang, gelb, Blätter mit 5–7 Lappen, nicht bewimpert ***A. platanoides*** S. 238

9 Blütenstände hängend, Frucht 2 cm lang oder länger **10**
Blütenstände aufrecht, Frucht um 2 cm lang oder kürzer ***A. palmatum*** S. 236
10 Blätter mit 7–11 Lappen oder Zipfeln, Flügel der Früchte bilden einen stumpfen Winkel ***A. japonicum*** S. 236
Blätter mit 5 Zipfeln, Flügel der Früchte bilden fast einen rechten Winkel ***A. pseudoplatanus*** S. 238
11 Blätter 3zipflig, Zipfel ganzrandig **12**
Blätter mit meist mehr als 3 Lappen, Zipfel gezähnt **13**
12 Blätter immergrün, unterseits kahl ***A. sempervirens*** S. 232
Blätter etwas lederig, sommergrün, unterseits etwas bläulich und behaart ***A. monspessulanum*** S. 232
13 Blätter unterseits silbrig **14**
Blätter unterseits grün oder weißlich, aber nicht silbrig **15**
14 Blattbuchten weniger als bis zur Spreitenhälfte reichend, Blattrand grob gezähnt, Frucht 1 cm lang, rot ***A. rubrum*** S. 240
Blattbuchten mehr als die Spreitenhälfte übergreifend, Blattränder tief gezähnt, Frucht 5–6 cm lang, grün ***A. saccharinum*** S. 240
15 Blattzipfel dreieckig-oval, höchstens bis zur Spreitenmitte eingeschnitten **17**
Blattzipfel linealisch, bis zur Spreitenmitte eingeschnitten **16**
16 Blätter bis 7 cm lang, unterseits dicht behaart ***A. granatense*** S. 232
Blätter bis 10 cm lang, unterseits mehr oder weniger kahl ***A. hyrcanum*** S. 232
17 Blattzipfel stumpf, unterseits behaart ***A. obtusatum*** S. 234
Blattzipfel spitz, unterseits verkahlend ***A. opalus*** S. 234

Tilia **– Linde** (S. 254)

1 Blätter unterseits weiß, mit Sternhaaren, Staminodien vorhanden **2**
Blätter unterseits glatt oder mit einfachen Haaren, Staminodien fehlen **3**
2 Blattstiele bis 5 cm lang, meist weniger als halb so lang wie die Blattspreite ***T. tomentosa*** S. 254
Blattstiele bis 12 cm lang, meist mehr als halb so lang wie die Blattspreite ***T. petiolaris*** S. 254
3 Blütenstände aufrecht, Fruchtschale häutig ***T. cordata*** S. 256
Blütenstände hängend, Fruchtschale dick und holzig **4**
4 Frucht stark gerippt **5**
Frucht schwach gerippt oder glatt **6**
5 Zähne am Blattrand enden in einer Haarspitze ***T. rubra*** S. 256
Zähne am Blattrand spitz, jedoch ohne Haarspitze ***T. platyphyllos*** S. 256
6 Blüten gelblich-weiß, Blätter unterseits mit weißlichen Haarbüscheln in den Blattnervenachseln ***T. vulgaris*** S. 258
Blüten kräftig gelb, Blätter unterseits mit rötlich-braunen Haarbüscheln in den Blattnervenachseln ***T. euchlora*** S. 258

Tamarix **– Tamariske** (S. 264)

1 Blütenhülle 4teilig **2**
Blütenhülle 5teilig **4**
2 Blütenstand 0,7–1 cm breit, Tragblätter länger als der Kelch ***T. dalmatica*** S. 268
Blütenstand 3–7 mm breit, Tragblätter kürzer als der Kelch **3**
3 Rinde schwarz, Tragblätter in der unteren Hälfte grünlich, Kronblätter länger als 2 mm ***T. tetrandra*** S. 266
Rinde braun oder purpurn, Tragblätter häutig, Kronblätter kürzer als 2 mm ***T. parviflora*** S. 266
4 Blütenstand 0,8–1,2 cm breit ***T. dalmatica*** S. 268
Blütenstand 2–8 mm breit **5**
5 Kronblätter 2–3 mm lang **6**
Kronblätter 1,25–2 mm lang **7**

6 Kelchblätter 1,5 mm lang ***T. africana*** S. 264
Kelchblätter 2–2,5 mm lang ***T. tetrandra*** S. 266
7 Tragblätter so lang oder länger als der Kelch, Kronblätter nicht über 1,5 mm lang ***T. canariensis*** S. 264
Tragblätter nicht länger als der Kelch, Kronblätter 1,5–2 mm lang **8**
8 Kronblätter elliptisch bis verkehrt-eiförmig, mehr oder weniger flach ***T. gallica*** S. 266
Kronblätter rundlich, stark gekielt ***T. smyrnensis*** S. 268

Eucalyptus – **Eukalyptus** (S. 270)

1 Früchte länger als 1 cm, Blüten einzeln ***E. globulus*** S. 276
Früchte bis 1 cm lang, Blüten in Blütenständen **2**
2 Früchte deutlich gestielt **3**
Früchte sitzend oder sehr kurz gestielt **7**
3 Blütenstand mit 3 (manchmal 5) Blüten **4**
Blütenstand mit 5–10 Blüten **5**
4 Folgeblätter 10–25 cm lang ***E. citriodora*** S. 270
Folgeblätter 4–7 cm lang ***E. gunnii*** S. 278
5 Fruchtstiele drehrund oder fast rund ***E. camaldulensis*** S. 274
Fruchtstiele abgeflacht, kantig oder bandförmig **6**
6 Früchte, 1,2–1,5 cm lang, zylindrisch bis flaschenförmig, Klappen eingeschlossen oder wenig vorstehend ***E. robustus*** S. 272
Früchte 5–8 mm lang, eiförmig bis kugelig, Klappen stark vorspringend ***E. resinifer*** S. 272
7 Blütenstand 3blütig ***E. viminalis*** S. 278
Blütenstand mit 5–10 (selten nur 3) Blüten **8**
8 Rinde glatt, Blätter etwa 20 cm lang, Früchte graugrün ***E. maidenii*** S. 276
Rinde faserig, Blätter 10–17 cm lang, Früchte glänzend **9**
9 Fruchtstiele 0,7–1 cm lang, Früchte 7–9 × 7–9 mm, faßförmig oder zylindrisch ***E. botryoides*** S. 270
Fruchtstiele 2,5–3,5 cm lang, Frucht 1,3–2 × 1,1–1,5 cm, glockig ***E. gomphocephalus*** S. 274

Fraxinus – **Esche** (S. 286)

1 Kronblätter vorhanden, Blüten nach dem Laubaustrieb aufblühend ***E. ornus*** S. 286
Kronblätter fehlend, Blüten vor dem Laubaustrieb aufblühend **2**
2 Kelch vorhanden, Flügelfrucht am Grunde rundlich **3**
Kelch fehlt, Flügelfrucht am Grunde abgeflacht **4**
3 Flügel am Samen herablaufend, Fiederblättchen an den Blattstielchen herablaufend ***F. pennsylvanica*** S. 286
Flügel nicht am Samen herablaufend, Fiederblättchen nicht an den Blattstielchen herablaufend ***F. americana*** S. 286
4 Knospen schwarz, Fiederblättchen mit mehr Zähnen als Seitennerven ***F. excelsior*** S. 288
Knospen braun, Fiederblättchen mit ebenso vielen Zähnen wie Seitennerven **5**
5 Zweige, Blattstiele und Blattspindel dicht behaart, Flügelfrucht fein behaart ***F. pallisiae*** S. 288
Zweige, Blattstiele und Blattspindel kahl, Flügelfrucht unbehaart ***F. angustifolia*** S. 288

Literaturhinweise

AICHELE/SCHWEGLER: Welcher Baum ist das? Kosmos Verlag Stuttgart, 18. Aufl. 1981

BAUCH, J.: Dentrologie der Nadelbäume und übrigen Gymnospermen. Sammlung Göschen, Walter de Gruyter Berlin und New York, 1975

FITSCHEN, J.: Gehölzflora. Quelle und Meyer Heidelberg, 5. Aufl. 1959

GÖTZ, E.: Die Gehölze der Mittelmeerländer. Ulmer Verlag Stuttgart, 1975

KRÜSSMANN, G.: Die Nadelgehölze. 2. Aufl. Parey Verlag Berlin und Hamburg, 1960

KRÜSSMANN, G.: Die Bäume Europas. Parey Verlag Berlin und Hamburg, 1968

KRÜSSMANN, G.: Handbuch der Nadelgehölze. Parey Verlag Berlin und Hamburg, 1972

KRÜSSMANN, G.: Handbuch der Laubgehölze. 2. Aufl. Parey Verlag Berlin und Hamburg, 1976/78

LAMPE, G.: Koniferen für den Garten. Kosmos Verlag Stuttgart, 1980

MCCURRACH, J. C.: Palms of the world. Harper & Brothers New York, 1960

PENFOLD, A. R., WILLIS, J. L.: The Eucalypts. Hill-Interscience London und New York, 1961

PHILLIPS, R.: Das Kosmosbuch der Bäume. Kosmos Verlag Stuttgart, 1980

POLUNIN, O., EVERARD, B.: Trees and Bushes of Europe. Oxford University Press Oxford, 1976

SCHENCK, C. A.: Fremdländische Wald- und Parkbäume. 3 Bde. Parey Verlag Berlin, 1939

TUTIN, T. G. u. a.: Flora Europaea, Bd. 1–5, Cambridge University Press Cambridge, 1964–1980

Bestimmungsteil

Nacktsamer – Gymnospermae (Coniferophytina)

Fam. Ginkgoaceae – Ginkgobäume

Ginkgobaum *Ginkgo biloba* L.
Zweihäusiger, laubwerfender Baum bis etwa 30 m Höhe mit einem oder mehreren Stämmen und unregelmäßiger bis schmal-kegeliger Krone. Rinde graubraun, grob gefurcht, breit netzförmig zerrissen. Zweige weit abstehend. Langtriebe grünlich-braun mit entfernt stehenden Blättern; Kurztriebe braun mit büschelig stehenden Blättern. Blätter fächerförmig, bis 12 × 10 cm groß, mit gabelig verzweigten Blattnerven. Langtriebblätter meist deutlicher und tiefer gelappt als Kurztriebblätter, ziemlich weich, hell- oder dunkler grün. Blattstiel 1–5 cm lang, oberseits etwas rinnig. Männliche Blüten in dicken, 6–8 cm langen, gelblichen Kätzchen, diese in Gruppen zu 4–6 an den Kurztrieben; weibliche Blüten einzeln oder paarig auf längeren Stielen. Samen 2–3 cm breit, kugelig oder länglich, zur Reifezeit gelblich oder graugrün mit fleischigem Mantel, der beim Zerquetschen sehr unangenehm riecht.
Seit 1730 in Europa in Parks und großen Gärten gepflanzt. Blütezeit III–IV.

Fam. Taxaceae – Eibengewächse

Gemeine Eibe *Taxus baccata* L.
Zweihäusiger, immergrüner Nadelbaum oder -strauch von 2–35 m Höhe mit breit ausladender, meist ziemlich dichter Krone, ein- oder mehrstämmig. Rinde rötlich-braun, blättert an älteren Exemplaren in Längsstreifen ab. Äste kräftig und dick, abstehend oder aufsteigend, manchmal überhängend, unregelmäßig verzweigt. Nadeln 1–4 cm × 3 mm, linealisch, flach, plötzlich in eine scharfe Spitze auslaufend, oberseits matt dunkelgrün, unterseits mit zwei gelblich-grünen Längsstreifen, an aufrechten Zweigen spiralig, sonst zweizeilig. Männliche Blüten gelblich, kugelig, in Reihen an der Unterseite vorjähriger Triebe; weibliche Blüten sehr klein, grünlich, einzeln oder paarweise. Samen zur Reifezeit mit karminrotem Samenmantel (Arillus). Häufig in Grünanlagen und Gärten gepflanzt. Wildwachsende Exemplare sehr selten, stehen unter Naturschutz. Außer dem Samenmantel sind alle Teile der Pflanze sehr giftig. Blütezeit II–III.

Fam. Cephalotaxaceae – Kopfeibengewächse

Japanische Kopfeibe *Cephalotaxus harringtonia* (FORBES) C. KOCH
Dichtwüchsiges, strauch- oder buschförmiges Nadelgehölz mit meist hängenden Ästen. Im Aussehen der Eibe recht ähnlich. Nadeln oberseits gelblich-grün, unterseits mit silbrigen Längsstreifen. Nicht allzu häufig in Parks oder großen Gärten. Blütezeit III–IV.

Ginkgo biloba: **a** ausgewachsener Baum **b** Rinde **c** männliche Blütenstände **d** Blätter **e** Samen
Taxus baccata: **f** Baum **g** männliche Blüten **h** Samen mit Samenmantel
Cephalotaxus harringtonia: **i** Strauch **j** Samen mit Samenmantel

a
c
b
e
d
f
g
h
i
j

Fam. Araucariaceae – Araukariengewächse

Chilenische Araukarie *Araucaria araucana* (MOLINA) C. KOCH
Zweihäusiger, immergrüner Nadelbaum bis 30 m Höhe mit kegeliger oder rundlicher Krone und geradem, schlankem, rundem Stamm. Rinde dunkelgrau, runzlig, quergefurcht, mit Marken alter Äste. Äste abstehend bis hängend, an den regelmäßig angeordneten Zweigen dicht mit spiralig gestellten Nadeln besetzt. Nadelblätter 3–4 cm lang, dreieckig oder breit-oval, in eine kurze, schmale Spitze verschmälert, dick und lederig, dunkelgrün. Männliche Zapfen etwa 10 × 6 cm, hellbraun, in Büscheln an den Triebspitzen; weibliche Zapfen 10–17 cm lang, kugelig, aufrecht, an der Oberseite kräftiger Triebe, bis zum zweiten Jahr grün, zur Reife braun und auf dem Baum zerfallend. Jede Zapfenschuppe endet in einer schlanken, gekrümmten Spitze. Samen braun, eßbar, etwa 4 cm groß. Vor allem in Westeuropa häufiger gepflanzt. In Deutschland nur in milden Gebieten winterhart. Blütezeit VI–VII.

Fam. Cupressaceae – Zypressengewächse

Lawsons Scheinzypresse, Oregonzeder *Chamaecyparis lawsoniana* (A. MURRAY) PARL.
Einhäusiger, immergrüner Nadelbaum mit schmalkegeliger, hochgezogener, oft mehrgipfliger Krone, mitunter auch mit verzweigtem Hauptstamm. Rinde graubraun, an älteren Exemplaren in lange Streifen und Platten zerrissen. Äste reich verzweigt. Zweige flach. Leittrieb oft überhängend. Blätter kreuzgegenständig, schuppenförmig, 0,5–2 mm lang, dicht anliegend, oberseits dunkelgrün, unterseits heller mit einer durchscheinenden Harzdrüse, in den Nähten weißlich. Männliche Zapfen etwa 4 mm lang, karminrot, endständig an den Zweigspitzen; weibliche Zapfen unter den Triebspitzen, etwa 8 mm breit, kugelig, grün oder leicht bläulich bereift, später gelblich-braun. Zapfenschuppen in 4 Paaren, in der Mitte zusammengedrückt und mit spitzem Höcker. Samen mit breiten Flügeln und großen Harzdrüsen. In weiten Teilen Europas als Parkbaum gepflanzt. Blütezeit III.

Hinoki-Scheinzypresse *Chamaecyparis obtusa* (S. & Z.) ENDL.
Ähnlich wie die vorige Art. Rinde rötlich und in schmale, lange Streifen aufgelöst. Zweige abgeflacht, in einer Ebene verzweigt, mit stumpfen Schuppenblättern, die an den Nähten eine weiße Zeichnung tragen. Ursprünglich nur in Japan. In verschiedenen Gartenformen als Zier- und Parkbaum gepflanzt.

Sawara-Scheinzypresse *Chamaecyparis pisifera* (S. & Z.) ENDL.
Ähnlich wie die Oregonzeder. Rinde rötlich-braun, in schmale, längsverlaufende Streifen mit tiefen Rissen zerteilt. Schuppenblätter mit scharfen, eingekrümmten Spitzen und undeutlichen Drüsen. Weibliche Zapfen etwa erbsengroß. Häufig als Zier- und Parkbaum gepflanzt.

Araucaria araucana: **a** Baum **b** Rinde **c** Zweig mit männlichem Zapfen **d** weiblicher Zapfen – *Chamaecyparis lawsoniana:* **e** Baum **f** Zweig mit männlichen Zapfen, **g** Zweig mit reifem weiblichem Zapfen – *Chamaecyparis obtusa:* **h** Zweig mit weiblichem Zapfen – *Chamaecyparis pisifera:* **i** Zweig mit weiblichem Zapfen

a
b
c
d
g
f
h
i
e

Nootka-Scheinzypresse ***Chamaecyparis nootkatensis*** (LAMB.) SPACH
Im Aussehen der Oregonzeder sehr ähnlich, jedoch mit sehr regelmäßig aufgebauter Krone. Rinde hellbraun, längsstreifig. Weibliche Zapfen bis 1 cm breit, anfangs grün, später dunkelbraun. Jede der 4–6 Zapfenschuppen trägt einen spitzen, gekrümmten Höcker. Im westlichen Nordamerika (bis Alaska) beheimatet. Seltener als Zierbaum gepflanzt.

Leyland-Zypresse ***Cupressocyparis leylandii***
(A. B. JACKSON & DALLIMORE) DALLIMORE
Einhäusiger, immergrüner Baum bis etwa 35 m Höhe mit geradem Stamm und dichter, kegeliger Krone. Rinde dunkelbraun bis rötlichbraun mit schmalen, flachen Furchen. Äste abstehend oder steil aufrecht, bis zur Basis belaubt. Junge Triebe am Leittrieb oft einseitswendig. Schuppenblätter kreuzgegenständig, 0,5–2 mm lang, dicht anliegend, zugespitzt, dunkelgrün. Blüten selten, männliche Zapfen etwa 3 mm breit, gelblich; weibliche Zapfen 1–3 cm breit, kugelig, mit 4–8 schildförmigen Zapfenschuppen mit je einem breiten Höcker.
Die Leyland-Zypresse ist ein gutwüchsiger Gattungsbastard aus der Nootka-Scheinzypresse und der Monterey-Zypresse, der um die Jahrhundertwende in England entstand. Gelegentlich als Park- und Zierbaum gepflanzt.

Monterey-Zypresse ***Cupressus macrocarpa*** HARTWEG
Einhäusiger, immergrüner Baum bis 35 m Höhe mit anfangs kegeliger, später kugeliger, rundlicher Krone. Rinde bräunlich, schuppig, mit flachen Leisten. Reich verzweigt. Äste an jungen Bäumen steil aufrecht, an älteren abstehend. Junge Zweige am Leittrieb unregelmäßig angeordnet. Schuppenblätter kreuzgegenständig, 1–2 mm lang, mit scharfer Spitze und blassem Rand. Männliche Zapfen 3–5 mm breit, an jüngeren Zweigen unterhalb der weiblichen Zapfen; diese 2–4 cm breit, kugelig, mit 4–7 Paar schildförmiger Zapfenschuppen. Höcker der Schuppen rundlich und flach. Ursprünglich nur im südlichen Kalifornien. Vor allem in West- und Südwesteuropa häufiger als Park- und Zierbaum gepflanzt. Blütezeit VI.

Mexikanische Zypresse ***Cupressus lusitanica*** MILLER
Der vorigen Art sehr ähnlich. Rinde jedoch dunkler braun mit abschälenden Streifen. Äste abstehend, an der Spitze etwas überhängend. Schuppenblätter mit abstehender, freier, scharfer Spitze. Weibliche Zapfen 1–1,5 cm breit, kugelig oder länglich, anfangs blaugrün, später braun, mit 3–4 Paar schildförmiger Zapfenschuppen. Heimisch in Mexico und Guatemala. Vor allem in Südeuropa gelegentlich als Zierbaum gepflanzt.

Chamaecyparis nootkatensis: **a** Zweig mit weiblichem Zapfen
Cupressocyparis leylandii: **b** ausgewachsener Baum **c** männliche Zapfen **d** weiblicher Zapfen
Cupressus marcrocarpa: **e** ausgewachsener Baum **f** männliche Zapfen **g** weiblicher Zapfen
Cupressus lusitanica: **h** weiblicher Zapfen

a
b
c
d
e
f
g
h

Arizona-Zypresse ***Cupressus glabra*** SUDWORTH
Im Aussehen der Monterey-Zypresse recht ähnlich, jedoch mit schuppig abschilfernder Rinde, unter der gelbe und rotbraune Flecken sichtbar werden. Äste weit ausladend, nur im oberen Teil der Krone aufsteigend. Junge Triebe stehen vom Leittrieb senkrecht ab. Schuppenblätter graugrün, manchmal mit weißlichem Punkt. Männliche Zapfen gelb, sehr zahlreich; weibliche Zapfen 1,5–2,5 cm breit, grünlich-braun. Zapfenschuppen mit deutlicher, aber stumpfer Spitze. Heimat in Arizona. Nur gelegentlich in Gärten und Parkanlagen als Zierbaum gepflanzt.

Italienische Zypresse ***Cupressus sempervirens*** L.
Immergrüner Baum bis etwa 30 m Höhe mit sehr schmaler, schlanker, spitz zulaufender Krone (Regenschirm-Form), nur selten mit abstehenden Ästen. Rinde graubraun, überwiegend glatt oder spiralig gefurcht. Junge Zweige vierkantig, am Leittrieb unregelmäßig ansitzend, an den Enden aufsteigend. Schuppenblätter kreuzgegenständig, 0,5–1 mm breit, dunkelgrün, stumpf, eng anliegend. Männliche Zapfen 4–8 mm breit, gelblich-grün; weibliche Zapfen 2,5–4 cm breit, kugelig oder länglich, anfangs grün, im zweiten Jahr gelblich-grau, mit 4–7 Paar schildförmiger Zapfenschuppen, diese mit undeutlichem Höcker und am Rande gewellt. Heimat Südeuropa. Die schmalkronige Form wird wesentlich häufiger gepflanzt als die breitkronige Wildform. Sie ist das beherrschende Element vieler Mittelmeerlandschaften. Blütezeit III.

Kalifornische Flußzeder ***Calocedrus decurrens*** (TORREY) FLORIN
Einhäusiger, immergrüner Baum bis 35 m Höhe mit schlanker, säulenförmiger Krone, die am oberen Ende deutlich abgerundet ist. Rinde grob gefeldert, dunkel rötlich-braun. Äste kurz, aufrecht. Junge Triebe grün, später bräunlich. Schuppenblätter zu 4 in einem Wirtel, schmal, mit kurzer, eingekrümmter Spitze, dicht anliegend, ziemlich einheitlich. Männliche Zapfen 3–6 mm breit, eiförmig, dunkelgelb; weibliche Zapfen 2–3 cm lang, mit länglich-ovalen Zapfenschuppen und aufgerollter Spitze. Ursprünglich nur in Nordamerika. Gelegentlich als Zier- und Parkbaum gepflanzt. Blütezeit I–II.

Cupressus glabra: **a** Baum **b** Zweig mit weiblichem Zapfen
Cupressus sempervirens: **c** ausgewachsener Baum **d** männliche Zapfen **e** Zweig mit weiblichem Zapfen
Calocedrus decurrens: **f** ausgewachsener Baum **g** männliche Zapfen **h** unreifer weiblicher Zapfen **i** reifer weiblicher Zapfen

a
b
c
d
e
f
g
h
i

Juniperus – Wacholder
Gattung mit etwa 60 Arten immergrüner Sträucher und Bäume

Gemeiner Wacholder _Juniperus communis_ L.
Zweihäusiger Strauch oder kleiner Baum von 2–15 m Höhe, anfangs von säulenförmiger Gestalt, später mit ausladender, breiterer Krone. Rinde rötlichbraun, löst sich in Längsstreifen ab. Zweige dünn, dreikantig. Alle Blätter nadelförmig, 0,8–2×0,1–0,2 cm, linealisch, abstehend, zu je 3 in einem Wirtel, scharf zugespitzt, oberseits etwas rinnig, unterseits schwach gekielt, sitzend. Männliche Zapfen einzeln, gelblich, in den Blattachseln; weibliche Zapfen 6–9 cm lang, rundlich-elliptisch. Samenreife im 2. und 3. Jahr, nachdem die Samenschuppen fleischig geworden sind, einen Beerenzapfen (keine Beere!) entwickelt haben und von graugrün nach dunkelblau bis schwarz wechselten. In ganz Europa verbreitet. Stellenweise als Wildpflanze, jedoch stark im Rückgang begriffen, weil forstliche Intensivbewirtschaftung die Standorte zerstört. Blütezeit III.

Mittelmeer-Wacholder _Juniperus oxycedrus_ L.
Zweihäusiger, immergrüner Strauch oder kleiner Baum bis höchstens 10 m Höhe. Rinde rötlich-grau. Äste sehr steif. Blätter nadelförmig, 0,4–2,5 × 0,1–0,2 cm, linealisch, zu 3 im Wirtel, am Grunde verdickt und untereinander verbunden, scharf zugespitzt, steif, oberseits mit 2 feinen Streifen, unterseits deutlich gekielt, gut erkennbare Mittelrippe vorhanden. Weibliche Zapfen etwa 1,5 cm breit, kugelig oder birnenförmig, anfangs rötlich, zur Reifezeit gelblich. Im gesamten Mittelmeergebiet, vor allem in Macchien und Garrigues, weit verbreitet. Sehr formenreich und in mehrere Unterarten gegliedert: spp. *oxycedrus,* mit etwa 2 mm breiten Nadelblättern und reifen Beerenzapfen bis 1 cm Durchmesser, in Hochlagen bis 1900 m; ssp. *macrocarpa:* mit Beerenzapfen bis 1,5 cm Durchmesser und Nadelblättern von 2,5 mm Breite, auf Felsen in Küstennähe; ssp. *transstagna:* mit 1–1,5 mm breiten Nadelblättern und Beerenzapfen von höchstens 1 cm Durchmesser, nur auf meeresnahen Sandflächen in Südwestportugal. Blütezeit II–V.

Juniperus communis: **a** älterer Strauch/Baum **b** männliche Blüten **c** weibliche Blüten **d** Nadelblattoberseite **e** Beerenzapfen
Juniperus oxycedrus: **f** kleinerer Baum **g** Nadelblattoberseite **h** reifender Beerenzapfen

a
b
c
d
e
f
g
h

Phönizischer Wacholder ***Juniperus phoenicea*** L.
Zweihäusiger, immergrüner Strauch oder kleiner Baum bis 8 m Höhe, häufig auch mit niederliegendem Stamm. Äste dünn, drehrund. Am jungen Trieb sind die Blätter nadelförmig, 0,5–1,4 × 0,5–1 mm, linealisch, scharf zugespitzt, ober- und unterseits mit 2 weißen Streifen, meist zu 3 im Wirtel, abstehend; Blätter an älteren Zweigen schuppenförmig, 0,7–1 mm lang, oval bis rhombisch, nur schwach zugespitzt, am Rande weißlich, kreuzgegenständig oder zu 3 im Wirtel, dicht anliegend. Männliche Zapfen an den Zweigenden; weibliche Zapfen 0,6–1,4 cm breit, kugelig oder etwas länglich, Samenreife im 2. Jahr, anfangs schwärzlich, später grün oder gelblich bis dunkelrot. Überall in Macchien und Garrigues des Mittelmeergebietes und an der portugiesischen Atlantikküste. Blütezeit III.

Griechischer Wacholder ***Juniperus excelsa*** BIEB.
Ein- oder zweihäusiger, immergrüner Baum bis etwa 20 m Höhe, anfangs von säulenförmiger Gestalt, später mit breiterer Krone. Zweige ziemlich dünn, rundlich. Nadelblätter nur an jungen Trieben, mit scharfer Spitze, kreuzgegenständig, 5–6 mm lang, mit 2 feinen Längsstreifen; Blätter an älteren Zweigen schuppenförmig, 1–1,5 mm lang, rhombisch, spitz, mit deutlicher Harzdrüse, kreuzgegenständig, dicht anliegend. Männliche Zapfen an den Zweigspitzen; weibliche Zapfen 8 mm lang, kugelig, Reife im 2. Jahr, dunkel purpurbraun und leicht bläulich bereift. Im östlichen Mittelmeergebiet und am Schwarzen Meer. Selten angepflanzt. Blütezeit III.

Stinkender Wacholder ***Juniperus foetidissima*** WILLD.
Ein- oder zweihäusiger Baum bis 17 m Höhe mit schlanker, kegeliger, lichter Krone. Zweige sehr dünn, vierkantig, unregelmäßig verzweigt, beim Zerreiben von sehr unangenehmem Geruch. Blätter an jüngeren Trieben nadelförmig, 5–6 mm lang, linealisch, scharf zugespitzt, mit 2 feinen Längsstreifen, kreuzgegenständig, fast rechtwinklig abstehend. Übrige Blätter schuppenförmig, etwa 1,5 mm lang, eiförmig bis rhombisch, kurz oder länger zugespitzt, meist ohne erkennbare Harzdrüse und Randstreifen, an den Spitzen abstehend. Männliche Zapfen an den Zweigenden; weibliche Zapfen 0,7–1,2 cm lang, Reife im 2. Jahr, dunkel rötlich-braun bis schwärzlich, bereift. In den Gebirgen des Balkan und des Schwarzmeergebietes.

Juniperus phoenicea: **a** kleinerer Baum **b** Schuppenblätter **c** weiblicher Zapfen
Juniperus excelsa: **d** Baum **e** weiblicher Zapfen
Juniperus foetidissima: **f** Baum **g** Blätter **h** weiblicher Zapfen

a
b
c
d
e
f
g
h

Spanischer Wacholder *Juniperus thurifera* L.
Immergrüner Baum bis etwa 10 m Höhe. Schuppenblätter 1,5–2 mm lang, am Rande mitunter leicht gezähnt, oberseits mit einer länglichen, gefurchten Harzdrüse. Weiblicher Zapfen 7–8 mm lang, zur Reifezeit dunkelpurpurn. Nur in den französischen Alpen, in den Pyrenäen und in Zentralspanien. Ähnlich ist der Sadebaum *(Juniperus sabina)* mit dicht anliegenden Schuppenblättern von unangenehmem Geruch. In den Bergen Südeuropas.

Virginischer Wacholder *Juniperus virginiana* L.
Meist zweihäusiger Baum bis 30 m Höhe von schlankem, säulenförmigem Wuchs. Zweige sehr dünn, drehrund. Nadelblätter an den Zweigenden, 5–6 mm lang, linealisch, scharf zugespitzt, oberseits mit einem breiten Längsstreifen, unterseits einheitlich grün, kreuzgegenständig. Schuppenblätter 0,5–1,5 mm lang, von ovalem Umriß, mit schlanker Spitze, kreuzgegenständig, oberseits mit kleiner Drüse, am Grunde angedrückt, an der Spitze abstehend. Männliche Zapfen gelb, an den Zweigenden; weibliche Zapfen 3–6 mm lang, länglich-oval, Reife im 1. Jahr, anfangs grünblau, später bräunlich-violett. Ursprünglich im östlichen Nordamerika. Stellenweise als Forstbaum (Bleistiftholz) kultiviert, sonst in zahlreichen Varietäten angepflanzt.

Chinesischer Wacholder *Juniperus chinensis* L.
Zweihäusiger, immergrüner Strauch oder Baum bis 18 m Höhe, schmal und säulenförmig, häufiger jedoch mit unregelmäßiger Kronenform, ein- oder mehrstämmig. Rinde dunkelbraun. Zweige sehr dünn, drehrund oder etwas kantig. Nadelblätter etwa 8 mm lang, steif, linealisch, zugespitzt, oberseits mit 2 feinen bläulichen Längsstreifen, unterseits rein grün, paarweise oder zu 3 im Wirtel, abstehend, häufig auch am Grunde älterer Zweige. Schuppenblätter etwa 1,5 mm lang, rhombisch, stumpf oder wenig zugespitzt, dicht anliegend, mit undeutlicher Harzdrüse. Männliche Zapfen hellgelb; weibliche Zapfen 6–7 mm lang, kugelig oder napfförmig, Reife im 2. Jahr, anfangs blau-weißlich, später purpurbraun. Ursprünglich in China und Japan. Häufig in Parks und Grünanlagen in vielen Varietäten angepflanzt. Blütezeit III–IV.

Juniperus virginiana: **a** jüngerer Baum **b** Schuppen- und Nadelblätter **c** Beerenzapfen
Juniperus chinensis: **d** ausgewachsener Baum **e** Beerenzapfen

a
d
b
c
e

Gliederzypresse *Tetraclinis articulata* (VAHL) MASTERS
Einhäusiger, immergrüner Baum bis etwa 15 m Höhe mit kräftiger, hochgezogen-rundlicher Krone. Rinde rötlich-braun. Äste und Zweige aufrecht, letzte Verzweigungen in einer Ebene. Schuppenblätter zu 4 in einem Wirtel, seitliches Paar länger als das mittlere. Männliche Zapfen einzeln an den Zweigenden; weibliche Zapfen 0,8–1,3 cm breit mit 4–5 großen, schildförmigen Schuppen von bleichbrauner Färbung. Sehr widerstandsfähig gegen Trockenheit. Nur im westlichen Mittelmeergebiet in Südostspanien, auf Malta, Sizilien sowie in Nordafrika.

Riesen-Lebensbaum *Thuja plicata* D. DON EX LAMB.
Einhäusiger, immergrüner Baum mit schmal kegelförmiger Krone, im Ursprungsgebiet bis über 60 m hoch. Stamm bei alten Exemplaren spannrükkig. Rinde dunkel rötlich-braun mit meist helleren Rändern an den Rissen, weich, in unregelmäßigen Feldern abblätternd. Schuppenblätter kreuzgegenständig, seitliche länger als mittlere, etwa 2–3 mm lang, mit stumpfer Spitze, dicht anliegend, oberwärts dunkelgrün, unterseits etwas heller, von aromatischem Duft. Männliche Zapfen sehr klein, blaßgelblich; weibliche Zapfen 1–2 cm lang, länglich, spitz, braun, mit 10–12 Zapfenschuppen. Heimisch im westlichen Nordamerika. Häufig in Gärten und Parks neben weiteren, zum Teil sehr ähnlichen Arten dieser Gattung gepflanzt. Blütezeit III.

Hiba *Thujopsis dolabrata* (L.) SIEBOLD & ZUCC.
Einhäusiger, immergrüner, niederliegender Strauch oder aufrechter Baum bis 30 m Höhe mit schlanker oder breiter Krone, ein- oder mehrstämmig. Rinde dunkel rötlich-braun, gewöhnlich in dünnen, schmalen Längsstreifen abschilfernd. Zweige meist hängend. Schuppenblätter kreuzgegenständig, 4–7 mm lang, breit dreieckig, die beiden randlichen länger als die mittleren, zugespitzt, etwas eingekrümmt, dicht anliegend, dunkelgrün, mit deutlichen weißen Marken, von angenehmem Duft. Zapfen einzeln; männliche Zapfen schwärzlich-grün; weibliche Zapfen 1,2–2 cm lang, unregelmäßig kugelig, bläulich-braun, mit 6–8 schildförmigen, buckligen Zapfenschuppen. Heimisch in Japan. Gelegentlich als Zier- und Parkbaum gepflanzt. Blütezeit IV–V.

Tetraclinis articulata: **a** Baum **b** männliche Zapfen **c** weiblicher Zapfen
Thuja plicata: **d** Baum **e** Zweig mit männlichen und **f** weiblichen Zapfen
Thujopsis dolabrata: **g** Baum **h** Zweig mit männlichen Zapfen **i** weiblicher Zapfen

a
b
c
d
e
f
g
h
i

Fam. Taxodiaceae – Sumpfzypressengewächse

Küsten-Sequoie, Redwood *Sequoia sempervirens* (LAMB.) ENDL.
Einhäusiger, immergrüner Baum. Im Ursprungsgebiet bis über 100 m hoch und damit die wuchshöchste Baumart der Erde. Krone schmal kegelförmig bis säulig. Stamm walzlich, in Bodennähe auffallend verbreitert, oberwärts allmählich schlanker werdend, oft spannrückig. Rinde rötlich-braun, unter der äußeren Schicht sehr dicke, weiche, faserige, fuchsrote Lagen. Äste abstehend oder wenig hängend. Zweige unregelmäßig gegabelt, grün. Nadelblätter am Leittrieb 6–8 mm lang, linealisch scharf zugespitzt, spiralig gestellt, locker anliegend; Nadelblätter an Seitenzweigen flach, zweizeilig, 0,6–2 × 0,2 cm, linealisch bis lanzettlich, spitz, oberseits dunkelgrün, unterseits mit Mittelrippe und 2 feinen Längsstreifen. Männliche Zapfen endständig an jungen Trieben, etwa 2 mm lang, gelb; weibliche Zapfen an älteren Zweigen, 1,8–2,5 cm lang, kugelig oder eiförmig, holzig, Reife im 2. Jahr, mit spiralig gestellten 14–20 Schuppen. Ursprünglich nur in einem schmalen Küstenstreifen im südlichen Oregon und nördlichen Kalifornien. In Europa seit 1843 vor allem in wintermilden Gebieten als Zierbaum gepflanzt. Blütezeit II–III.

Mammutbaum, Riesen-Sequoie *Sequoiadendron giganteum*
(LINDLEY) BUCHHOLZ
Einhäusiger, immergrüner Baum, im Ursprungsgebiet bis 90 m Höhe. Krone anfangs spitzkegelig-pyramidal, später rundlicher. Stamm an der Basis auffallend verdickt, bei alten Exemplaren bis über 7 m Durchmesser, weiter oben allmählich schlanker, etwa bis zur halben Höhe astfrei. Rinde tief rissig, rotbraun bis schwarzbraun, sehr dick, faserig, mit breiten, tiefen Furchen, in tieferen Schichten hellbraun bis fuchsrot. Äste sehr dick, hängend und an den Enden aufsteigend. Zweige derb. Knospen ohne Schutz. Nadelblätter dicht spiralig angeordnet, 0,4–1 cm lang, schuppenförmig-lanzettlich, lang zugespitzt, oberseits flach, unterseits rinnig, anfangs bläulich, später dunkler grün, locker anliegend und zur Spitze hin abstehend. Männliche Zapfen einzeln an den Zweigenden; weibliche Zapfen einzeln oder paarig an dickeren Zweigen, 5,8 × 2,5–5 cm, länglich, zur Reifezeit im 2. Jahr dunkelbraun, die 25–40 Schuppen sind spiralig gestellt und tragen in der Mitte jeweils einen kleinen Dornhöcker. Samen 3–6 cm lang, länglich, geflügelt, hellbraun. Ursprünglich nur in Höhenlagen zwischen 1500 und 2400 m auf der Westseite der Sierra Nevada in Kalifornien. Häufig in großen Gärten und Parkanlagen als Zierbaum gepflanzt.

Sequoia sempervirens: **a** Wuchsform **b** Rinde **c** männliche Zapfen **d** weiblicher Zapfen
Sequoiadendron giganteum: **e** Wuchsform **f** Rinde **g** Zweig mit männlichen Zapfen **h** weiblicher Zapfen

a
b
c
d
e
f
g
h

Sicheltanne ***Cryptomeria japonica*** (L.) D. DON.
Einhäusiger, immergrüner Baum bis etwa 50 m Höhe mit kegeliger oder pyramidaler, dichter, am Ende rundlicher Krone. Stamm am Grunde spannrükkig. Rinde orangefarben bis dunkelbraun, dick, faserig, löst sich in längeren Streifen ab. Äste unregelmäßig verzweigt. Zweige nur wenig gegabelt, meist hängend. Nadelblätter spiralig gestellt, 0,6–1,5 cm lang, linealisch, lang zugespitzt, an den Spitzen deutlich einwärts gekrümmt, im Querschnitt rhombisch-vierkantig, kräftig grün. Männlicher Zapfen in Gruppen bis 20 unterhalb der Zweigspitzen in den Achseln der Nadeln, etwa 0,8 cm lang, hellgelb bis orange; weibliche Zapfen endständig an kräftigeren Zweigen, 1,2–3 cm lang, fast kugelig, Reife im 1. Jahr. Jede der 20–30 Zapfenschuppen trägt auf dem Rücken meist 5 zurückgekrümmte Dornfortsätze. Samen etwa 6 mm lang, schmal geflügelt, dunkelbraun. Ursprünglich in China und Japan. In mehreren Varietäten als Zierbaum in Parks und Gärten angepflanzt. Blütezeit III.

Sumpfzypresse ***Taxodium distichum*** (L.) L. C. M. RICHARD
Einhäusiger, laubwerfender Baum, im Ursprungsgebiet bis 50 m hoch, mit anfangs schmalkegeliger Krone, die mit zunehmendem Alter breiter und ausladender wird. Stamm an der Basis sehr breit, nach oben rasch verschmälert. Am natürlichen Standort werden eigenartige, bis 40 cm hohe Atemknie entwickelt, die der Durchlüftung des Wurzelwerks dienen. Rinde blaßbraun bis rötlich-braun, faserig, löst sich in Streifen ab. Äste aufrecht oder abstehend. Langtrieb mit spiralig gestellten Nadelblättern, Kurztriebe wechselständig, etwa 10 cm lang, mit zweizeilig und wechselständig angeordneten Nadelblättern, werden im Herbst abgeworfen. Knospen mit Deckschuppen. Nadelblätter 0,8–2 cm lang, linealisch, flach, blaßgrün, unterseits mit feinen Längsstreifen beidseits der Mittelrippe. Männliche Blüten in 5–6 cm langen Kätzchen, diese zu 3–4 zusammen an den Enden vorjähriger Zweige, dottergelb bis purpurn; 1,2–3 cm lang, kugelig oder länglich, holzig, Reife im 1. Jahr, mit wenigen, rhombischen Schuppen, die je einen langen Dornfortsatz tragen. Heimisch in den Sumpfgebieten des südlichen und südwestlichen Nordamerika. Häufig in Parks und großen Gärten (vor allem auf feuchtem Grund) gepflanzt. Blütezeit IV.

Urwelt-Mammutbaum ***Metasequoia glyptostroboides*** HU & CHENG
Einhäusiger, laubwerfender Baum bis etwa 30 m Höhe. Im Aussehen der Sumpfzypresse ähnlich, jedoch mit gegenständigen Kurztrieben und Nadelblättern. Blätter 1,2–4 cm lang, weich, linealisch, flach, oberseits hellgrün, unterseits graugrün. Männliche Blüten in Gruppen an der Basis von Blättern unterhalb der Zweigenden; weibliche Zapfen von sehr regelmäßigem Aufbau mit 20–30 Schuppen in gegenständigen Paaren. Erst 1941 in Südwestchina entdeckt und seit 1948 in Europa eingeführt. In vielen Parks oder größeren Gärten gepflanzt.

Cryptomeria japonica: **a** Wuchsform **b** männliche Zapfen **c** weibliche Zapfen
Taxodium distichum: **d** Wuchsform **e** Stammbasis mit Atemknien **f** weiblicher Zapfen
Metasequoia glyptostroboides: **g** Wuchsform **h** männnliche Blüten **i** weiblicher Zapfen

a
c
i
g
b
d
h
f
e

Fam. Pinaceae – Kieferngewächse

Abies – Tanne

Gattung mit etwa 50 Arten immergrüner Bäume der nördlichen gemäßigten Zone, von denen viele auch forstlich kultiviert werden. Zapfen aufrecht, lösen sich auf dem Baum in Einzelschuppen auf.

Weiß-Tanne *Abies alba* MILLER
Immergrüner, einhäusiger Baum bis etwa 50 m Höhe mit kräftigem, oft dikkem Stamm. Rinde glatt, später etwas rissig und schuppig. Krone schmal kegelförmig mit gegabeltem Gipfel. Äste in regelmäßigen Quirlen angeordnet. Junge Triebe dicht grau behaart. Knospen nicht harzig. Nadelblätter 1,5–3 cm × 1,5–2 mm, stumpf, ziemlich dick, aber biegsam, unterseits mit 2 weißen Längsstreifen, zweizeilig gescheitelt zu einer oberen und unteren Nadelreihe. Weibliche Zapfen 10–20 × 3–4 cm, zur Reifezeit blaßbraun, mit einem Dornfortsatz unterhalb jeder Schuppe, der sich bald zurückkrümmt (Deckschuppe). Charakteristischer Waldbaum in natürlichen Nadelholzbeständen des höheren Berglands. In Europa weit verbreitet. Seltener als andere Tannen-Arten als Parkbaum gepflanzt. Blütezeit IV.

Delavays Tanne *Abies delavayi* FRANCHET
Der Weiß-Tanne ziemlich ähnlich, Zweige jedoch fast glatt und ohne Behaarung an den Triebspitzen. Junge Triebe hellorange. Knospen sehr harzig. Nadelblätter 2–4 cm lang, mit sehr kurzer Spitze, dunkelgrün, randlich etwas gerollt, so daß die breiten weißen Streifen der Unterseite fast verdeckt werden, rund um den Trieb gestellt. Weibliche Zapfen 6–10 × 2,4–4,5 cm, zylindrisch oder länglich-eiförmig, dunkelpurpurn, mit langem Dornfortsatz an den Deckschuppen. Ursprünglich nur in Südwestchina.
A. delavayi var. *forrestii* (C. C. ROGERS) A. B. JACKSON ist die am häufigsten gepflanzte Varietät, die man an den tief ausgerandeten Nadeln und den kürzeren, schmaleren Deckschuppendornen erkennen kann.

Griechische Tanne *Abies cephalonica* LOUDON
Immergrüner Baum bis etwa 30 m Höhe mit ziemlich kräftigem Stamm. Rinde graubraun, glatt, nur an älteren Exemplaren in kleinere, eckige Platten gefeldert. Junge Triebe unbehaart, hellbraun. Knospen sehr harzig. Nadelblätter 1,5–3,5 cm × 2–2,5 mm, scharf zugespitzt, dick, steif, glänzend dunkelgrün auf der Oberseite, unterseits mit 2 hellen Längsstreifen, ziemlich dicht stehend und fast rechtwinklig von der Achse abweisend, Nadeln der unteren Reihe beidseits spitzwinklig abstehend. Weiblicher Zapfen 12–16 × 4–5 cm, zylindrisch mit Kegelspitze, zur Reifezeit gelbbraun. Spitzen der Deckschuppen lang und zurückgeschlagen. Gebirge des südlichen Balkans bis etwa 1700 m Seehöhe. In Italien forstlich kultiviert, sonst nur als Zierbaum gepflanzt.

Abies alba: **a** Wuchsform **b** Zweigspitze **c** männliche Zapfen, **d** weiblicher Zapfen
Abies delavayi: **e** Zweigspitze **f** weiblicher Zapfen
Abies cephalonica: **g** Wuchsform **h** Rinde **i** Zweigspitze **j** weiblicher Zapfen

a
b
c
d
e
f
j
i
g
h

Riesen-Tanne, Küsten-Tanne *Abies grandis* LINDLEY
Immergrüner Nadelbaum von anfangs schlank säulenförmigem Wuchs, später mit etwas breiterer Krone. Stamm ziemlich kräftig. Rinde graubraun bis dunkelbraun, glatt, an jungen Bäumen häufig mit Harzblasen, später rissig und gefeldert. Junge Triebe olivgrün, zerstreut mit kleinen Haaren besetzt. Knospen sehr harzig. Nadelblätter sehr dünn, 2–6 cm × 1,5–2 mm, vorne etwas ausgerandet, oberseits glänzend dunkelgrün, unterseits mit silbrigen Längsstreifen, am Rande mitunter umgeschlagen. Weibliche Zapfen 5–10 × 3–4 cm, zylindrisch, zur Spitze etwas schmäler, mit rundlichen Samenschuppen, die die Deckschuppen überlagern. Ursprünglich im westlichen Nordamerika von Vancouver Island bis Kalifornien. In Europa stellenweise forstlich kultiviert, sonst als Zierbaum in Parks. Blütezeit IV.

Colorado-Tanne, Gleichfarbene Tanne *Abies concolor*
(GORDON) HILDEBRAND
Ähnlich wie die vorige Art, jedoch nur bis etwa 50 m hoch. Rinde schwarzgrau, tief rissig. Junge Zweige oft glatt, gelblich-braun. Knospen sehr harzig. Nadelblätter beidseits in 2 Reihen, stark aufwärts gebogen bis fast senkrecht, 4–5,5 cm × 2 mm, kurz zugespitzt, unterseits mit 2 bläulichen Streifen. Weibliche Zapfen 12–15 × 3–7 cm, zylindrisch bis faßförmig. Formenreich. Heimat im westlichen Nordamerika, häufig in Parks und Gärten gepflanzt.

Balsam-Tanne *Abies lasiocarpa* (HOOKER) NUTT.
Ähnlich wie die Riesen-Tanne, jedoch nur bis etwa 48 m hoch. Krone ziemlich schmal. Stamm schlank und weniger kräftig. Rinde silbergrau, nur wenig rissig oder gefeldert. Äste und Zweige herabhängend. Junge Triebe oft rötlich behaart. Nadelblätter beidseits in 2 Reihen, oft aufwärts gebogen oder hochgeschlagen. Weibliche Zapfen 5–10 × 3–5 cm, dunkelpurpurn, später braun, faßförmig, mit rundlichen Schuppen. Zweige und Nadeln beim Zerreiben von angenehmem Duft. Beheimatet im westlichen Nordamerika (Kaskadengebirge). Nur selten in Kultur oder als Parkbaum.

Nordmanns-Tanne *Abies nordmanniana* (STEVEN) SPACH
Nadelbaum von kegelförmigem oder säulenförmigem Wuchs bis etwa 70 m Höhe mit kräftigem, rundlichem Stamm. Rinde anfangs sehr glatt, allmählich jedoch in Schuppen und Platten gefeldert, graubraun. Junge Triebe grünlichgrau bis olivbraun, mitunter mit dunklen, kurzen Haaren besetzt. Knospen nicht harzig. Nadelblätter 1,5–3,5 cm × 1,5–2 mm, an der Spitze etwas ausgerandet, dick, aber biegsam, oberseits glänzend grün, unterseits mit 2 deutlichen weißen Längsstreifen. Weibliche Zapfen 12–18 cm × 4–5 cm, zylindrisch; Samenschuppen rundlich, Deckschuppen mit langen, zurückgebogenen Fortsätzen. Heimat in Kleinasien bis zum westlichen Kaukasus. Neuerdings häufiger forstlich kultiviert (Weihnachtsbaum!) und in Parks oder Gärten gepflanzt. Blütezeit IV–V.

Abies grandis: **a** Wuchsform **b** Zweigstück **c** männliche Zapfen **d** weiblicher Zapfen
Abies lasiocarpa: **e** Zweigstück **f** weiblicher Zapfen
Abies nordmanniana: **g** Wuchsform **h** Zweigstück **i** weiblicher Zapfen

a
b
c
d
e
f
g
h
i

Spanische Tanne *Abies pinsapo* BOISSER
Nadelbaum bis etwa 30 m Höhe mit zunächst offener, schlanker Krone und kräftigem Stamm. Rinde glatt, allmählich unregelmäßig gefeldert und zerrissen, dunkelgrau bis schwärzlich. Junge Zweige grünlichbraun bis olivbraun, ohne Haarbesatz. Knospen harzig. Nadelblätter sehr dicht an den Zweigen, rechtwinklig abstehend, allseits angebracht, 1–1,8 × 0,2–0,3 cm, dicklich, steif, mitunter gekrümmt, scharf zugespitzt, oberseits bläulichgrau, unterseits mit 2 grauen Längsstreifen. Weibliche Zapfen 10–16 × 3–4 cm, zylindrisch, zur Spitze hin verschmälert, vorne abgerundet, zur Reifezeit braun, mit rundlichen Schuppen, die die Deckschuppen und ihre Fortsätze verdekken. Ursprünglich nur im südwestlichen Spanien (um Ronda) in Höhen bis 2000 m. Gelegentlich als Park- und Zierbaum anzutreffen. Blütezeit V.

Sibirische Tanne *Abies sibirica* LEDEB.
Der vorigen Art in vielen Zügen ähnlich, jedoch mit schlankerem Stamm. Krone meist sehr regelmäßig. Äste in Etagen, flach ausgebreitet, nur wenig aufsteigend. Junge Zweige grau mit zerstreuten Haaren. Knospen sehr harzig. Nadelblätter zweizeilig gescheitelt, beidseits in 2 Reihen; Nadeln der oberen Reihe weisen nach vorne und verdecken die Zweigoberseite; etwa 3 cm × 1–3 mm, dünn, biegsam, stumpf oder wenig ausgerandet, oberseits kräftig grün, unterseits mit 2 grauen Längsstreifen. Weibliche Zapfen 6–8 × 3 cm, zylindrisch, anfangs bläulich, später braun. Waldbaum der nordrussischen Taiga. Selten in Kultur.

Edel-Tanne *Abies procera* REHD. (*A. nobilis* LINDLEY)
Baum mit schlanker, kegelförmiger Krone und kräftigem, dickem Stamm, im Ursprungsgebiet bis 80 m hoch. Kronenabschluß gerundet. Rinde glatt, oft mit Harzblasen, bei älteren Bäumen auch gerissen, grau bis graubraun. Junge Triebe rötlich-braun, dicht behaart. Spitzenknospen harzig. Nadelblätter 1–3,5 cm × 1,5 mm, stumpf, schlank, biegsam, oberseits graugrün, unterseits mit grauen Längsstreifen, gescheitelt und meist aufwärts gebogen und nach vorne gerichtet. Weibliche Zapfen 12–20 × 5–8 cm. zylindrisch, zur Spitze schmaler, reif purpurbraun, mit langen, vorgestreckten Fortsätzen an den Deckschuppen. Ursprünglich nur im westlichen Nordamerika (Washington/Oregon), häufig in Parks. Blütezeit V.

Abies pinsapo: **a** Wuchsform **b** Rinde **c** Zweigstück **d** männliche Zapfen **e** weiblicher Zapfen
Abies sibirica: **f** Zweigstück **g** weiblicher Zapfen
Abies procera: **h** Wuchsform **i** Zweigstück **j** weiblicher Zapfen

a
b
h
d
c
i
e
g
f
j

Cedrus – Zeder
Kleine Gattung mit nur 4 Arten immergrüner Bäume, die sich sehr ähneln und manchmal sogar als geographische Rassen der gleichen Art aufgefaßt werden.

Himalaya-Zeder _Cedrus deodara_ (D. DON) DON EX LOUDON
Nadelbaum von kegelförmigem Wuchs mit anfangs sehr schlanker, dünner Krone, die in eine lange Spitze endet. Im Ursprungsgebiet bis 65 m hoch. Rinde graubraun, unregelmäßig in längliche Platten gefeldert. Äste hängend und an den Enden aufsteigend. Leittrieb überhängend, dicht behaart. Kurztriebe mit 15–20 Nadelblättern im Büschel, jedes 2–5 cm lang, dunkelgrün, mit dünnen, grauen Längsstreifen. Männliche Zapfen 5–12 cm lang, dunkelpurpurn; weibliche Zapfen 12 × 5–8 cm, oben gerundet. Häufig als Zierbaum in Parks und Gärten gepflanzt.

Atlas-Zeder _Cedrus atlantica_ (ENDL.) CARRIERE
Einhäusiger Nadelbaum mit anfangs breit kegelförmiger, später ausgebreiteter Krone, bis etwa 40 m Höhe. Rinde dunkelgrau, in größere Platten zerrissen und dann tief gefurcht. Junge Triebe steil aufrecht, ziemlich steif. Kurztriebe mit 10–45 Nadelblättern im Büschel, diese 1–3 cm lang, dunkelgrün oder blaugrün, steif. Männliche Zapfen 3–5 cm lang, braun-gelblich; weibliche Zapfen 5–8 × 3–5 cm, an der Spitze oft etwas eingedellt, zylindrisch, mit breiten Schuppen. Ursprünglich nur im Atlas-Gebirge in Algerien und Marokko. Häufig als Zierbaum gepflanzt, besonders in einer blaunadeligen Varietät. Blütezeit IX.

Libanon-Zeder _Cedrus libani_ A. RICHARD IN BORY
Einhäusiger Nadelbaum mit anfangs kegelförmiger Krone, die bald sehr breit werden kann, wenn die unteren Äste genügend erstarkt sind. Wuchshöhe bis etwa 40 m. Kronenabschluß meist flach, Stamm sehr dick. Rinde dunkelgrau, schuppig gefeldert oder netzförmig zerrissen. Äste aufrecht bis ausgebreitet, untere hängend, oft in einer Ebene verzweigt. Kurztriebe mit Büscheln von 10–15 Nadelblättern, diese 2–3 cm lang, dunkelgrün. Männliche Zapfen 5–7,5 cm lang, graugrün; weibliche Zapfen 7–12 × 5–7 cm, an der Spitze stumpf gerundet. Ursprünglich nur im Libanon, in Syrien und der Türkei. Häufig als Zierbaum gepflanzt. Widerstandsfähig gegen Luftverschmutzung.

Cedrus deodara: **a** Wuchsform **b** Zweig mit männlichen Zapfen **c** weiblicher Zapfen
Cedrus atlantica: **d** Wuchsform **e** Zweigstück **f** weiblicher Zapfen
Cedrus libani: **g** Wuchsform **h** Rinde **i** männlicher Zapfen **j** weiblicher Zapfen

a
c
d
f
b
e
i
h
j
g

Larix – Lärche
Kleine Gattung laubwerfender Nadelbäume mit etwa 10 Arten in den kühlgemäßigten Gebieten der Nordhemisphäre.

Europäische Lärche _Larix decidua_ MILLER
Laubwerfender Nadelbaum bis etwa 40 m Höhe mit schmal kegelförmiger Krone von regelmäßig quirligem Aufbau. Rinde graubraun, anfangs glatt, später rissig und in größere rosabraune Platten aufgelöst, am Stammgrund sehr dick. Äste ziemlich kurz, fast waagrecht abstehend. Zweige hängend oder aufsteigend, gelblich-grau, ohne Haarbesatz. Endknospen kugelig, kurz gespitzt, gelblich-braun. Nadelblätter in Büscheln zu je 30–40, 1–3 cm lang, ziemlich weich, stumpf oder wenig spitz, oberseits hellgrün, unterseits mit 2 grünlichen Längsstreifen. Weibliche Zapfen im jungen Zustand mit auffallenden rötlichen Schuppen, 2–3,8 × 1,5–2,5 cm, kegelig-eiförmig, zur Reifezeit braun; Schuppen zu 40–50, rundlich, locker anliegend, mit feinem Streifenmuster, bräunlich behaart, Spitzen der Deckschuppen manchmal herausragend. Formenreich. Ursprünglich nur in den Alpen, der Tatra und den Karpaten. Häufig als Forstbaum kultiviert. In Großstädten wegen erheblicher Luftverschmutzung schlechtwüchsig. Blütezeit III–IV.

Japanische Lärche _Larix kaempferi_ (LAMB.) CARRIERE
Nadelbaum von kegeliger Wuchsform, bis etwa 40 m hoch. Rinde rötlichbraun, löst sich in Schuppen ab. Äste lang, weit abstehend. Langtriebe ziemlich starr, gewöhnlich rötlich-braun mit wachsigem Grau belegt. Endknospen kegelig, spitz, harzig. Nadelblätter zu 30–40 in Büscheln an Kurztrieben, 1,5–3 cm lang, spitz oder stumpf, graugrün auf der Oberseite, unterseits mit 2 deutlichen weißen Längsstreifen. Schuppen der weiblichen Zapfen im jungen Zustand grünlich, am Rande zurückgeschlagen, zur Reifezeit braun, 1,5–3,5 cm, eiförmig, mit etwa 40 Schuppen, die die Deckschuppen fast vollständig einschließen. Ursprünglich nur in Japan, häufig auch als Forstbaum kultiviert oder als Zierbaum gepflanzt. Blütezeit III.

Larix decidua: **a** Wuchsform **b** Rinde **c** Frühjahrstrieb **d** Sommertrieb mit reifen weiblichen Zapfen
Larix kaempferi: **e** Wuchsform **f** Frühjahrstrieb **g** Sommertrieb mit reifen weiblichen Zapfen

a
b
c
d
e
f
g

Hybrid-Lärche *Larix × eurolepis* A. HENRY
Artbastard aus der Europäischen und der Japanischen Lärche. Gut wüchsiger Baum bis etwa 35 m Höhe. In allen Merkmalen zwischen den Eltern stehend: Rinde graubraun bis rötlich-braun, allmählich rissig und schuppig. Langtriebe gelblich-braun, glatt oder wenig behaart. Endknospen blaß rötlich-braun, nicht harzig. Nadelblätter in Büscheln zu etwa 40, bis 5 cm lang, spitz oder stumpf, unterseits mit 2 graugrünen Längsstreifen. Weibliche Zapfen im jungen Zustand mit zurückgeschlagenen, hellrosa Schuppen, zur Samenreife braun, 3–4 × 2–2,5 cm, kegelig, mit rundlichen Schuppen, locker anliegend. Formenreich, da fruchtbare Rückkreuzungen mit den Elternarten möglich sind. Genaues Verbreitungsbild unklar. Recht häufig forstlich kultiviert. Blütezeit III.

Dahurische Lärche *Larix gmelinii* (RUPR.) KUZEN.
Laubwerfender Nadelbaum von kegeligem bis schmal-säulenförmigem Wuchs bis etwa 30 m Höhe. Rinde rötlich-braun mit unregelmäßigen Feldern und Platten. Äste waagrecht abstehend, manchmal in deutlichen Etagen angeordnet. Langtriebe gelblich oder rötlich-braun, oft weichhaarig. Endknospen gelblich-braun, nicht harzig. Nadelblätter zu etwa 25 in Büscheln an Kurztrieben, 1,2–4 cm × 0,5 mm, stumpf, hellgrün, unterseits mit 2 blassen Längsstreifen. Weibliche Zapfen im jungen Zustand mit grünlich-gelben oder leicht rötlichen Schuppen, zur Reifezeit blaßbraun, 2–2,5 cm × 1,8 cm, stumpf, eiförmig; Schuppen etwa 20, rundlich, unbehaart, etwas ausgerandet. Heimat Ostasien. Selten als Parkbaum gepflanzt. Blütezeit III.

Goldlärche *Pseudolarix amabilis* (A. NELSON) REHDER
Laubwerfender Nadelbaum bis etwa 40 m Höhe mit breit kegelförmiger Krone. Rinde rötlich-braun, rissig oder plattig. Äste unregelmäßig angeordnet, abstehend. Langtriebe rötlich-braun, unbehaart, mit einzelnen, spiralig gestellten Nadelblättern. Kurztriebe mit Büscheln von 15–30 Nadelblättern, diese etwa 6,5 × 0,3 cm, spitz, hell gelblich-grün, unterseits mit 2 graugrünen Längsstreifen. Männliche Zapfen in dichten Büscheln, etwa 2,5 cm lang, zylindrisch; weibliche Zapfen 5–7 × 4–5 cm, eiförmig, holzig, im 1. Jahr hellbraun, mit dreieckigen Schuppen. Heimat in Ostasien (China). Vor allem in Südeuropa häufiger als Zierbaum gepflanzt. Blütezeit V–VI.

Larix eurolepis: **a** Wuchsform **b** Frühjahrstrieb **c** Sommertrieb mit weiblichen Zapfen
Larix gmelinii: **d** Wuchsform **e** Frühjahrstrieb **f** Sommertrieb mit weiblichen Zapfen
Pseudolarix amabilis: **g** Wuchsform **h** Zweigstück mit Zapfen

a
b
d
e
c
f
g
h

Picea – Fichte
Gattung mit etwa 50 Arten immergrüner Nadelbäume der nördlichen Hemisphäre. Viele Arten forstlich kultiviert.

Gemeine Fichte _Picea abies_ (L.) KARSTEN
Immergrüner Nadelbaum mit regelmäßig kegelförmiger Krone, bis 70 m hoch und damit höchster einheimischer Baum. Äste ziemlich kurz, meist abstehend, nur die unteren hängend. Jungtriebe rötlich-braun, unbehaart oder zerstreut behaart. Endknospen etwa 6 mm lang, spitz, rötlich-braun. Nadelblätter 1–2,5 cm lang, im Querschnitt vierkantig, starr, spitz, dunkelgrün mit helleren Linien, nach vorne weisend, undeutlich gescheitelt. Weibliche Zapfen 10–18 cm lang, zylindrisch, zur Reifezeit hellbraun; Schuppen unregelmäßig rhombisch, an der Spitze meist etwas ausgerandet. In Europa von den Alpen bis nach Skandinavien weit verbreitet, nach Osten allmählich in die **Sibirische Fichte _(P. obovata)_** übergehend. Durch Forstwirtschaft stark gefördert. Blütezeit V.

Stech-Fichte _Picea pungens_ ENGELM.
Ähnlich wie die vorige Art, bis etwa 50 m hoch, mit braun-grauer Rinde. Zweige gelblich-braun, unbehaart. Endknospen 0,6–1,6 cm lang. Nadelblätter 2–3 cm lang, blaugrün, starr, scharf zugespitzt. Weibliche Zapfen 6–10 cm lang, anfangs purpurn, später graubraun, Schuppen vorne unregelmäßig gezähnt. Ursprünglich in den südwestlichen USA. In Europa in blaugrauen Varietäten sehr häufig angepflanzt. Typische Form nur selten in Parks.

Siskiyou-Fichte _Picea breweriana_ S. WATSON
Ähnlich wie die Gemeine Fichte, jedoch mit graurötlicher Rinde, die in kleine Schuppen aufgelöst ist. Wuchshöhe bis 40 m. Äste kurz, aufsteigend. Seitenzweige lang, schlank, meist hängend. Endknospen etwa 3 mm lang, stumpf. Nadelblätter 2,5–3 cm lang, flach, oberseits dunkelgrün, mit 2 weißlichen Längsstreifen auf der Unterseite. Weibliche Zapfen 6–13 × 2–2,5 cm, zylindrisch, anfangs purpurn, später rötlich-braun, Schuppen ganzrandig, rundlich. Ursprünglich nur im westlichen Nordamerika. Häufig als Zier- und Parkbaum gepflanzt.

Picea abies: **a** Wuchsform **b** Rinde **c** Zweigstück mit männlichen Zapfen **d** weiblicher Zapfen
Picea pungens: **e** Wuchsform **f** Zweigstück **g** weiblicher Zapfen
Picea breweriana: **h** Wuchsform **i** weiblicher Zapfen

À la pieuse mémoire du

Père Michel HOSCHET
de la Compagnie de Jésus

Né à Marnach le 17 avril 1914
Entré dans la Compagnie de Jésus
le 23 septembre 1937
Ordonné prêtre le 24 août 1945
Admis aux derniers voeux le 2 février 1948
Décédé à Kingunda (Zaïre) le 20 septembre 1996, après 50 années au service de l'Afrique.

«Serviteur bon et fidèle ...
entre dans la joie de ton Seigneur.» (Mt 25,21)

a
c
b
e
d
h
i
f
g

Weiß-Fichte, Schimmel-Fichte *Picea glauca* (MOENCH) VOSS
Immergrüner Nadelbaum von schlanker Gestalt mit offener, ziemlich lichter Krone, bis etwa 30 m hoch. Rinde graubraun, später in rundliche Felder geteilt. Äste bogig, an den Enden aufsteigend. Zweige graubraun bis gelblichbraun, mit stumpfen, etwa 6 mm langen Endknospen. Nadelblätter 1,2–3 cm lang, starr, im Querschnitt vierkantig, spitz oder stumpflich, blaßgrün oder bläulich, beim Zerreiben von unangenehmem Geruch. Weibliche Zapfen 2,5–6 × 1,2–2 cm, zylindrisch, zur Reifezeit orangebraun, Schuppen mit rundlichen Rändern. Ursprünglich nur im nördlichen Nordamerika (bis Alaska), vor allem in Skandinavien häufiger gepflanzt.

Orientalische Fichte, Sapindus-Fichte *Picea orientalis* (L.) LINK
Nadelbaum mit dichter, breit kegelförmiger Krone, bis 40 m hoch, selten höher. Rinde blaßbraun, in kleine abschilfernde Schuppen zerrissen. Äste schlank, abstehend oder aufsteigend. Zweige dichthaarig, weißlich, später blaßbraun, mit etwa 3 mm langen Endknospen. Nadelblätter dicht stehend, beidseits in 2 Reihen, unten waagerecht abstehend, oben nach vorne weisend, 0,6–1 cm lang, im Querschnitt vierkantig, stumpf, glänzend dunkelgrün. Weibliche Zapfen 6–9 cm lang, länglich-elliptisch, purpurn bis (reif) hellbraun, mit rundlichen Schuppen. Beheimatet im nordöstlichen Kleinasien. Häufig in Parks und Gärten. Blütezeit IV.

Engelmann-Fichte *Picea engelmannii* PARRY EX ENGELM.
Schlankwüchsiger oder kegelförmiger Nadelbaum bis etwa 50 m Höhe. Rinde rötlich- oder graubraun, schuppig. Äste aufsteigend oder aufrecht. Junge Triebe schlank, hängend, mit winzigen Drüsenhaaren besetzt, blaß gelblich-braun. Nadelblätter 1,5–2,5 cm lang, biegsam, im Querschnitt vierkantig, spitz, blaugrün, beim Zerreiben von etwas unangenehmem Duft, von der Achse fast senkrecht aufsteigend, die der oberen Reihen weisen nach vorne. Weibliche Zapfen 3,5–7,5 cm lang, länglich-elliptisch, zur Reifezeit hellbraun, mit länglich-rhombischen Schuppen, die an der Spitze etwas unregelmäßig ausgerandet sind. Ursprünglich nur im nordwestlichen Nordamerika. Vor allem in Nordeuropa forstlich kultiviert, sonst nur als Parkbaum. Blütezeit V.

Picea glauca: **a** Wuchsform **b** Zweigstück **c** weiblicher Zapfen
Picea orientalis: **d** Wuchsform **e** Zweigstück **f** weiblicher Zapfen
Picea engelmannii: **g** Wuchsform **h** Zweigstück **i** weiblicher Zapfen

a
b
c
d
e
f
i
g
h

Sitka-Fichte *Picea sitchensis* (BONG.) CARRIERE
Stattlicher Nadelbaum mit kegelförmiger Krone, die allmählich in eine schlanke Spitze verschmälert ist, bis etwa 60 m hoch. Stamm kräftig, mitunter spannrückig. Rinde graubraun mit kleinen, ablösenden Schuppen. Äste aufsteigend, Seitenzweige leicht hängend, starr, unbehaart, grau bis hellbraun, mit etwa 6 mm langer Endknospe. Nadelblätter 15–30 mm lang, scharf zugespitzt, dick, starr, etwas abgeflacht, oberseits hellgrün, unterseits mit 2 breiten Längsstreifen, allseits angeordnet, jedoch meist horizontal abstehend und nach vorne weisend. Weibliche Zapfen 6–10 × 2,5–3 cm, zylindrisch, am Ende ziemlich stumpf gerundet, anfangs blaßoliv, später heller braun, mit länglichen Schuppen, die an der Spitze gezähnt sind. Ursprünglich nur im westlichen Nordamerika. In Europa stellenweise häufig als Forstbaum gepflanzt, sonst in Parks und Gärten. Blütezeit V.

Serbische Fichte *Picea omorika* PURKYNE
Nadelbaum von auffallend schlankem, säulenförmigem bis schmalkegeligem Kronenaufbau und schlankem Stamm, bis etwa 30 m hoch. Rinde rötlich bis fuchsbraun, mit dünnen, kleinfeldrigen Schuppen oder ungefähr rechteckigen Platten. Äste sehr kurz, aufrecht oder abstehend, die unteren auch aufsteigend. Seitenzweige etwas hängend, mit ziemlich starren, bleibenden Haaren, hellbraun. Nadelblätter 0,8–2 cm lang, vorne spitz oder stumpf (besonders an älteren Bäumen), ziemlich biegsam, abgeflacht, dunkel bläulichgrün auf der Oberseite, unterseits mit 2 breiten weißen Streifen, von den Achsen abstehend oder hochstehend, manchmal auch herabgebogen. Weiblicher Zapfen 3–6 × 1,5–3 cm, länglich-eiförmig bis rundlich-kegelig, blauschwarz oder blaugrün, später dunkelbraun, mit annähernd halbkreisförmigen Schuppen, die randlich unregelmäßig gezähnt sind. Ursprünglich nur im Drina-Gebiet in Jugoslawien (dort 1889 entdeckt) in Höhenlagen bis 1800 m. In weiten Teilen Europas forstlich kultiviert oder als Parkbaum gepflanzt. Sehr widerstandsfähig gegen Rauchgase. Blütezeit V.

Picea sitchensis: **a** Wuchsform **b** Rinde **c** Zweigstück **d** junge weibliche Zapfen **e** reifer weiblicher Zapfen
Picea omorika: **f** Wuchsform **g** Rinde **h** Zweigstück **i** weiblicher Zapfen

a
c
d
e
b
h
f
i
g

Westliche Hemlocktanne *Tsuga heterophylla* (RAFIN.) SARG.
Immergrüner Nadelbaum mit dichter, schmal kegelförmiger bis säulenförmiger Krone, im Ursprungsgebiet bis 70 m hoch. Rinde rötlich-braun, anfangs glatt, später mit abspringenden Schuppen. Junge Triebe schlank, an den Astenden herabhängend, graubraun, mit langen, blaßbraunen Haaren. Nadelblätter 0,6–2 cm lang, länglich, flach, stumpf, am Rande fein gezähnt, oberseits dunkelgrün, unterseits mit 2 weißen Längsstreifen, nur 1 Harzkanal vorhanden. Männliche Zapfen in den Nadelachseln an vorjährigen Trieben; weibliche Zapfen einzeln an den Zweigenden, 2–2,5 cm lang, eiförmig, stumpf, hängend, zur Reifezeit rötlich-braun, mit rundlichen, ganzrandigen, bleibenden Schuppen. Heimat im westlichen Nordamerika (Alaska bis Nordkalifornien). Häufiger als Park- und Zierbaum gepflanzt. Blütezeit IV.

Kanadische Hemlocktanne *Tsuga canadensis* (L.) CARRIERE
Ähnlich wie die vorige Art, aber breiter und höchstens 30 m hoch, oft mit gegabeltem Stamm. Nadelblätter gescheitelt, zweizeilig, 0,8–1,8 cm lang, zur Spitze verschmälert, unterseits mit 2 schmalen Längsstreifen. Weibliche Zapfen 1,5–2 cm lang, dunkelbraun. Ursprünglich nur im östlichen Nordamerika. In Parks und größeren Gärten mitunter als Zierbaum angepflanzt. Blütezeit V.

Douglasie *Pseudotsuga menziesii* (MIRBEL) FRANCO
Immergrüner Nadelbaum mit regelmäßig aufgebauter, kegeliger Krone, bis etwa 50 m hoch, im Ursprungsgebiet bis annähernd 100 m. Rinde dunkel graugrün mit Harzblasen, später schwärzlich und breit und tief gefurcht. Junge Triebe gelblich bis graugrün. Knospen sehr spitz, braun. Nadelblätter 2–3,5 cm lang, linealisch, stumpf oder etwas zugespitzt, dunkelgrün, oberseits gefurcht, unterseits mit 2 deutlichen Längsstreifen, 2 Harzkanäle vorhanden. Männliche Zapfen in Nadelachseln an vorjährigen Trieben; weibliche Zapfen endständig, 5–10 × 2–5 cm, länglich-eiförmig, hängend, Reife im 1. Jahr, hellbraun, mit runden Samenschuppen und lang heraushängenden Deckschuppen, diese mit 3 Spitzen. Ursprünglich im pazifischen Küstengebiet Nordamerikas. In Europa vielfach forstlich kultiviert. Blütezeit V.

Tsuga heterophylla: **a** Wuchsform **b** Rinde **c** männlicher Zapfen **d** weiblicher Zapfen
Tsuga canadensis: **e** Wuchsform **f** weiblicher Zapfen
Pseudotsuga menziesii: **g** Wuchsform **h** Rinde **i** weiblicher Zapfen

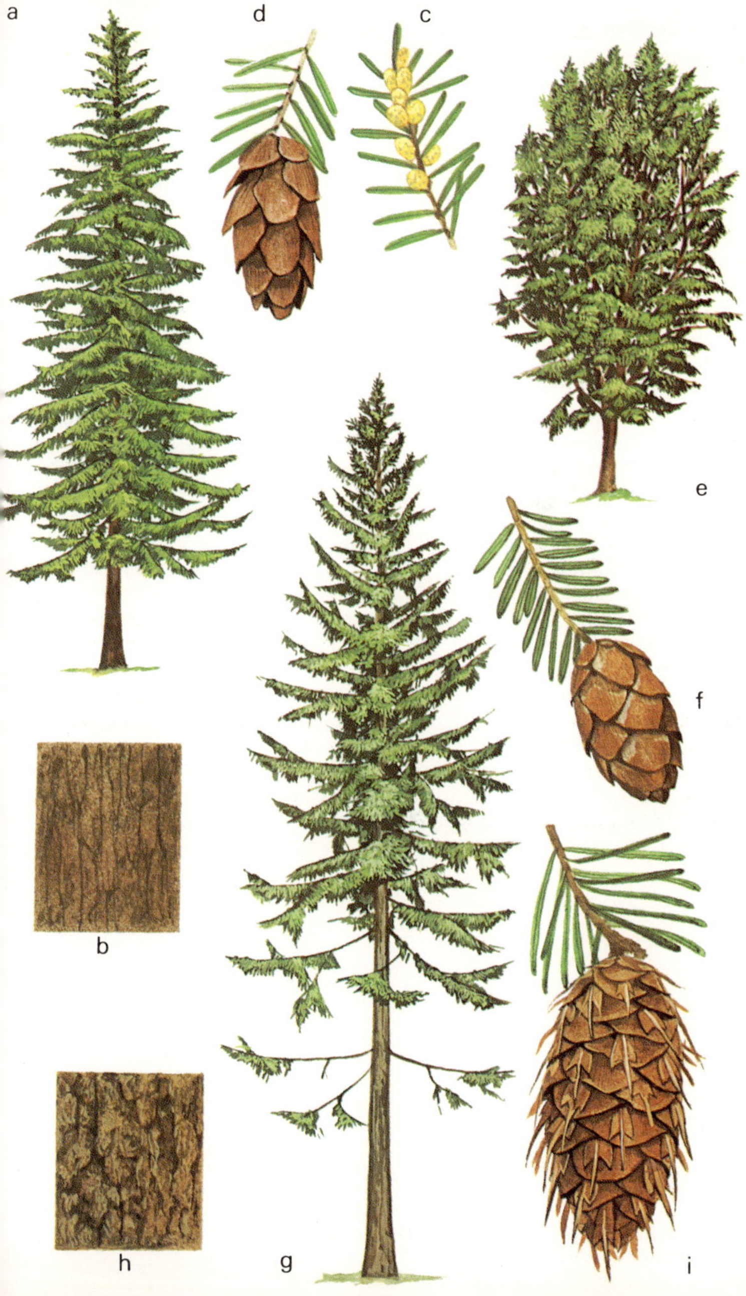
a
d
c
e
f
b
h
g
i

Pinus – Kiefer

Umfangreiche Gattung immergrüner Nadelbäume mit etwa 80 Arten. Kronen sehr vielgestaltig. Rinde entweder grob gefeldert und tief rissig oder kleinschuppig. Gewöhnlich kommen 3 Nadeltypen vor: An Sämlingen stehen die Nadeln einzeln und spiralig (Typ 1, Primordialblätter); Typ 2 sind Schuppenblätter, die frühzeitig abfallen und in ihren Achseln Kurztriebe tragen; Typ 3 sind die Altersblätter, die (meist konstant) zu 2, 3 oder 5 in Büscheln an Kurztrieben stehen. Männliche Blüten stehen in Gruppen kätzchen-ähnlicher Zapfen an der Basis junger Zweige; weibliche Zapfen werden einzeln oder in Gruppen an den Spitzen junger Triebe angelegt. Zapfenschuppen holzig, meist mit dornigem Fortsatz. Reife beansprucht gewöhnlich 2 oder 3 Jahre.

Dreh-Kiefer *Pinus contorta* DOUGLAS EX LOUDON

Kleinerer oder größerer Baum zwischen 2 und 30 m Wuchshöhe mit meist hoher und schmaler, manchmal auch breiterer Krone. Junge Bäume an der Basis oft sehr buschig. Junge Triebe runzlig, anfangs grün, später gelbbraun und längsstreifig. Nadelblätter zu 2, 3–7×0,1 cm, scharf zugespitzt, an jungen Trieben sehr dicht stehend, mitunter gedreht. Männliche Zapfen in dichten Wirteln; weibliche Zapfen unterhalb der Triebspitzen, 2–6 × 2–3 cm, kegelförmig, symmetrisch, blaß gelblich-braun, Zapfenschuppen mit brüchiger, schlanker Spitze. Sehr formenreich. Ursprünglich von Alaska bis Nordkalifornien in einem 200 km breiten Küstenstreifen. Selten als Parkbaum. In Westeuropa forstlich verwendet. Eine der häufiger gepflanzten Varietäten ist die var. *latifolia* (Lodgepole-Kiefer). Blütezeit V.

Strand-Kiefer *Pinus pinaster* AITON

Ansehnlicher Baum bis 40 m Höhe mit gekrümmtem Stamm und breiter, weiter, flacher Krone. Rinde anfangs hellgrau, später in rechteckige Platten gefeldert und schwarz-rötlich. Nadelblätter zu 2, 10–25 cm × 0,2 mm, spitz, steif, blaß graugrün. Weibliche Zapfen zu 3–5 in der Nähe der Endknospe junger Triebe. Zapfen 8–22 × 5–8 cm, kegelig-eiförmig, annähernd symmetrisch, glänzend hellbraun, mit rhombischen Schuppenschilden, die eine breite Leiste und einen kurzen Dorn tragen. Mittelmeerküsten, portugiesische und französische Atlantikküste. Kaum angepflanzt.

Pinus contorta: **a** Wuchsform **b** Sproß mit Winterknospe **c** Blattbüschel **d** reifer Zapfen
Pinus contorta var. *latifolia:* **e** Wuchsform
Pinus pinaster: **f** Wuchsform **g** Zweigende mit jungen weiblichen Zapfen **h** Blattbüschel **i** Zapfen

a
b
c
d
e
f
g
h
i

Monterey-Kiefer ***Pinus radiata*** D. DON
Ansehnlicher Nadelbaum mit lang zugespitzter, kegelförmiger Krone im Jugendalter und hochgewölbtem Kronenaufbau im erwachsenen Zustand. Rinde sehr rauh, borkig, in dicke, wulstige Leisten zerrissen. Äste weit abstehend, oft abwärts weisend. Junge Triebe kahl, blaßgrau oder grauweiß. Winterknospen mit eng anliegenden, harzigen Schuppen, kurz zugespitzt, eiförmig. Nadelblätter zu 3, 10–15 cm lang, mit sehr fein gezähntem Rand, langer Spitze und zentralem Harzkanal. Männliche Zapfen in Gruppen am Grunde junger Triebe, hellgelb; reife weibliche Zapfen 7–15 × 6–9 cm mit breiten, holzigen, dicken Schuppen, die auf der Außenseite gewölbt sind. Ursprünglich nur in einem kleinen Gebiet in Kalifornien. Vor allem in Westeuropa in Küstennähe gepflanzt.

Pech-Kiefer ***Pinus rigida*** MILLER
Nadelbaum bis etwa 25 m Höhe mit unregelmäßiger oder breit kegeliger Krone. Nadelblätter zu 3, hornig, steif, kurz. Weibliche Zapfen zylindrisch oder faßförmig, glänzend gelblich-braun. Im östlichen Nordamerika beheimatet. Selten als Zier- oder Parkbaum gepflanzt.

Banks-Kiefer ***Pinus banksiana*** LAMB.
Kleinerer Nadelbaum zwischen 8 und 25 m Höhe mit lichter, unregelmäßig aufgebauter, meist schmaler und etwas überhängender Krone, im Alter meist breiter und ausladend. Rinde rötlichbraun, durch flache Furchen in senkrechte Leisten zerteilt. Junge Triebe glatt, kahl, anfangs gelbgrün, später rötlich-braun. Winterknospen zylindrisch, 3–6 mm lang, harzig, mit eng anliegenden Knospenschuppen. Nadelblätter zu 2, 1,5–3,5 cm lang, olivgrün, starr, mit fein gezähntem Rand, scharfer Spitze und randlichen Harzkanälen. Männliche Zapfen zahlreich an der Basis der jüngeren Zweige, hellgelb; weibliche Zapfen 3–6 × 1–2 cm, gekrümmt, mit 1,5 × 0,5 cm großen Schuppen, die keine Dornfortsätze tragen. Im östlichen Kanada vom Polarkreis bis zum McKenzie verbreitet und forstlich häufig kultiviert. In Europa nur selten gepflanzt.

Pinus radiata: **a** Wuchsform **b** Nadelblätter an Kurztrieben **c** Zapfen
Pinus rigida: **d** Wuchsform **e** Zapfen
Pinus banksiana: **f** Wuchsform **g** Zweigstück mit Winterknospe und Blattbüscheln **h** Zapfen

a
b
c
d
e
f
g
h

Gelb-Kiefer *Pinus ponderosa* DOUGLAS

Stattlicher Nadelbaum bis 70 m Höhe mit unten lockerer, offener, weiter oben dichter werdender, kegelförmiger Krone. Stamm im unteren Teil unbeastet. Rinde gelblich bis dunkel rötlich-braun, allmählich in große, dicke, durch breite Furchen getrennte Platten zerteilt. Zweige kahl, grün bis orangebraun, später schwarz, dick. Nadelblätter zu 3, etwa 15–30 × 0,3 cm, an den Zweigenden gehäuft, gebogen, steif, am Rande fein gezähnt, mit kräftiger Spitze. Weibliche Zapfen unterhalb der Zweigspitzen, eiförmig, einzeln oder zu mehreren, 7–15 × 3,5–5 cm, sitzend oder kurzgestielt, hell rötlich-baun, läßt beim Abfallen manchmal einige der unteren Schuppen am Baum zurück. Zapfenschuppen länglich, etwa 3 × 1,5 cm, an der Außenseite verdickt, rhombisch, mit einer Querleiste und einem zentralen, kleinen Höcker. Ursprünglich nur im westlichen Nordamerika von Britisch-Kolumbien bis Mexiko. Gelegentlich in Parks als Zierbaum.
Ähnlich, jedoch wesentlich weniger häufig angepflanzt sind die **Jeffrey-Kiefer** (***Pinus jeffreyi*** BALF.) mit großen Zapfen sowie die kleinere **Graben-Kiefer** (***Pinus sabiniana*** DOUGLAS).

Schwarz-Kiefer *Pinus nigra* ARNOLD

Großer Nadelbaum mit anfangs kegelförmigem Wuchs und später mehr rundlicher, flacher Krone, bis etwa 40 m hoch. Rinde graubraun oder dunkelbraun bis fast schwärzlich, sehr rauh und grob gefurcht mit einem Netzwerk von Leisten. Zweige kahl, an den Spitzen gelblich-braun und kantig. Nadelblätter zu 2, an dichtstehenden Kurztrieben, etwa 10–15 cm lang, starr, kräftig, gerade oder gebogen, mit dickerer Spitze. Nur 1 zentraler Harzkanal ist vorhanden. Weibliche Zapfen einzeln oder in Gruppen, etwa 5–8 cm lang und bis 3 cm breit, sehr kurz gestielt; Zapfenschuppen 2–2,5 cm lang, von einer Querleiste überspannt und daher deutlich gekielt, mit stumpfem Höcker. Samen etwa 3 mm lang mit langem Flügel. Sehr veränderliche und formenreiche Art, die gewöhnlich in mehrere Unterarten gegliedert wird: die Österreichische Schwarz-Kiefer (*Pinus nigra* spp. *nigra*) ist ein wichtiges Gehölz in Kalk-Trockenwäldern Südosteuropas; die Korsische Schwarz-Kiefer (*P. nigra* ssp. *laricio*) trägt weichere, schmalere Nadeln und kommt auf Korsika, in Sizilien und Süditalien vor. Neuerdings vielfach forstlich verwendet. Sonst als Parkbaum.

Pinus ponderosa: **a** Wuchsform **b** Zweig mit Winterknospen **c** Kurztrieb mit Nadelblättern **d** reifer Zapfen
Pinus nigra ssp. *nigra:* **e** Wuchsform **f** Nadeln **g** reifer Zapfen
Pinus nigra ssp. *laricio:* **h** Wuchsform **i** Zweigstück

b
a
c
d
g
f
e
i
h

Gemeine Wald-Kiefer *Pinus sylvestris* L.
Einheimischer Nadelbaum mit anfangs kegeligem Wuchs und später flacher bis kugeliger Krone mit unregelmäßiger Beastung, meist 25–35 m hoch, nur selten höher. Rinde an jungen Bäumen grau, später graurosa mit kleinen, flachen Platten oder tiefrissigen, von schwärzlichen Furchen getrennten Leisten. Äste an jungen Bäumen in regelmäßigen Quirlen; ältere Bäume im unteren Teil meist astfrei. Junge Triebe anfangs grün, glatt, etwas glänzend, später graugrün. Winterknospen etwa 1 cm lang, länglich-oval, mit lanzettlichen Schuppen besetzt. Nadelblätter zu 2, etwa 2,5–8 cm lang, graugrün bis bläulich-grün, kurz zugespitzt, mit deutlichen Längsstreifen, am Rande fein gezähnt, 2 Harzkanäle vorhanden; Nadelscheide anfangs weiß, später grau, bis 1 cm lang. Zapfen einzeln oder in Gruppen zu 2–3 auf kurzen Stielen, meist eiförmig-spitz, 2–8 cm lang, dunkelbraun bis schwärzlich oder graubraun. Zapfenschuppen länglich, schmal, mit flacher oder vorgewölbter Außenseite, Höcker mit kurzem Aufsatz. Die Wald-Kiefer hat von allen *Pinus*-Arten die weiteste Verbreitung: Sie kommt von Spanien bis Lappland, von Westeuropa (Schottland) bis nach Nordasien vor. Formenreich, mehr als 150 Varietäten sind bekannt. Wichtiger Forstbaum.

Berg-Kiefer, Latsche *Pinus mugo* TURRA
Immergrüner kleiner Strauch, Busch oder kleiner Baum mit mehreren liegenden, kriechenden und an den Enden aufsteigenden Ästen. Rinde grauschwarz, stark schuppig. Knospen oval-zylindrisch und sehr harzig. Nadelblätter zu 2 an Kurztrieben, 3–8 cm × 1,5–2 mm, kräftig grün, gebogen, steif, werden 5 Jahre alt oder älter. Weibliche Zapfen unterhalb der Triebspitzen, einzeln oder in Gruppen zu 2–3, eiförmig bis länglich-kegelig, bis 5 cm lang und 1,5–2,5 cm breit. Außenseite der Zapfenschuppen flach, manchmal nur im oberen Teil vorgewölbt und unten eingedellt, zentraler Höcker mit kurzem, manchmal undeutlichem Aufsatz. Samen sehr klein. Überall im mitteleuropäischen Bergland über der Waldgrenze als Dickicht (Krummholz). Manchmal zu Schutzpflanzungen verwendet.
Die **Haken-Kiefer** (***Pinus uncinata*** MILLER) ist die baumförmige Ausgabe dieser Art. Sie kommt in den Pyrenäen und den Alpen vor. Selten als Zierbaum gepflanzt.

Pinus sylvestris: **a** Wuchsform **b** Zweigspitze mit Winterknospen **c** Kurztrieb mit Nadelblättern **d** reifer weiblicher Zapfen
Pinus mugo: **e** Wuchsform **f** Zweigende mit Kurztrieben **g** Zapfen

a
b
c
d
e
f
g

Schlangenhaut-Kiefer *Pinus leucodermis* ANTOINE
Nadelbaum mit dichter und regelmäßig aufgebauter, kegelförmiger Krone bis etwa 30 m Höhe. Stamm kräftig, bis 2 m Umfang. Äste aufrecht oder aufsteigend. Rinde aschgrau, anfangs mit kleinen Rissen, später gröber gefeldert und in einzelne Rechtecke aufgelöst. Junge Triebe kahl, graugrün. Winterknospen dunkelbraun, nicht harzig. Nadelblätter zu 2 in Kurztrieben, 7–9 × 0,1 cm, an den Zweigen sehr dicht stehend, dunkelgrün, starr, aufrecht, etwas stechend, am Rande fein gezähnt, vorne zugespitzt, Längsstreifen auf allen Seiten, 4–6 Harzkanäle vorhanden. Weibliche Zapfen eiförmig-kegelig, 7–8 × etwa 2,5 cm, kurz gestielt, dunkelbraun, etwas glänzend. Schuppenaußenseite vorgewölbt, mit gekrümmtem Aufsatz. Samen etwa 7 mm lang mit breitem Flügel. Mit der Schwarz-Kiefer eng verwandt und von manchen Autoren nur als geographische Rasse angesehen. In den Kalkgebieten des Balkans von Istrien bis Bulgarien. Häufig gepflanzt.

Heldreich-Kiefer *Pinus heldreichii* CHRIST
Nadelbaum oder -strauch zwischen 2 und 20 m Höhe mit meist rundlicher, lockerer Krone. Rinde weißgrau, mit abspringenden Schuppen, die gelbliche Flecken zurücklassen. Triebe graugrün, kahl. Knospen grün, nicht harzig. Nadelblätter zu 2, 6–9 × 0,1 cm, ziemlich starr, schlank zugespitzt, mit 2–11 zentralen Harzkanälen. Weibliche Zapfen 7–8 × 2–5 cm, braun und leicht glänzend, Schuppen an der Außenseite flach mit sehr kurzem, geradem Aufsatz. Samen etwa 7 mm lang mit langem Flügel. Viele Autoren stufen die Heldreich-Kiefer als Varietät der Schlangenhaut-Kiefer ein; sie kann von dieser Kiefer jedoch durch die braun gefärbten zweijährigen Zweige und die Besonderheiten der Zapfenschuppen unterschieden werden. Sehr widerstandsfähige Art des balkanischen Berglandes.

Pinus leucodermis: **a** Wuchsform **b** Zweigende mit Kurztrieben **c** Nadelblattpaar **d** weiblicher Zapfen
Pinus heldreichii: **e** Wuchsform **f** Zweigende mit Kurztrieben **g** Nadelblattpaar

a
b
d
c
g
f
e

Aleppo-Kiefer *Pinus halepensis* MILLER

Kleinerer Nadelbaum bis etwa 15 m Höhe mit kurzem, dickem Stamm und kräftigen, gedrehten Ästen. Krone anfangs schmal, später breiter oder hochgewölbt. Rinde an jungen Bäumen silbergrau, etwas schimmernd, glatt, später rötlich-braun, rissig, mit kleinen Platten abschuppend. Zweige graugrün, kahl, behalten über mehrere Jahre ihre Jugendfärbung. Knospen kegelig, bis 8 mm lang, oft etwas zurückgebogen. Nadelblätter zu 2 in Kurztrieben, 6–15 cm × 0,7 mm, werden etwa 2 Jahre alt, schlank, grün, gebogen, im oberen Teil etwas gedreht, kurz gespitzt, am Rande fein gezähnt. Weibliche Zapfen 5–12 × 4 cm, länglich-kegelig, einzeln oder zu 2–3, rötlichbraun, auf kurzen, dicken Stielen bis 2 cm Länge, gerade oder etwas gebogen, bleiben lange am Baum. Zapfenschuppen glänzend, etwa 2,5 cm lang, mit vorgewölbter Außenseite. Unempfindlich gegen Trockenheit. Im gesamten Mittelmeergebiet verbreitet. In Mitteleuropa kaum gepflanzt.

Kalabrische Kiefer *Pinus brutia* TEN

Der vorigen Art sehr ähnlich, jedoch mit größeren Nadelblättern (8–12 cm × 1–1,5 mm), dunkelgrün, sehr steif. Zapfen immer abstehend, nicht herabgebogen. In Küstennähe in Kalabrien, auf Kreta und in der Türkei.

Kanarische Kiefer *Pinus canariensis* SWEET & SPRENGEL

Der Aleppo-Kiefer ziemlich ähnlich, jedoch mit 20–30 cm langen Nadelblättern, die zu 3 am Kurztrieb stehen. Junge Zweige gelblich. Weibliche Zapfen recht groß. Ursprünglich nur auf den Kanarischen Inseln, im Mittelmeergebiet stellenweise angepflanzt.

Pinie *Pinus pinea* L.

Immergrüner Nadelbaum bis etwa 30 m Höhe mit breit schirmförmiger, flacher oder wenig gewölbter Krone. Stamm meist schon in geringer Höhe in mehrere starke Äste gegabelt. Rinde älterer Bäume rötlich-grau mit wulstigen Längsleisten, die auf der Oberfläche mit rötlich-orangefarbenen Plättchen abschuppen. Zweige kahl, graugrün, zuletzt braun. Nadelblätter zu 2 in Kurztrieben, 10–20 cm × 1,5–2 mm, werden etwa 2–3 Jahre alt, leicht gedreht, spitz, mit mehreren feinen Längsstreifen. Harzkanäle am Rande. Zapfen 8–14 × 10 cm, zur Reifezeit glänzend braunrot, Reife im 3. Jahr. Außenseite der Schuppen schwach gewölbt. Auf Sandböden im gesamten Mittelmeergebiet. Sehr frostempfindlich.

Pinus halepensis: **a** Wuchsform **b** Zweigstück mit Knospe **c** Kurztrieb mit Nadelblättern **d** weiblicher reifer Zapfen
Pinus pinea: **e** Wuchsform **f** Zweigende **g** Kurztrieb mit Nadelblättern **h** weiblicher Zapfen

a
b
c
d
h
e
f
g

Zirbel-Kiefer, Arve *Pinus cembra* L.
Nadelbaum von kegelförmigem Wuchs mit ziemlich dichter, hochgezogener Krone, bis etwa 35 m hoch. Äste sehr kräftig, abstehend oder an den Enden aufsteigend. Rinde rötlich-grau, an älteren Bäumen in viele dünne Schuppen aufgelöst und mit Harzblasen bedeckt. Zweige stark behaart, rostbraun bis orange-braun. Knospen etwa 5 mm lang, mit langen, zugespitzten, harzigen Schuppen verschlossen. Nadelblätter zu 5 an Kurztrieben, werden etwa 3–5 Jahre alt, 5–8 cm × 1 mm, ziemlich starr, aufrecht, an den Zweigenden gedrängt, am Rande fein gezähnt, mit 2 feinen Längsstreifen, 2 zentrale Harzkanäle vorhanden. Weibliche Zapfen 5–8 × 3,5–5 cm, weniger als anderthalbmal so lang wie breit, auf kurzen Stielen, anfangs grünlich-violett, zur Reifezeit dunkelpurpurn-bräunlich. Zapfenschuppen rundlich, mit dicker, stumpfer Spitze. Samen eßbar (Zirbelnüsse), ohne Flügel. In den Alpen und in den Karpaten, selten unterhalb 1700 m, reicht bis zur Waldgrenze. Häufiger auch angepflanzt und forstlich kultiviert.

Tränen-Kiefer *Pinus wallichiana* A. B. JACKSON
Schlanker Nadelbaum mit anfangs lockerer, lichter, später sehr starkästiger und breiter Krone, bis etwa 50 m Höhe. Untere Äste meist herabhängend, obere aufrecht oder aufsteigend. Rinde dünn, glatt, harzig, an jungen Bäumen graubraun, an älteren Exemplaren rissig oder gefurcht. Junge Triebe kahl, gelblich-grün bis bräunlich-gelb. Knospen zylindrisch oder spitzkegelig, bis 6 mm lang, von lanzettlichen Knospenschuppen eingeschlossen. Nadelblätter zu 5 im Kurztrieb, werden etwa 3–4 Jahre alt, an Leittrieben aufrecht, sonst abstehend oder hängend, 8–20 cm × 0,7 mm, biegsam, graugrün, am Rande fein gezähnt, zugespitzt. Weibliche Zapfen 15–25 × 3 cm, zylindrisch, gerade oder leicht gebogen, am Baum hängend, zur Reifezeit hellbraun, sehr harzig. Zapfenschuppen keilförmig, mit Längsfurchen, an der Spitze verdickt, die basalen Schuppen manchmal etwas zurückgerollt. Leere Zapfen bleiben lange am Baum. Ursprünglich nur im Himalaya in Höhenlagen zwischen 2000–4200 m (Afghanistan und Nepal). Häufig in Parks und Gärten als Zierbaum gepflanzt.

Pinus cembra: **a** Wuchsform **b** Zweigende mit Knospe **c** Kurztrieb mit Nadelblättern **d** reifer Zapfen
Pinus wallichiana: **e** Wuchsform **f** Zweigende mit Knospe **g** Zweigende mit Kurztrieben **h** reifer weiblicher Zapfen

a
b
c
d
e
f
g
h

Mazedonische Kiefer *Pinus peuce* GRISEB.
Nadelbaum von kegelförmigem bis säulenförmigem Wuchs mit regelmäßig aufgebauter Krone, bis etwa 30 m hoch. Stamm ziemlich schlank. Rinde graugrün, an jüngeren Bäumen glatt, später braun und felderig zerrissen oder in kleinen Platten abschuppend. Junge Triebe glatt, kahl, höchstens an den Kurztrieben etwas behaart, im 2. Jahr graubraun. Knospen eiförmig, kurz zugespitzt, etwa 1 cm lang, wenig harzig. Nadelblätter zu 5 im Kurztrieb, 7–12 cm × 0,7 mm, werden etwa 3 Jahre alt, schlank, biegsam, aufrecht oder aufgebogen, am Rande fein gezähnt, scharf zugespitzt. Harzkanäle randlich gelegen. Männliche Zapfen in Gruppen an der Basis junger Zweige, purpurngelblich; weibliche Zapfen zur Reifezeit 8–20 × 3–4 cm, unterhalb der Zweigenden, hängend, zylindrisch, leicht gebogen (besonders an der Spitze). Schuppen breit-keilförmig, mit eingerollten Spitzen. Nur in balkanischen Gebirgen zwischen 600 und 2000 m Höhe. Gelegentlich auch forstlich verwendet. Sonst nur in Parks und größeren Gärten.

Strobe, Weymouth-Kiefer *Pinus strobus* L.
Ansehnlicher Nadelbaum bis 50 m Höhe, im Ursprungsgebiet bis 80 m. Krone anfangs schmal-kegelförmig, mit zunehmendem Alter eher kugelig und zuletzt abgeflacht. Stamm an der Basis sehr kräftig. Äste ziemlich stark, meist abstehend. Rinde schwärzlich-rosa, runzelig mit kurzen, flachen Rissen und Furchen. Junge Triebe schlank, nur an den Ansatzstellen der Kurztriebe mit Haarbüscheln. Knospen kegelförmig, scharf zugespitzt, etwa 3 mm lang, harzig, mit einigen abstehenden Knospenschuppen, Nadelblätter zu 5 im Kurztrieb, 5–14 cm lang, schlank, spitz, blaugrün, biegsam, am Rande fein gezähnt, Harzkanäle randlich gelegen. Reife Zapfen 8–20 × 3–4 cm, unterhalb der Zweigspitzen, hängend, zylindrisch, am oberen Ende meist gekrümmt, mit dünnen, glatten, hellbraunen, stumpfen Schuppen. Ursprünglich nur im östlichen Nordamerika. In Europa vielfach auch forstlich verwendet und in Parks oder Gärten gepflanzt.

Grannen-Kiefer *Pinus aristata* ENGELM.
Langsamwüchsiger, kleinerer Nadelbaum bis etwa 10 m Höhe. Nadelblätter zu 5, 2–4 cm lang, dunkelgrün, oft mit Harzflecken, werden 10–15 Jahre alt. Zapfen 5–6 cm lang, auf der Spitze mit 6 mm langem Aufsatz. Ursprünglich nur in den Rocky Mountains. Die ältesten lebenden Bäume der Welt gehören (wahrscheinlich) zu dieser Art: Exemplare bis über 5000 Jahre sind bekannt. Nur selten in Parks oder Gärten angepflanzt.

Pinus peuce: **a** Wuchsform **b** Zweigstück **c** reifer Zapfen
Pinus strobus: **d** Wuchsform **e** Zweigstück **f** reifer Zapfen
Pinus aristata: **g** Wuchsform

a
c
d
f
b
e
g

Bedecktsamer – Angiospermae (Magnoliophytina)

Fam. Salicaceae – Weidengewächse

Salix – Weide

Zweihäusige Bäume oder Sträucher. Laubblätter wechselständig, immer mit Nebenblättern. Blüten in Kätzchen, jede in der Achsel eines Tragblattes mit je 1–2 Nektarien, aber ohne Blütenhülle. Männliche Blüten meist mit 2, 3 oder 5 Staubblättern; weibliche Blüten mit einem Fruchtknoten und vielen Samenanlagen. Viele Arten bilden fruchtbare Bastarde, wodurch die sichere Bestimmung sehr erschwert wird.

Lorbeer-Weide *Salix pentandra* L.

Strauch oder kleiner Baum bis etwa 7 m Höhe mit dicht verzweigter, breiter, rundlicher Krone. Rinde graubraun mit schmalen, blassen Rissen. Zweige glatt, kahl, etwas glänzend. Knospen 5 mm lang, kegelförmig, blaßbraun. Blätter 5–12 cm lang, länglich-elliptisch, etwa 2–4mal so lang wie breit, zugespitzt, am Grunde rundlich oder keilförmig, fein und gleichmäßig gesägt, oberseits dunkelgrün, unterseits weißlich mit gelben Drüsen, etwas lederig; Blattstiel etwa 8 mm lang, vorne mit 1–3 Drüsenpaaren. Nebenblätter klein, frühzeitig abfallend. Kätzchen 5 × 1 cm, zylindrisch, hellgelb, nach dem Laubaustrieb erscheinend; männliche mit 4–12, gewöhnlich aber 5 Staubblättern, weibliche kleiner mit 2 Nektarien. In Europa in Weidensümpfen und Erlenbrüchen weit verbreitet. Blütezeit V–VI.

Bruch-Weide *Salix fragilis* L.

Baum bis etwa 25 m Höhe mit breiter, nach oben verschmälerter Krone. Äste aufsteigend. Rinde schwarz-grau, schuppig, an alten Exemplaren mit einem Netzwerk von Leisten überzogen. Die einjährigen Zweige brechen sehr leicht ab. Knospen spitz, kegelig, gelb, blaßgrün oder braun. Blätter 6–15×1,5–4 cm, lanzettlich, meist 5–9mal so lang wie breit, mit schlanker, verschmälerter Spitze, manchmal etwas gedreht, schwach gesägt, glänzend grün auf der Oberseite, bläulich-grün bis graugrün unterseits; Blattstiel 1–2 mm lang. Kätzchen mit dem Laubaustrieb, dicht, zylindrisch; männliche 2–5 cm lang, gelb; weibliche etwa 10 cm lang, grün. In Europa an Flußläufen und als Ufergehölz weit verbreitet. Blütezeit V.

Salix pentandra: **a** Wuchsform **b** beblätterter Zweig **c** männliche Kätzchen **d** männliche Blüte **e** weibliches Kätzchen
Salix fragilis: **f** beblätterter Zweig **g** männliches Kätzchen

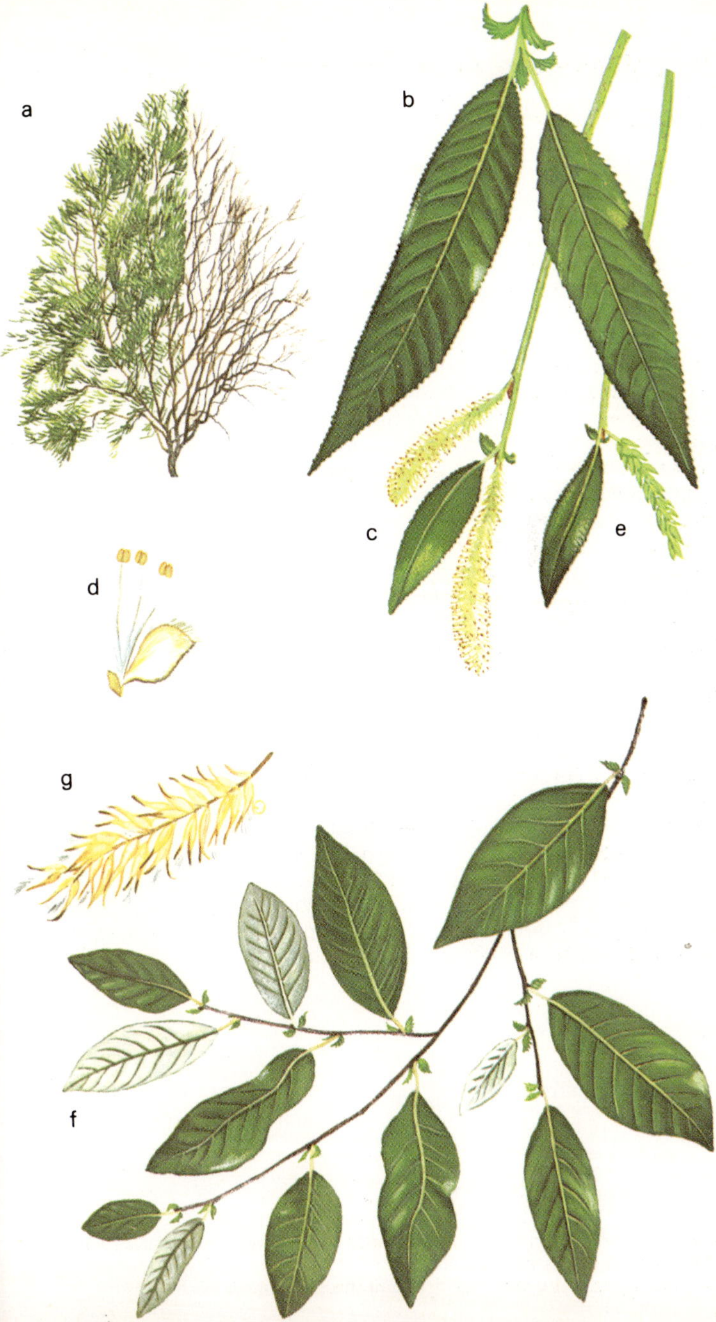
a
b
c
e
d
g
f

Silber-Weide *Salix alba* L.
Ansehnlicher Baum bis 25 m Höhe mit unregelmäßig geformter, meist aber hochgewölbter oder breiter Krone. Äste am Grunde sehr kräftig. Zweige silbergrau. Rinde dunkelgrau, nicht bröckelnd, aber mit dichtem Netzwerk erhabener Leisten überspannt. Triebe seidig behaart, später verkahlend, grau bis grünlich-braun. Knospen 2 mm lang, mit gebogener Spitze, rötlich, mit grauen Flaumhaaren. Blätter 5–10 cm lang, gewöhnlich etwa 5–8mal so lang wie breit, zugespitzt, manchmal an der Spitze etwas unsymmetrisch, am Grunde keilförmig verschmälert, fein gesägt, mit langen, anliegenden Seidenhaaren; Blattstiel 5 mm lang, ohne Drüsen. Nebenblätter fallen frühzeitig ab. Kätzchen mit dem Laubaustrieb; männliche Kätzchen sehr zahlreich, 7–8 cm lang, schlank, gekrümmt, gelb, mit je 2 Staubblättern/Blüte; weibliche 4–6 cm lang, grün, bei der Samenreife weiß. In Europa als Ufergehölz weit verbreitet. Blütezeit V–VI.
Formenreich. Viele Varietäten wurden beschrieben. Erwähnenswert ist der Bastard mit der **Bruch-Weide (*Salix* × *rubens*)**, der an seinen unterseits weißlichen Blättern von der Elternart zu unterscheiden ist. Der Bastard aus *Salix alba* ssp. *vitellina* und *Salix babylonica* = *Salix* × *chrysocoma* ist die allgemein verbreitete **Trauer-Weide,** die an ihren hellgelben Trieben gut kenntlich ist.

Chinesische Trauer-Weide *Salix babylonica* L.
Ansehnlicher Baum bis etwa 20 m Höhe mit lang herabhängenden Ästen und Zweigen, die fast den Boden berühren. Blätter 8–16 × 0,8–1,5 cm, schmal-elliptisch bis lanzettlich, an der Spitze verschmälert, fein gezähnt, nach der Entfaltung bald verkahlend. Kätzchen bis 2 cm lang und 0,3–0,4 cm breit. Von der weitaus häufigeren Kulturvarietät ‚Trauer-Weide' (s. Silber-Weide) vor allem durch die hellbraunen bis braunen Zweige unterschieden. Ursprünglich nur in China. Seltener angepflanzt.

Salix alba: **a** Wuchsform **b** belaubter Zweig **c** männliche Kätzchen **d** weibliches Kätzchen
Salix × *chrysocoma:* **e** Wuchsform **f** belaubter Zweig **g** männliche Kätzchen

a
b
c
d
e
f
g

Mandel-Weide *Salix triandra* L.
Strauch oder kleiner Baum zwischen 4 und 10 m Höhe. Rinde glatt, mit größeren Flecken abschuppend. Triebe kahl, ziemlich brüchig, olivbraun bis rötlich-braun. Knospen eiförmig, kahl, braun. Blätter 5–10 cm lang, gewöhnlich etwa 3–8mal so lang wie breit, länglich-eiförmig bis länglich lanzettlich, vorne verschmälert oder zugespitzt, symmetrisch, am Grunde abgerundet, gesägt, kahl, oberseits dunkelgrün, unterseits graugrün oder blaßgrün; Blattstiel 0,6–1,5 cm lang, kahl, mit 2 Drüsen. Nebenblätter bleibend, eiförmig, gezähnt, 0,5–1 cm lang, kahl. Kätzchen zylindrisch, aufrecht, mit dem Laubaustrieb erscheinend. Männliche Kätzchen 3–5 cm lang, grünlich-gelb mit verkehrt-eiförmigen Tragblättern und je 3 Staubblättern/Blüte; weibliche Kätzchen dichter und kürzer. In Weichholzauen in ganz Europa (mit Ausnahme des hohen Nordens) weit verbreitet. Früher häufig als Flechtweide gepflanzt. Im Mittelmeerraum nur stellenweise verbreitet.
Häufige Bastarde sind beispielsweise *S.* × *speciosa (= S. fragilis × triandra), S.* × *mollissima (= S. triandra × viminalis)* und *S.* × *leiophylla (= S. purpurea* ×*triandra),* die sämtlich an ähnlichen Standorten vorkommen und leicht zu verwechseln sind.

Nördliche Weide *Salix borealis* FRIES
Strauch oder kleinerer Baum bis etwa 10 m Höhe mit ungleichmäßig verdickten Ästen und Zweigen. Junge Triebe dicht weißlich behaart. Blätter 2–7(–10) cm lang und etwa 1–4mal so lang wie breit, rundlich-eiförmig bis länglich-elliptisch, spitz oder kurz verschmälert, oft tief gesägt, etwas lederig, unterseits graugrün, mit langen, weißlichen Haaren und deutlichem Netzmuster von Blattnerven. Kätzchen erscheinen mit dem Laubaustrieb auf dicken, wollhaarigen Stielen; männliche Kätzchen 1,5–2,5 cm lang, eiförmig-länglich mit gelben Staubblättern. Weibliche Kätzchen 1,5–3 cm lang, zur Fruchtreife auf 5–8 cm verlängert, ziemlich schlaff, mit langen, schlanken Griffeln und Narben. In Feuchtgebieten Nordeuropas von Skandinavien bis zur UdSSR.
Gelegentlich verwechselt mit der **Schwarz-Weide** (***Salix myrsinifolia*** = ***S. nigricans***), die sich durch verkahlende Zweige und beim Trocknen schwarzwerdende Blätter auszeichnet. In Gebüschen und Erlenbeständen in Mittel- und Nordeuropa.

Salix triandra: **a** Wuchsform **b** belaubter Zweig **c** männliches Kätzchen **d** männliche Blüte **e** weibliches Kätzchen
Salix borealis: **f** Wuchsform **g** belaubter Zweig **h** männliches Kätzchen **i** weibliches Kätzchen

a
b
c
d
e
f
g
h
i

Stiel-Weide *Salix pedicellata* DESF.
Strauch oder kleiner Baum bis etwa 10 m Höhe. Unter der Rinde mit zahlreichen Leisten und Rippen auf dem Holzkörper. Rinde grau. Junge Triebe behaart, grau bis graugrün, allmählich verkahlend. Blätter länglich bis verkehrteiförmig oder lanzettlich, gekerbt oder annähernd ganzrandig, oberseits fast kahl, unterseits dünn flaumhaarig, mit 10–12 Paaren deutlich hervortretender Seitennerven, die durch ein feines Netzwerk miteinander verbunden sind. Nebenblätter groß, fallen frühzeitig ab, gezähnt, halb-herzförmig. Kätzchen 3–6 × 1–1,5 cm, weibliche mit kurzen oder mäßig langen Griffeln. Unauffällige Art von weiter Verbreitung im Mittelmeergebiet.

Großblättrige Weide *Salix appendiculata* VILL.
Strauch oder kleiner Baum von 2–9 m Höhe mit kurzen Ästen und Zweigen, die fast rechtwinklig abstehen. Unter der Rinde auf dem geschälten Holz nur mit undeutlichem Leisten- oder Linienmuster. Junge Triebe flaumhaarig, später meist verkahlend. Blätter sehr variabel in Form und Größe, bis etwa 14 cm lang und 1,5–3 cm breit, oberhalb der Blattmitte am breitesten, oberseits dunkelgrün und nahezu kahl, unterseits blasser grün und flaumhaarig, am Rande unregelmäßig gezähnt oder auch ganzrandig. Auffallend große Nebenblätter mit großen Zähnen. Kätzchen etwa 3×1 cm, ziemlich schlaff. Staubfäden der männlichen Kätzchen an der Basis behaart. Nur im Bergland oberhalb 500 m und in den Alpen in Mitteleuropa, in den Appenninen und im balkanischen Bergland. Gelegentlich bastardiert mit anderen Arten.

Grau-Weide, Asch-Weide *Salix cinera* L.
Strauch oder kleiner Baum bis etwa 6 m Höhe mit dicht grauhaarigen, kräftigen Zweigen. Auf dem geschälten Holz unter der Rinde mit deutlichem, erhabenem Linienmuster. Blätter 2–5mal so lang wie breit. Kätzchen 4–9 cm lang mit stumpfen bis abgerundeten Tragblättern. Griffel der weiblichen Blüten bis 1 mm lang, Narben sehr kurz und eher kopfig. In weiten Teilen Europas in Weidensümpfen und Pulverholzgebüschen. Im Westen und im Mittelmeergebiet sehr selten. Blütezeit III–IV.

Salix pedicellata: **a** Wuchsform **b** belaubter Zweig **c** männliches Kätzchen **d** weibliches Kätzchen
Salix appendiculata: **e** belaubter Zweig **f** männliches Kätzchen **g** weibliches Kätzchen

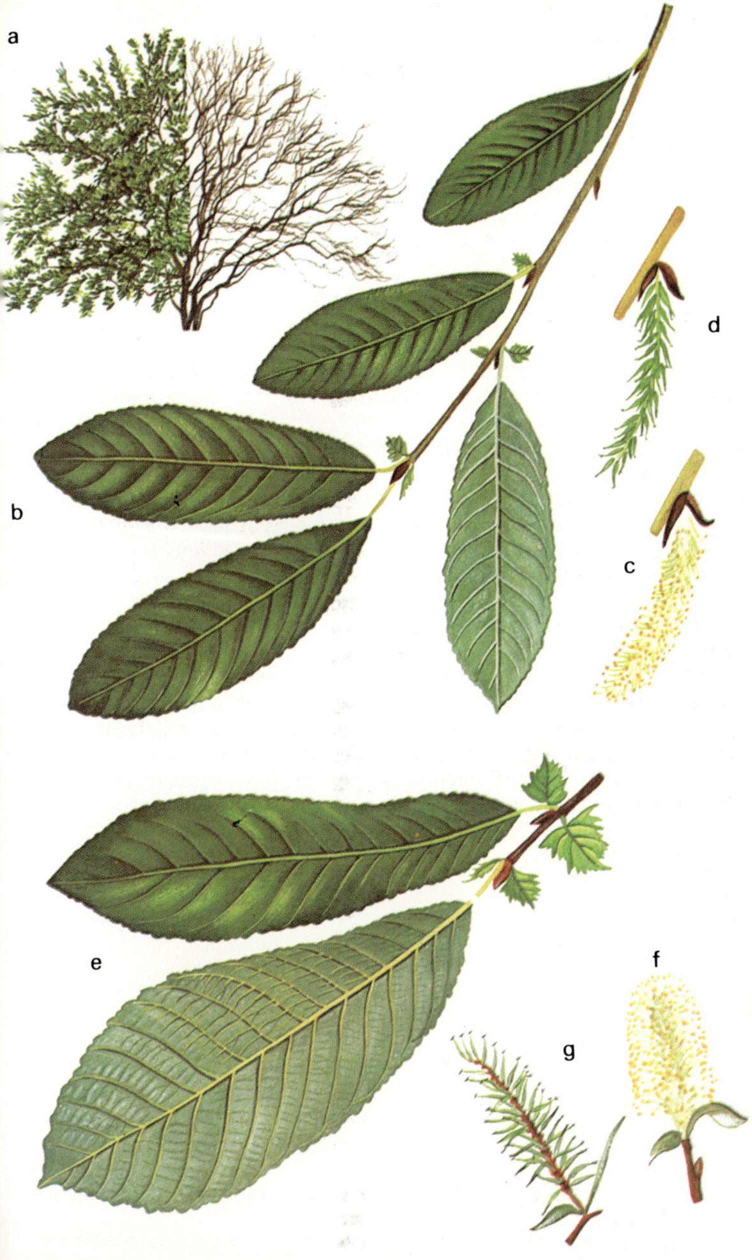
a
b
c
d
e
f
g

Schwarzgraue Weide *Salix atrocinerea* BROT.
Strauch oder kleinerer Baum bis höchstens 10 m Höhe. Junge Triebe anfangs braun-flaumhaarig, später rötlich behaart und allmählich verkahlend. Knospen dünn behaart oder ganz kahl. Blätter meist rötlich-grün oder hellbräunlich-grün, oberseits im jungen Zustand flaumhaarig, dünn- und kurzhaarig auf der Unterseite, zusätzlich auf der Unterseite mit rostbraunen Borstenhaaren. Blattnerven deutlich hervortretend. Nebenblätter meist schmal. Kätzchen 4–8 cm lang. Im Aussehen und in weiteren Merkmalen der Grau-Weide recht ähnlich. Wichtige und häufige Art an Gewässern und in Mooren Westeuropas von England bis nach Portugal.
Die reine Art ist oft kaum vorhanden, da sie sofort bastardiert, wenn *S. caprea, S. cinerea* oder *S. aurita* in der Nähe stehen. Blütezeit III–IV.

Sal-Weide *Salix caprea* L.
Zweihäusiger Strauch oder kleiner Baum zwischen 3 und 10 m Höhe, meist mit nur kurzem Stamm. Rinde hellgrau-bräunlich mit feinem Netzwerk überzogen. Junge Triebe ziemlich kräftig, mit langen grauen Haaren besetzt, später glatt, glänzend, rötlich-braun. Blätter ziemlich variabel, 6–11 × 3–6 cm, meist breit-eiförmig bis verkehrt-eiförmig, am Grunde abgerundet – buchtig gezähnt oder gesägt, oberseits dunkelgrün und fast unbehaart, unterseits dicht graufilzig. Blattrand wellig, fein gezähnt bis ganzrandig. Blattnerven in 6–9 Paaren, von der Mittelrippe fast senkrecht abzweigend. Blattstiel etwa 1 cm lang, dunkelrot. Nebenblätter herzförmig, ziemlich groß. Kätzchen dicht, sitzend, vor dem Laubaustrieb erscheinend; männliche Kätzchen 2–3,5 × 1,5–2 cm, länglich-eiförmig, anfangs mit langen silbrigen Haaren, später mit gelben Staubblättern; weibliche Kätzchen 3–7 cm lang, bleichgrün, mit langem Griffel, Tragblätter an der Spitze schwärzlich. Weit verbreitete Weidenart in Europa. Wertvolle Bienenweide. Häufig mit anderen Arten bastardiert und kaum in reinerbigen Exemplaren zu finden. Ein Formenkreis mit behaarten zweijährigen Zweigen und am Grunde keilförmigen Blättern, der vor allem in Skandinavien und in Schottland beheimatet ist, wird häufig als eigene Art *Salix coaetanea* (HARTMAN) B. FLOD ausgegliedert.

Salix atrocinerea: **a** Wuchsform **b** belaubter Zweig **c** männliche Kätzchen **d** weibliche Kätzchen
Salix caprea: **e** Wuchsform **f** belaubter Zweig **g** männliche Kätzchen **h** weibliches Kätzchen
Salix coaetanea: **i** belaubter Zweig

a
b
c
d
e
f
g
h
i

Woll-Weide *Salix xerophila* B. FLOD.
Strauch, seltener Baum, bis etwa 8 m Wuchshöhe mit aufrechten Ästen. Junge Triebe kräftig, rundum wollhaarig. Knospen kegelförmig, fast kantig, rötlich-braun. Blätter breit-lanzettlich, grauwollig, mit anliegenden, meist etwas gekrümmten Haaren, ganzrandig, 7–8 Paar Seitennerven. Nebenblätter fehlen meist, da sie frühzeitig abfallen. Kätzchen 1,5–3 × 0,5–1 cm, länglich, schlaff, auf Stielen bis 2,5 cm Länge, ziemlich locker, Tragblätter verkehrt-eiförmig, braun. Staubfäden behaart. Narben der Griffel tief zweispaltig, zylindrisch. In Nordeuropa (Norwegen, Finnland, UdSSR) entlang von Gewässern verbreitet.

Korb-Weide *Salix viminalis* L.
Strauch oder kleiner Baum von 3–5(–10) m Höhe mit langen, geraden, biegsamen Ästen und Zweigen. Junge Triebe dicht flaumhaarig, später kahl, ohne Linienmuster auf dem geschälten Holz. Knospen eiförmig, verschmälert oder zugespitzt, flaumhaarig. Blätter 10–25 cm lang und etwa 1,5 cm breit, etwa 4–18mal so lang wie breit, schmal-länglich, mit sehr schmalem, keilförmigem Blattgrund, oberseits unbehaart und dunkelgrün, unterseits silbrig seidenhaarig, am Rande gewellt und oft umgeschlagen, ganzrandig oder sehr flach geschwungen, mit 20–35 Paar Seitennerven. Blattstiel bis 1,5 cm lang. Nebenblätter sehr klein, länglich-lanzettlich, meist früh abfallend. Kätzchen fast sitzend, Tragblätter an der Spitze schwärzlich, Nektarien ziemlich lang, länglich-eiförmig, mit hellgelben Staubbeuteln; weibliche Kätzchen erscheinen mit den Blättern, zylindrisch und bis 6 cm lang (Reife). In Europa weit verbreitet. In Mitteleuropa nur in den Tieflandweichauen der großen Flüsse. Häufig als Flechtweide gepflanzt. Im Osten wird *S. viminalis* zunehmend durch *Salix rossica* ersetzt, deren Blätter am Grunde abgerundet sind. Die Korb-Weide bildet gerne strauchige Bastarde mit *S. caprea, S. cinerea* und *S. aurita* und ist dann schwer erkennbar.

Salix xerophila: **a** belaubter Zweig **b** weibliches Kätzchen
Salix viminalis: **c** Wuchsform **d** Blätter **e** männliche Kätzchen **f** weibliche Kätzchen

a
b
c
d
e
f

Lavendel-Weide *Salix elaeagnos* SCOP.
Strauch bis etwa 6 m Höhe, seltener Baum, mit schlanken, dünnen Ästen und Zweigen. Junge Triebe anfangs mit weißen Haaren besetzt, die später nach gelblich bis rötlich-braun umfärben. Blätter 5–12 cm lang, bis etwa 1 cm breit, damit also ungefähr 6–14mal so lang wie breit, aufrecht, schmal-lanzettlich bis fast linealisch, an beiden Enden verschmälert, dicht behaart auf beiden Seiten, auf der Oberseite später allmählich verkahlend, am Rande umgerollt oder zurückgeschlagen und fein drüsig gesägt, besonders im vorderen Teil. Blattnerven oberseits eingedrückt, unterseits deutlich vorstehend, oft wegen der starken Behaarung nicht sichtbar. Blattstiel bis 5 mm lang. Nebenblätter frühzeitig abfallend. Kätzchen bis 6 × 0,8 cm auf etwa 1 cm langen Stielen. Tragblätter der weiblichen Kätzchen ungefähr $1/2$mal so lang wie Fruchtknoten. Staubfäden der männlichen Kätzchen am Grunde oder bis zur Mitte verbunden. Männliche und weibliche Kätzchen gekrümmt. In Ufergebüschen und Auenwäldern entlang von Gewässern im Bergland. In Europa weit verbreitet, vor allem im Alpengebiet. Blütezeit IV-V. Häufig mit *S. cinerea, S. viminalis* oder *S. Myrsinifolia* bastardiert.

Reif-Weide *Salix daphnoides* VILL.
Strauch oder kleiner Baum von 7–10 m Höhe mit schlanken Ästen und Zweigen. Junge Triebe glänzend dunkelpurpurn, bereift. Knospen schmalkegelig, schwärzlich-purpurn. Blätter 5–10 cm lang, etwa 2–4mal so lang wie breit, länglich-lanzettlich oder länglich-eiförmig, stumpf oder spitz, drüsig gesägt, oberseits glänzend dunkelgrün, unterseits grau-gelblich, mit 8–12 Paar Seitennerven und einer breiten, hellen Mittelrippe. Blattstiele 2–4 mm lang, oberseits karminrot. Nebenblätter herzförmig, ziemlich groß. Kätzchen 3–5 cm lang, vor dem Laubaustrieb erscheinend, fast sitzend, zylindrisch, ziemlich dicht, Tragblätter mit schwärzlicher Spitze und behaart. Männliche Kätzchen hellgelb; weibliche Kätzchen etwas schlanker und grün. In Europa weit verbreitet, aber nirgends besonders häufig. Blütezeit III.

Salix elaeagnos: **a** Wuchsform **b** belaubter Zweig **c** männliches Kätzchen **d** weibliches Kätzchen
Salix daphnoides: **e** Wuchsform **f** belaubter Zweig **g** männliches Kätzchen **h** weibliches Kätzchen **i** weibliche Blüte

a
b
c
d
e
f
g
h
i

***Populus* – Pappel**

Zweihäusige, laubwerfende, sommergrüne Bäume. Blüten meistens in langen Kätzchen, die vor dem Laubaustrieb erscheinen.

Silber-Pappel *Populus alba* L.

Baum von etwa 25–30 m Höhe mit breiter, oft einseitswendiger Krone und kräftigem Stamm, an dessen Grund oft viele Schößlinge entwickelt werden. Rinde junger Bäume glatt, weißlich oder weißgrau-grünlich, später rauher und dunkler. Äste meist abstehend oder leicht hängend, etwas gedreht. Knospen sehr klein, eiförmig, orangebraun, flaumhaarig. Blätter der Langtriebe 6–12 cm lang, von ovalem Umriß, mit 3–5 Lappen, diese grob gezähnt oder beidseits mit 1–2 kleineren Lappen, oberseits dunkel graugrün, unterseits weißfilzig; Blätter der Kurztriebe kleiner und schmaler, mit wellig-gezähntem Rand und grauem Haarfilz auf der Unterseite. Blattstiel 3–4 cm lang, abgeflacht, weißfilzig. Kätzchen 3–4 cm lang. Fruchtende weibliche Kätzchen 8–10 cm lang. Männliche Kätzchen grau mit 8–10 karminroten Staubfäden in jeder Blüte. In Europa weit verbreitet. An feuchten, sandigen Standorten, auch an der Küste. Häufig als Zierbaum oder für Schutzpflanzungen verwendet. Blütezeit III–IV.

Grau-Pappel *Populus canescens* (AITON) SM.

Ansehnlicher Baum bis etwa 30 m Höhe, im Aussehen der Silber-Pappel ziemlich ähnlich. Krone junger Bäume kegelförmig, mit zunehmendem Alter jedoch rundlicher. Rinde anfangs mit rautenförmigen Korkwarzen, die später größer und rauher werden, dunkelgrau bis braunschwarz. Krone wenig verzweigt, die Äste jedoch stark und dick, aufrecht oder aufsteigend. Zweige dagegen ziemlich dünn und hängend, mit weißen oder grauen Haaren besetzt. Knospen rotbraun, nur an der Spitze kahl. Blätter der Langtriebe dreieckig-oval bis herzförmig, gezähnt oder gelappt, dunkelgrün glänzend auf der Oberseite, unterseits graufilzig. Blätter der Kurztriebe oval bis kreisrund, allmählich verkahlend. Kätzchen 3–4 cm lang. Männliche Kätzchen mit 8–15 purpurroten Staubblättern in jeder Blüte. Blütezeit II–III. Vor allem in den großen Flußtälern weit verbreitet. Seltener angepflanzt. Meist als Bastard aus der Silber-Pappel und der Zitter-Pappel *(Populus tremula)* aufgefaßt. In Gegenden, in denen der Bastard zusammen mit den Eltern vorkommt, gibt es Rückkreuzungen.

Populus alba: **a** Wuchsform **b** Blatt **c** Rinde **d** Zweig mit männlichem Kätzchen **e** männliche Blüte **f** weibliches Kätzchen
Populus canescens: **g** Wuchsform **h** Blatt **i** Rinde **j** Zweig mit männlichem Kätzchen **k** männliche Blüte **l** weibliches Kätzchen

a
b
c
d
e
f
h
g
j
l
k
i

Zitter-Pappel *Populus tremula* L.
Kurzlebiger Baum bis etwa 20 m Höhe mit offener, schmaler oder kegelförmiger Krone. Stamm am Grunde meist mit zahlreichen Schößlingen. Rinde glatt, kahl, etwas klebrig, meist an die Achse angelehnt. Blütenknospen ziemlich breit und etwa 1 cm lang, braun, glänzend. Blätter 3–8(–15) cm lang, am Grunde herzförmig, fast kreisrund oder etwas länglich, stumpf gezähnt, oberseits grün oder graugrün, unterseits heller, mit 4–6 cm langem Blattstiel, der seitlich zusammengedrückt ist. Kätzchen etwa 4 cm lang; Blüten mit zahlreichen grauweißen Haaren. Männliche Blüten etwas größer als die weiblichen, mit 5–12 Staubblättern, weibliche Kätzchen zur Fruchtreife bis 12 cm lang. In Wäldern, auf Schlägen oder in Gebüschen weit verbreitet und in ganz Europa anzutreffen. Blütezeit III.
Neigt zu Bastardierungen mit anderen Pappel-Arten. Die Hybriden sind zum Teil langlebiger und -wüchsiger und werden deshalb zum Teil in Schutzpflanzungen verwendet.

Balsam-Pappel *Populus balsamifera* L.
Baum bis etwa 30 m Wuchshöhe mit meist schmaler, gelegentlich auch breiterer oder kugeliger Krone. Stamm am Grunde mit zahlreichen Wasserreisern. Rinde dünn und fein zerrissen. Äste aufrecht oder aufsteigend. Junge Triebe drehrund, glatt und dick mit Harz bedeckt. Knospen bis 2,5 cm lang, spitz, ebenfalls dick mit Harz belegt. Blätter 5–10 cm lang, oval, lang zugespitzt, am Rande stumpf gezähnt, oberseits glänzend dunkelgrün, unterseits blasser, weißlich-grün, mitunter behaart. Blattstiel bis 5 cm lang. Männliche Kätzchen etwa 7–8 cm lang, weibliche Kätzchen 10–12 cm lang. Ursprünglich nur in Kanada. In weiten Teilen Europas als Forstbaum kultiviert. Offenbar nur männliche Bäume in Kultur. Blütezeit V. Harz von angenehmem Geruch.

Westliche Balsam-Pappel *Populus trichocarpa* TORREY & A. GRAY
Baum bis etwa 35 m Höhe mit angenehm riechendem Harz. Krone schmalkegelförmig. Ziemlich raschwüchsig. Ursprünglich nur im westlichen Nordamerika. Gelegentlich gepflanzt. Bastardiert mit der vorigen Art.

Populus tremula: **a** Wuchsform **b** Rinde **c** Blatt **d** Blatt von einem Schößling **e** männliche Kätzchen
Populus balsamifera: **f** Wuchsform **g** Blatt
Populus trichocarpa: **h** Wuchsform **i** Blatt

a
d
c
e
b
i
h
g
f

Schwarz-Pappel *Populus nigra* L.
Ansehnlicher Baum bis etwa 30 m Höhe mit unregelmäßig aufgebauter, meist jedoch breit gewölbter Krone. Stamm weit herab beastet, am Grunde häufig mit auffallenden Verdickungen. Knospen eiförmig und spitz zulaufend. Seitliche Blattknospen eng anliegend, blaßbraun; Blütenknospen größer, weniger stark angepreßt, grünlich. Blätter der Langtriebe 5–10 cm lang, oval-rhombisch, spitz, mit kleinen, feinen, vorwärts weisenden Zähnen am Blattrand, oberseits dunkler grün, unterseits heller; Blätter an Kurztrieben kürzer und schmäler; Blattstiele seitlich zusammengedrückt. Männliche Kätzchen 5 cm lang, anfangs grau, später karminrot; in jeder Blüte 20–30 Staubblätter. Weibliche Kätzchen grünlich, zur Blütezeit 6–7 cm lang, zur Fruchtzeit bis 15 cm lang. Typischer Baum der großen Flußtäler in Europa. In ganz Europa als Parkbaum gepflanzt oder eingeführt. Blütezeit III. Die **Pyramiden-Pappel** (***P. nigra*** var. ***italica***) mit ihrem schmalsäulenförmigen Wuchs entstand als Mutation um 1760 in der Lombardei und ist die am häufigsten gepflanzte Varietät der Schwarz-Pappel.

Bastard-Schwarz-Pappel *Populus canadensis* MOENCH
Oft auch unter der Bezeichnung Kanadische Pappel zusammengefaßte Gruppe von Artbastarden zwischen ***Populus deltoides*** und ***Populus nigra.*** Die häufig angepflanzten Bäume gleichen in allen wichtigen Merkmalen der in Europa einheimischen Schwarz-Pappel.

Rosenkranz-Pappel *Populus deltoides* MARSHALL
Raschwüchsiger Baum bis etwa 30 m Höhe mit breiter, rundlicher Krone. Äste leicht aufsteigend, sonst abstehend. Zweige kantig, grünlich im jungen Zustand, später graubraun. Endknospen kahl, klebrig. Blätter 10–18 cm lang, im Format wenig festgelegt, aber immer länger als breit, im typischen Fall breit-dreieckig, abgeschnitten oder herzförmig am Grunde, dicht mit Wimperhaaren besetzt, kurz zugespitzt, mit scharf gezähntem Rand. Männliche Blüte mit 30–60 Staubblättern. Weibliche Kätzchen zur Fruchtreife 15–20 cm lang. Ursprünglich nur im nordöstlichen Amerika. In vielen Teilen Europas als Straßenbaum gepflanzt, seltener als Forstbaum kultiviert.

Populus nigra: **a** Wuchsform **b** Rinde **c** Blatt/Blattrand **d** fruchtendes weibliches Kätzchen **e** männliche Blüte
Populus canadensis: **f** Blatt/Blattrand
Populus deltoides: **g** Wuchsform **h** Rinde **i** Blatt/Blattrand **j** männliches Kätzchen

a
b
c
d
e
f
g
h
i
j

Fam. Myricaceae – Gagelgewächse

Immergrüner Gagel *Myrica faya* AITON
Kleiner zweihäusiger Baum oder Strauch bis etwa 8 m Höhe. Zweige mit kleinen rötlich-braunen, schildförmigen Haaren besetzt. Blätter wechselständig, 4–11 cm lang, oberhalb der Blattmitte am breitesten, ganzrandig, am Rande etwas umgeschlagen, kahl. Blüten einzeln in den Achseln von Tragblättern, zu verzweigten Kätzchen an den Jahrestrieben gruppiert. Steinfrucht nur wenig fleischig. Ganze Pflanze von aromatischem Duft. Blütezeit IV–V.

Gagel, Gagelstrauch *Myrica gale* L.
Winterkahler, buschiger Strauch bis etwa 1,5 m Höhe mit wechselständigen, eiförmigen Blättern. Zweihäusig. Männliche Kätzchen zylindrisch, aufrecht abstehend; weibliche Kätzchen klein, kugelig. Blüht vor dem Laubaustrieb. Sehr zerstreut in Weidenbrüchern und Heidemooren, vor allem in Nordwesteuropa. Giftig. Steht unter Naturschutz!

Fam. Juglandaceae – Walnußgewächse

***Carya* – Hickory, Bitternuß**
Laubwerfende, einhäusige Bäume. Zweige mit bleibendem Mark. Knospen sitzend, von Schuppen eingeschlossen. Blätter wechselständig, unpaarig gefiedert. Männliche Kätzchen in Gruppen zu 3 oder mehr an 1jährigen Zweigen; weibliche Blüten büschelig an den Zweigspitzen. Blütezeit V–VI. Steinfrüchte, von 4 Klappen eingeschlossen.

Weiße Hickory *Carya alba* (L.) NUTT.
Baum bis etwa 40 m Höhe mit breiter, gewölbter Krone. Rinde grau, löst sich in lange, abstehende Streifen auf. Äste weit bogig überhängend. Zweige rötlich-braun. Knospen mit 10–12 überlappenden Schuppen. Blättchen 10–20 cm lang, meist zu 5, seltener 3 oder 7, am Fiederblatt, Endfieder mit einem deutlichen Stielchen, alle länglich-elliptisch bis lanzettlich, spitz, außer am Grunde überall scharf gesägt, zwischen den Randzähnen kleine Haarbüschel. Männliche Kätzchen 10–15 cm lang. Frucht 3,5–6 cm lang, kugelig oder länglich, nicht geflügelt.

Bitternuß *Carya cordiformis* (WANGENH.) C. KOCH
Baum bis 30 m Höhe mit kegelförmiger Krone. Rinde graubraun, glatt, später runzelig und schuppig, unter den abschuppenden Plättchen orangebraun. Reich beastet und verzweigt. Äste aufrecht. Knospen 4–6 Schuppen, die sich nur berühren, nicht überlappen. Blättchen 8–15 cm lang, meist zu 9 (selten 5–8) im Fiederblatt, Endfieder sitzend, länglich-oval bis lanzettlich, zugespitzt, am Rande scharf gesägt, unterseits anfangs behaart. Männliche Kätzchen 5–7 cm lang. Steinfrucht 2–3,5 cm lang, kugelig oder birnenförmig, mit 4 Flügeln oberhalb der Mitte. Heimisch im östlichen Nordamerika.

Myrica faya: **a** blühender Zweig **b** Steinfrucht – *Carya alba:* **c** Wuchsform **d** Winterzweig **e** Blüten **f** männliche Kätzchen **g** Blatt **h** Steinfrucht – *Carya cordiformis:* **i** Fiederblatt **j** Winterzweig **k** Steinfrucht

a
b
c
d
e
f
g
h
i
j
k

Kaukasische Flügelnuß *Pterocarya fraxinifolia* (POIRET) SPACH.
Baum bis etwa 30 m Höhe mit rundlicher, hochgewölbter Krone mit kurzem, dickem Stamm oder vielstämmig. Rinde grau, durch tiefe Risse gefeldert und netzförmig zerteilt. Knospen ohne Schuppen, gestielt, dunkelbraun. Fiederblättchen bis 18 cm lang, in 11–20 Paaren, länglich-oval, nach vorne gerichtet, spitz, am Rande gesägt, Mittelrippe unterseits mit langen braunen Sternhaaren. Männliche Kätzchen einzeln; weibliche Kätzchen hängend, vielblütig, zur Fruchtzeit bis 50 cm lang. Jede Frucht mit breitem Flügel ringförmig umgeben. Ursprünglich nur im Kaukasus. In vielen Parks und Gärten als Zierbaum, manchmal auch als Straßenbaum angepflanzt.

***Juglans* – Walnuß**
Laubwerfende, einhäusige Bäume mit sitzenden, in Schuppen eingeschlossenen Knospen. Blätter wechselständig, unpaarig gefiedert, von angenehmem Duft. Männliche Kätzchen einzeln an Vorjahrstrieben. Weibliche Blüten zu wenigen am Jahrestrieb. Steinfrucht (keine Nußfrucht).

Echte Walnuß *Juglans regia* L.
Baum bis etwa 30 m Höhe mit kugeliger, breiter Krone. Rinde anfangs glatt, später tiefrissig, grau. Untere Äste stark und geschwungen. Kleinere Äste und Zweige zahlreich, gebogen. Knospen purpurbraun. Fiederblättchen 6–15 cm lang, zu 3–4 Paaren, länglich-elliptisch, lederig, spitz, kahl, fast ganzrandig. Männliche Kätzchen 5–15 cm lang, gelb; weibliche Blüten zu 3–5, grünlich. Frucht 4–5 cm lang, kugelig-länglich, glatt, mit Drüsen, Blütezeit V–VI. Ursprünglich nur im Balkan beheimatet, jetzt in weiten Teilen Europas gepflanzt und stellenweise verwildert.

Schwarze Walnuß *Juglans nigra* L.
Baum bis etwa 50 m Höhe mit hoher, gewölbter Krone. Rinde mit rautenförmigen Mustern aus schmalen Leisten, dunkelbraun bis schwarz. Äste leicht geschwungen. Knospen blaßbraun. Fiederblättchen 6–12 cm lang, zu 7–11 Paaren, spitz, unregelmäßig gezähnt, oberseits kahl, unterseits drüsig behaart. Männliche Kätzchen 5–15 cm lang, anfangs grün, später gelb; weibliche Blüten zu 5, mit grünlich-weißen Haaren. Steinfrucht 3,5–5 cm lang, kugelig oder birnförmig, glatt, grün, nicht öffnend. Blütezeit V–VI. Ursprünglich nur im östlichen Nordamerika, jedoch gelegentlich in Parks und Gärten gepflanzt.

Butternuß *Juglans cinerea* L.
Baum bis etwa 30 m Höhe mit kegeliger Krone. Rinde grau, rissig, Knospen rosabraun oder weiß. Fiederblättchen in 5–9 Paaren, fast rechtwinklig von der Spindel abstehend, nur die unteren nach rückwärts weisend. Männliche Kätzchen 5–8 cm lang. Steinfrucht 4–6,5 cm lang, länglich-eiförmig, behaart. Heimat: Östliches Nordamerika. Nur vereinzelt als Park- und Zierbaum.

Pterocarya fraxinifolia: **a** Wuchsform **b** belaubter Zweig mit weiblichen Kätzchen
Juglans regia: **c** Wuchsform **d** belaubter Zweig mit Früchten
Juglans nigra: **e** belaubter Zweig mit Früchten

a
b
e
c
d

Fam. Betulaceae – Birkengewächse

Betula – Birke

Einhäusige Bäume oder Sträucher. Blüten in Kätzchen. Männliche Blüten mit stark vereinfachter Blütenhülle und nur 2 Staubblättern; weibliche Blüten zu 3, ohne Hüllen.

Hänge-Birke _Betula pendula_ ROTH

Baum bis etwa 30 m Höhe, anfangs mit schmaler, spitzer Krone, später breiter und gewölbt. Rinde am Grund des Stammes breitrissig und in rechteckige Platten zerlegt, weiter oberhalb glatt, silberweiß, manchmal mit grauen Schuppen. Zweige anfangs aufrecht, später überhängend, kahl, glänzend braun, mit zahlreichen Drüsen. Blätter 2–7 cm lang, dreieckig-oval, zugespitzt, doppelt gesägt, ziemlich dünn, fast kahl, mit kahlem Blattstiel. Männliche Kätzchen 3–6 cm lang, in Gruppen zu 2–4 an den Spitzen kleinerer Zweige, bräunlich im Winter, hellgelb beim Stäuben; weibliche Kätzchen in den Blattachseln, anfangs grün, später braun. Fruchtende Kätzchen 1,5–3,5 cm lang. Früchte breit geflügelt, Nüßchen. Blütezeit IV–V. Pionierart auf Schlägen und Rohböden. Kurzlebig, Lichtholz. In Mittel- und Nordeuropa weit verbreitet, in Südeuropa nur in den Gebirgen.

Moor-Birke _Betula pubescens_ EHRH.

Kleinerer Baum bis höchstens 25 m Höhe, mitunter auch strauchförmig, mit unregelmäßig aufgebauter Krone. Rinde braun oder hellgrau, nie in rechteckige Platten gefeldert, fast immer glatt. Äste dicht verzweigt, abstehend, nicht überhängend. Zweige ohne Drüsen, mit Flaumhaaren. Blätter denen der Hänge-Birke ähnlich, aber etwas rundlicher, nur einfach gesägt, unterseits in den Achseln der Blattnerven mit Flaumhaaren. Blattstiel ebenfalls behaart. Flügel etwa 1–1½ mal so breit wie das Nüßchen. Blütezeit IV–V. Formenreich. In großen Beständen auf armen Böden in Nordeuropa und in den Mittelgebirgen Mitteleuropas.

Papier-Birke _Betula papyrifera_ MARSHALL

Baum bis etwa 20 m Höhe mit sehr glatter, silberweißer oder rosaweißer Rinde. Blätter bis 10 cm lang, kahl. Sehr lange Kätzchen. Nordamerikanische Art, die gelegentlich in Parks gepflanzt wird.

Betula pendula: **a** Wuchsform **b** Rinde **c** Blatt **d** Zweig mit männlichen und weiblichen Kätzchen **e** Tragblatt **f** Nüßchen
Betula pubescens: **g** Wuchsform **h** Rinde **i** belaubter Zweig mit fruchtenden Kätzchen **j** Tragblatt **k** Nüßchen
Betula papyrifera: **l** Rinde

a
b
c
d
e
f
g
h
i
j
k
l

Alnus – Erle

Einhäusige Bäume oder Sträucher. Blüten ähnlich wie bei den Birken, männliche Blüten jedoch mit 4 Staubblättern. Weibliche Blüten zu 2 in der Achsel eines Tragblattes. Fruchtende Kätzchen eiförmig, holzig, zapfenähnlich.

Grün-Erle _Alnus viridis_ (CHAIX) DC.

Kleiner Baum bis etwa 5 m Höhe, manchmal auch strauchförmig. Knospen 1,2–1,5 cm lang, spitz, sitzend, glänzend, rötlich. Zweige kahl oder sehr fein behaart, grünlich oder rötlich. Blätter bis 6 cm lang, rundlich oder länglich-oval, doppelt gesägt, unterseits auf der Mittelrippe und in den Achseln der Seitennerven mit Flaumhaaren. Kätzchen erscheinen mit den Blättern; männliche Kätzchen 5–12 cm lang, gelb; weibliche Kätzchen 1 cm lang, grünlich, später rötlich, in Gruppen zu 3–5. Fruchtende Kätzchen bis 1,5 cm lang, zur Reifezeit schwärzlich, bleiben bis zum Frühjahr stehen. Nüßchen breit geflügelt. In Gebüschen der Hochgebirge. In Europa weit verbreitet.

Schwarz-Erle _Alnus glutinosa_ (L.) GAERTNER

Kleiner Baum bis etwa 20 m Höhe oder Strauch, mit breiter, kegelförmiger Krone. Rinde in quadratische oder längliche Platten gefeldert, grau oder bräunlich. Äste aufsteigend, später abstehend. Zweige unbehaart, anfangs etwas klebrig, mit erhabenen, orangeroten Lentizellen. Knospen 7 mm lang, schlank, kurz gestielt. Blätter 4–10 cm lang, oberhalb der Blattmitte am breitesten, ziemlich rundlich, undeutlich zugespitzt oder vorne ausgerandet, am Rande wellig oder doppelt gezähnt, mit 5–8 Paaren Blattnerven, in deren Achseln unterseits gelbliche Haarbüschel stehen. Kätzchen erscheinen vor den Blättern; männliche Kätzchen 2–3 cm lang, in Gruppen zu 2–3, im Winter purpurn; weibliche Kätzchen 0,8–1,5 cm lang, in Gruppen zu 2–8, lang gestielt, anfangs purpurn, später grünlich. Fruchtende Kätzchen 1–3 cm lang, dunkelbraun, holzig. Nüßchen schmal geflügelt. Blütezeit II–III. In Bruch-, Auen-, Niederungswäldern ziemlich häufig und in ganz Europa verbreitet.
Weitere, zum Teil ähnliche Arten sind: **Grau-Erle (_Alnus incana_)**, mit sitzenden weiblichen Kätzchen, im Bergland; **Italienische Erle _(Alnus cordata)_,** weibliche Kätzchen zu 2–3, auf Korsika und in Süditalien; **Weiche Erle _(Alnus rugosa)_,** Blätter unterseits in den Achseln rötlich behaart. Aus Nordamerika und in Parks gepflanzt.

Alnus viridis: **a** Wuchsform **b** Zweig mit männlichen Kätzchen **c** belaubter Zweig mit weiblichen Kätzchen **d** Fruchtstand **e** Tragblatt **f** Nüßchen
Alnus glutinosa: **g** Wuchsform **h** Zweig mit fruchtenden Kätzchen **i** Zweig mit blühenden männlichen und weiblichen Kätzchen **j** Tragblatt **k** Nüßchen

a
b
c
d
e
f
g
h
i
j
k

Fam. Corylaceae – Haselgewächse

Carpinus – Hainbuche
Laubwerfende, einhäusige Bäume oder Sträucher. Knospen an beiden Enden verschmälert, vorne zugespitzt. Blätter wechselständig, ungeteilt, mit 9 oder mehr Paar Seitennerven. Männliche Kätzchen mit einzelnen Blüten in der Achsel eines Tragblattes, ohne Blütenhülle. Weibliche Blüten paarweise, mit Blütenhülle. Nußfrucht mit einer gelappten oder gezähnten Hülle.

Hainbuche, Weißbuche _Carpinus betulus_ L.
Gut kenntlicher Baum bis etwa 30 m Höhe mit oft gedrehtem oder spannrükkigem Stamm, der sich schon in geringer Höhe verzweigt. Rinde silbergrau, oft mit helleren Streifen und Furchen. Äste aufrecht oder geschwungen. Zweige schwach behaart, graubraun. Blätter 4–10 cm lang, länglich-oval, kurz zugespitzt, am Grunde rundlich, scharf doppelt gezähnt, mit etwa 15 Paar Seitennerven, unterseits auf den Nerven behaart. Blattstiel etwa 1 cm lang. Männliche Kätzchen bis 5 cm lang, grünlich-gelb, mit rötlichen Außenschuppen. Fruchtstand 5–15 cm lang, mit etwa 8 Paar Nüssen, die von einer dreilappigen Hülle umgeben sind. Blütezeit IV–V. Wichtiger europäischer Waldbaum. Häufig in Hecken gepflanzt. Von den Pyrenäen bis Südschweden, im Osten bis nach Kleinasien.

Orient-Weißbuche _Carpinus orientalis_ MILLER
Kleiner Baum oder Strauch bis 11 m Höhe. Rinde purpurbraun mit blaßbraunen Marken. Blätter 2–6 cm lang, oval oder länglich-elliptisch, kurz zugespitzt, am Grunde rundlich oder verschmälert, doppelt gesägt, mit 11–15 Paar Seitennerven, auf den Nerven unterseits spärlich behaart. Fruchtstand 3–5 cm lang, Hülle der Nuß gezähnt, aber nicht gelappt. Ursprünglich nur in Südosteuropa und in der Türkei. Meist seltener als Park- oder Zierbaum.

Europäische Hopfenbuche _Ostrya carpinifolia_ SCOP.
Laubwerfender, einhäusiger Baum mit kegelförmiger Krone, manchmal mehrstämmig. Rinde braun, anfangs glatt, später gefurcht und mitunter abschuppend. Zweige behaart, braun, mit erhabenen orangeroten Lentizellen. Knospen an beiden Enden verschmälert, vorne zugespitzt. Blätter 5–8 cm lang, wechselständig, ungeteilt, oval mit verlängerter Spitze, scharf doppelt gezähnt, mit 12–15 Paar Seitennerven, die anfangs behaart, später kahl sind. Männliche Kätzchen bis 10 cm lang, hängend; weibliche Blüten paarweise in den Achseln jedes Tragblatts. Fruchtstand 3–5 cm lang, dicht, zylindrisch; Hülle 1,5–2 cm lang, elliptisch, kurz zugespitzt, blattähnlich, weißlich oder grünlich, lang behaart. Blütezeit IV. Südliches Mittelmeergebiet bis Kleinasien. Seltener als Parkbaum angepflanzt.

Carpinus betulus: **a** Wuchsform **b** Blatt **c** männliches Kätzchen **d** Fruchtstand **e** Einzelfrucht
Carpinus orientalis: **f** Blatt und einzelne Frucht
Ostrya carpinifolia: **g** Wuchsform **h** männliche Kätzchen **i** belaubter Zweig mit fruchtendem Kätzchen **j** Einzelfrucht

a
c
e
d
b
i
j
h
f
g

Corylus – Hasel
Laubwerfende, einhäusige Bäume oder Sträucher. Knospen eiförmig, stumpf. Blätter wechselständig, ungeteilt, mit weniger als 8 Paar Seitennerven. Männliche Kätzchen mit Einzelblüten in der Tragblattachsel, ohne Blütenhülle; weibliche Blüten in kurzen, knospenartigen Blütenständen mit auffallend karminroten Narben. Nußfrucht meist ziemlich groß, zu 2–4, von einer tütenförmigen Hülle eingeschlossen.

Gemeine Hasel _Corylus avellana_ L.
Strauch oder kleiner Baum bis etwa 12 m Höhe mit breiter, buschiger Krone und sehr kurzem Stamm. Rinde dunkelbraun, glänzend, in Querstreifen auflösend. Zweige drüsig behaart. Knospen eiförmig und glatt. Blätter bis 10 cm lang, rundlich, am Grunde herzförmig, scharf doppelt gesägt, manchmal etwas gelappt, steifhaarig. Blattstiel dicht drüsig behaart. Männliche Kätzchen bis 8 cm lang, hängend, blaßgelb beim Stäuben. Fruchtstand mit 1–4 Nüssen mit fast ebenso langer Hülle, die über die Hälfte in unregelmäßige Zähne oder Lappen geteilt ist. Nuß etwa 1,5–2 cm lang, bräunlich, mit holziger Schale. Blütezeit I–IV. In ganz Europa verbreitet und häufig. Vielfach auch in Hecken gepflanzt.

Baum-Hasel _Corylus colurna_ L.
Kleiner Baum bis höchstens 22 m mit breit kegelförmiger Krone und kräftigem Stamm. Rinde rauh. Äste abstehend, oft gedreht. Zweige drüsig behaart. Blätter bis 12,5 cm lang, oval, oberhalb der Blattmitte am breitesten, am Grunde herzförmig, kurz zugespitzt, doppelt gezähnt oder gelappt. Männliche Kätzchen bis 12 cm lang, hängend. Hülle viel länger als die Nuß und tief in gezähnte Lappen geteilt, die zurückgeschlagen werden. Nuß etwas größer als bei der vorigen Art. Blütezeit II–III. Ursprünglich in Südosteuropa und Türkei. In vielen Ländern Europas angepflanzt.

Lamberts-Hasel _Corylus maxima_ MILLER
Kleiner Baum bis etwa 6 m Höhe, der Gemeinen Hasel recht ähnlich. Nüsse jedoch von der Hülle vollständig eingeschlossen, diese oberhalb der Nuß zusammengezogen und in mehrere Lappen geteilt. Ursprünglich nur auf dem Balkan. In großem Umfang wegen der großen Nüsse angepflanzt.

Corylus avellana: **a** Wuchsform **b** Zweig mit männlichen und weiblichen Blüten **c** Blatt **d** reife Nüsse mit Hülle
Corylus colurna: **e** Zweig mit männlichen und weiblichen Blüten **f** Blatt **g** reife Nüsse mit Hülle
Corylus maxima: **h** reife Nüsse in der Hülle

a
b
c
d
e
f
g
h

Fam. Fagaceae – Buchengewächse

Umfangreiche Familie mit zahlreichen Arten laubwerfender und immergrüner Bäume.

Gemeine Buche, Rot-Buche *Fagus sylvatica* L.
Ansehnlicher Baum bis etwa 40 m Höhe mit breiter, gewölbter Krone. Rinde glatt, grau, manchmal ein wenig aufgerauht. Reich verzweigt. Äste aufrecht oder wenig überhängend. Zweige purpurbraun, glatt. Knospen etwa 2 cm lang, abstehend, lang zugespitzt, glatt, rötlich-braun. Blätter 4–10 cm lang, oval bis länglich-elliptisch, kurz zugespitzt, am Rande wellig mit langen Wimperhaaren, dunkelgrün, oberseits spärlich anliegend, seidenhaarig, 5–8 Paar ungefähr paralleler Blattnerven. Blattstiel 1–1,5 cm lang. Männliche Blüten zahlreich in einem gestielten Büschel. Weibliche Blüten von einer 4klappigen Hülle eingeschlossen, meist paarig auf einem Stiel. Nußfrucht (Buchecker) 1,2–1,8 cm lang, 3kantig, braun, meist zu 2 in einem Becher, sehr ölreich. Wichtiger europäischer Waldbaum.

Orientalische Buche *Fagus orientalis* LIPSKY
Ähnlich wie die vorige Art, jedoch mit gefurchter Rinde. Blätter 9–14 cm lang, mit 7–12 Paar Seitennerven. Männliche Blüten mit Blütenhülle, die zu $^{1}/_{3}$ ihrer Länge geteilt ist. Becherklappen oberseits mit langen, schmalen, unterseits mit paddelförmigen Schuppen. Von Südosteuropa bis nach Persien verbreitet. Nur gelegentlich in großen Parks gepflanzt.

Rauli *Nothofagus procera* (POEPPIG & ENDL.) ORSTED
Ansehnlicher Baum bis etwa 30 m Höhe mit breiter, kegelförmiger Krone. Rinde grünlich-grau, mit breiten, längsverlaufenden Rissen. Äste im unteren Teil des Baumes abstehend, weiter oben aufrecht. Zweige kräftig, anfangs grün, später bräunlich. Knospen etwa 1 cm lang, schmal-kegelig, rötlichbraun. Blätter 4–8 cm lang, eiförmig bis länglich-oval, spitz oder abgestumpft, am Rande wellig, fein gezähnt, unterseits auf den Blattnerven fein seidenhaarig, etwa 14–20 Paar Seitennerven. Blattstiel 0,5–1 cm lang. Männliche Blüten einzeln in der Achsel eines Tragblattes, gehäuft an den Zweigspitzen. Nüsse etwa 1 cm lang, meist zu 3 in einem 4klappigen Becher. Blütezeit V. Ursprünglich nur in Chile und Argentinien.

Robelbuche *Nothofagus obliqua* (MIRBEL) BLUME
Ähnlich wie die vorige Art, jedoch mit rissiger, gefelderter und geschuppter Rinde. Zweige schlank, regelmäßig alternierend verzweigt. Knospen etwa 5 mm lang, hellbraun. Blätter mit unregelmäßig gezähntem Rand, mit 7–11 Paar Seitennerven; Nüsse etwa 5 mm lang, in einem Becher mit kurzen, abstehenden Schuppen eingeschlossen. Ursprünglich nur in Südamerika (Chile, Argentinien). Neuerdings häufiger in Parks angepflanzt.

Fagus sylvatica: **a** Wuchsform **b** Rinde **c** Frühjahrstrieb mit Blüten **d** Blatt **e** Nußfrucht (Buchecker) – *Fagus orientalis:* **f** Blatt **g** Nußfrucht – *Nothofagus procera:* **h** Wuchsform **i** Frühjahrstrieb mit Blüten **j** Nußfrucht – *Nothofagus obliqua:* **k** Blatt **l** Nußfrucht

a
d
e
f
c
b
k
g
l
i
j
h

Eß-Kastanie *Castanea sativa* MILLER
Ansehnlicher Baum bis etwa 30 m Höhe mit breiter, hochgewölbter Krone. Rinde anfangs glatt und silbergrau, später dunkel bräunlich-grau mit einem Netzwerk von Leisten und Furchen. Untere Äste sehr kräftig, abstehend, obere Äste aufsteigend. Knospen eiförmig, stumpf, rotbraun. Blätter 10–25 cm lang, länglich-lanzettlich, spitz, am Grunde etwas herz- oder keilförmig, oberseits dunkelgrün, unterseits heller, glatt und glänzend, mit langen Zähnen, die in eine schlanke Spitze auslaufen. Beidseits etwa 20 Seitennerven. Blattstiel 2,5 cm lang. Männliche Kätzchen etwa 10–20 cm lang, hellgelb; weibliche Blüten meist an der Basis der männlichen Kätzchen, mit 7–9 weißen Griffeln. Früchte zu 2–3. Fruchthülle außen sehr stachelig, in 4 Klappen öffnend. Blütezeit VI–VII. Ursprünglich in Nordafrika, Westasien und Südeuropa. In vielen Teilen Mittel- und Nordeuropas eingeführt.

***Quercus* – Eiche**
Meist große laubwerfende Bäume, gelegentlich auch strauchig. Blätter gezähnt oder buchtig-gelappt. Blüten in Kätzchen. Windblütig. Weibliche Blüten mit 3–6 Griffeln, zu wenigen zusammenstehend, jede in einem kleinen becherförmigen Hüllorgan. Häufig Bastardierungen zwischen einzelnen Arten.

Rot-Eiche *Quercus rubra* L.
Großer, ansehnlicher Baum bis 35 m Höhe mit breiter, kugeliger, hochgewölbter Krone. Rinde ziemlich glatt, silbrig-grau, an alten Bäumen mit schmalen Leisten. Äste sehr dick und kräftig, abstehend. Zweige dick, rötlich-braun. Blätter 12–22 × 10–15 cm, oval bis verkehrt-eiförmig, beidseits mit mehreren Buchten und Lappen, die die Blattspreite bis zur Hälfte teilen und in 1–3 keilförmige Spitzen auslaufen. Oberseits mattgrün, unterseits heller. Blattstiel gelb, am Grunde verdickt und rötlich. Früchte reifen im 2. Jahr. Blütezeit V. Ursprünglich nur im östlichen Nordamerika. In vielen Teilen Europas, auch in Deutschland, als Forstbaum oder in Parks gepflanzt.

Castanea sativa: **a** Wuchsform **b** Rinde **c** belaubter Zweig mit Blüten **d** Frucht (Eßkastanie, Marone)
Quercus rubra: **e** Wuchsform **f** Rinde **g** Blatt **h** Eichel

a
b
c
d
e
f
g
h

Sumpf-Eiche *Quercus palustris* MUENCHH.
Ähnlich wie die vorige Art, aber mit schlankeren, oft hängenden Zweigen. Knospen etwa 3 mm lang, blaßbraun. Blätter sehr tief eingeschnitten, meist bis über die Mitte geteilt, Lappen sehr eckig, unterseits mit auffallenden braunen Haarbüscheln in den Achseln der Blattnerven. Eichel 1–1,5 cm lang und breit. Im östlichen Nordamerika beheimatet. Gelegentlich als Forstbaum verwendet, sonst in Parks und großen Gärten.

Scharlach-Eiche *Quercus coccinea* MUENCHH.
Ähnlich wie die Rot-Eiche mit Blättern von 7,5–15 × 5–12 cm Abmessung, sehr tief eingeschnitten, ziemlich symmetrisch, mittlerer Lappen am breitesten, beidseits glänzend. Eichel etwa 1–2 cm breit. Ursprünglich nur im östlichen und zentralen Nordamerika. Gelegentlich als Park- und Zierbaum verwendet. Sehr schöne Herbstfärbung.

Kermes-Eiche *Quercus coccifera* L.
Immergrüner Strauch oder kleiner Baum bis etwa 5 m Höhe. Rinde mittelgrau, an alten Bäumen fein schuppig gefeldert. Reich beastet, Äste aufsteigend und mehrfach gegabelt. Zweige gelblich-braun, mit Sternhaaren besetzt, später glatt und grau. Blätter 1,5–4 cm lang, oval bis länglich, am Grunde herzförmig bis rundlich, am Rande buchtig gewellt mit dornigen Zähnen, ziemlich fest und lederig. Eicheln reifen im 2. Jahr, etwa 1,8 cm breit, mit kräftigen Schuppen, die fast dornig-stachelig ausfallen können. Blütezeit IV–V. Außer in Italien im Mittelmeergebiet weit verbreitet. Wirtspflanze für Schildläuse, aus denen früher Purpur gewonnen wurde.

Stein-Eiche *Quercus ilex* L.
Immergrüner Baum bis etwa 25 m Höhe mit breiter, hochgewölbter Krone. Rinde dunkelbraun bis schwärzlich, in kleine rechteckige Platten gefeldert. Hauptäste aufrecht, ziemlich gerade. Stamm schon ziemlich niedrig gegabelt. Zweige schlank, graubraun, filzig; Knospen 1–2 mm lang, hellbraun, graufilzig. Blätter 4–10 × 3–8 cm, länglich-eiförmig bis lanzettlich, spitz zulaufend, am Grunde keilförmig oder rundlich, am Rande flachwellig, ganzrandig oder mit dornigen Zähnen, dunkelgrün, lederig, oberseits glatt, graufilzig auf der Unterseite, mit 7–11 Paar Seitennerven. Eicheln reifen im 1. Jahr; Becher etwa 1,2 cm breit, das untere Drittel der Eichel einschließend. Blütezeit: VI–VII. Im Mittelmeergebiet ziemlich häufig. Gelegentlich angepflanzt.

Quercus palustris: **a** Blatt **b** Eichel
Quercus coccinea: **c** Blatt **d** Eichel
Quercus coccifera: **e** Wuchsform **f** Blatt **g** Eichel
Quercus ilex: **h** Wuchsform **i** Rinde **j** Blatt **k** Eichel

a
b
c
d
e
f
g
h
i
j
k

Kork-Eiche ***Quercus suber*** L.
Immergrüner Baum bis etwa 20 m Höhe. Rinde dick und korkig, schwammig, weißlich, ziemlich rauh; nach dem Schälen bleibt ein glatter, rotbrauner Stamm. Hauptäste sehr dick, mehrfach gabelig verzweigt. Zweige graugrün, filzig. Knospen etwa 2 mm lang, eiförmig, dunkelpurpurn. Blätter 3–7 × 2–3 cm, oval-länglich, spitz, am Rande buchtig-wellig, mit dornigen Zähnen, oberseits glatt, dunkelgrün, unterseits graugrün-flaumhaarig, mit 5–8 Paar Seitennerven, Mittelrippe leicht geschwungen; Blattstiel 5–8 mm lang oder länger, flaumhaarig. Eicheln reifen im 2. Jahr. Becher 1,2–1,8 cm breit, schließt etwa die Hälfte der Eichel ein. Blütezeit V–VI. Vor allem im westlichen Mittelmeergebiet recht häufig und zur Korkgewinnung gepflanzt.

Zerr-Eiche ***Quercus cerris*** L.
Laubwerfender Baum bis etwa 35 m Höhe mit breiter, gewölbter Krone. Rinde grau, tief rissig, manchmal in rechteckige Platten zersprungen. Hauptäste sehr lang, aufrecht, am Grunde verdickt. Zweige rauh, bräunlich oder grüngrau, kurzhaarig. Knospen eiförmig, blaßbraun, behaart. Blätter 9–12 × 3–5 cm breit, länglich oder oberhalb der Mitte etwas verbreitert, am Grunde keilförmig verschmälert, am Rande mit 4–10 Paar Lappen oder Zähnen, die meist stumpf sind und nur selten kleine Zahnspitzen tragen. Auf der Blattoberseite kurze, rauhe Haare, weich- oder flaumhaarig unterseits, Blattstiel 0,8–1,5 cm lang. Eicheln reifen im 2. Jahr, zur Hälfte bis ²/₃ vom Becher eingeschlossen, dieser 1,5–2,2 cm breit. Blütezeit V–VI. In Südosteuropa beheimatet. Sonst gelegentlich als Parkbaum gepflanzt.

Wallonen-Eiche ***Quercus macrolepis*** KOTSCHY
Ähnlich wie die Zerr-Eiche, aber halb-immergrüner, kleiner Baum bis höchstens 15 m Höhe. Blätter 6–10 cm lang, am Rande mit 3–7 Paar dreieckiger, zugespitzter Lappen. Blattstiel 1,5–4 cm lang. Eichelbecher bis 5 cm breit, mit langen, dicken, zurückgekrümmten Schuppen. Früher wichtiger Lieferant für Gerbstoffe. Beheimatet in Südost-Italien, auf den Ägäischen Inseln und auf dem südlichen Balkan. Selten gepflanzt.

Mazedonische Eiche ***Quercus trojana*** WEBB IN LOUDON
Ähnlich wie die Zerr-Eiche, aber halb-immergrün, bis 15 m hoch, ziemlich schlank. Blätter 3–7 cm lang, am Rande mit 8–14 Paar schwach dorniger Zähne, beidseits glatt und glänzend. Blattstiel 2–5 mm lang. Eicheln werden zu ²/₃ vom 1,5–2,2 cm breiten Becher eingeschlossen. Schuppen anliegend, im oberen Teil auch abstehend oder zurückgebogen. Im südöstlichen Italien und auf dem Balkan beheimatet.

Quercus suber: **a** Wuchsform **b** Rinde **c** Blatt **d** Eichel
Quercus cerris: **e** Wuchsform **f** Blatt **g** Eichel
Quercus macrolepis: **h** Blatt **i** Eichel
Quercus trojana: **j** Blatt **k** Eichel

c
d
a
e
b
g
f
h
j
i
k

Trauben-Eiche *Quercus petraea* (MATT.) LIEBL.
Laubwerfender Baum bis etwa 40 m Höhe. Krone breit, hochgewölbt, auf ziemlich geradem Stamm. Rinde grau, mit feinen Rissen und Furchen. Äste strahlig abgehend, ziemlich gerade. Junge Zweige dunkel purpurgrau, kahl, später grau bereift. Knospen 4–8 mm lang, eiförmig, spitz, orangebraun, an den Zweigenden gehäuft. Blätter 7–12 × 4–5 cm, verkehrt-eiförmig, am Grunde keilförmig, ziemlich regelmäßig mit 5–9 Paar rundlichen Lappen gebuchtet, oberseits dunkelgrün, unterseits heller. Eicheln reifen im 1. Jahr, Becher etwa 1,2–1,8 cm breit, mit lanzettlich-ovalen Schuppen. Bis etwa 6 Eicheln in Gruppen zusammen, sitzend oder sehr kurz gestielt. Blütezeit V. Wichtiger Waldbaum auf leichten, sandigen Böden im Hügelland. In Europa (außer im Norden und Nordosten) weit verbreitet.

Grau-Eiche *Quercus dalechampii* TEN.
Der vorigen Art recht ähnlich. Blätter jedoch mit 4–7 Paar schmaler, unregelmäßiger Lappen und 1,5–2 cm langem Blattstiel. Eicheln mit kleinen, rautenförmigen Schuppen auf dem Becher, der auch grau und nahezu kahl sein kann. Im südöstlichen Europa beheimatet. Selten gepflanzt.

Stiel-Eiche *Quercus robur* L.
Stattlicher, laubwerfender Baum bis etwa 45 m Höhe mit unregelmäßig aufgebauter, gewölbter, breiter Krone. Rinde hellgrau, mit dichtem Leisten- und Furchenmuster. Äste an der Basis sehr massiv, vielfach gekrümmt, meist niedrig am Stamm ansitzend. Junge Zweige bräunlich-grün, flaumhaarig, später kahl. Blätter 10–12 × 7–8 cm, verkehrt-eiförmig, stumpf, am Grunde geöhrt, am Rande mit 5–7 Paar unregelmäßiger Lappen, leicht unsymmetrisch, oberseits dunkelgrün, unterseits blasser, Mittelrippe leicht geschwungen. Eicheln reifen im 1. Jahr; Becher 1–2 cm breit mit flachen Schuppen; bis 3 Eicheln auf einem 4–8 cm langen Stiel. Blütezeit V–VI. Wichtiger Waldbaum. Überall in Europa verbreitet.

Stielblütige Eiche *Quercus pedunculiflora* C. KOCH
Der vorigen Art sehr ähnlich. Blätter oberseits etwas bläulich-grün, unterseits mit bleibender, gelbgrauer Flaumbehaarung. Eicheln bis 2 cm breit, Becher mit warzigen Schuppen. In Südosteuropa verbreitet. Selten in Parks.

Quercus petraea: **a** Wuchsform **b** Blatt **c** Eichel
Quercus dalechampii: **d** Blatt **e** Eichel
Quercus robur: **f** Wuchsform **g** Rinde **h** Blatt **i** Eichel
Quercus pedunculiflora: **j** Blatt **k** Eichel

a
b
c
e
k
d
j
i
h
g
f

Ungarische Eiche *Quercus frainetto* TEN.
Ansehnlicher Baum bis etwa 30 m Höhe, laubwerfend. Krone breit und hochgewölbt. Stamm gerade. Rinde eng und tief rissig, blaßgrau bis bräunlich. Äste lang und aufrecht, meist ziemlich gerade. Zweige graugrün oder bräunlich, weichhaarig. Knospen etwa 1 cm lang, eiförmig, graubraun, von bleibenden Nebenblättern umstellt. Blätter gedrängt an den Zweigenden, 10–25 × 8–14 cm, verkehrt-eiförmig, am Grunde verschmälert, mitunter geöhrt, am Rande mit 7–10 Paar breiter, langer, oft buchtiger Lappen annähernd fiederteilig, oberseits dunkelgrün, unterseits heller mit bräunlichen oder grauen Haaren. Blattstiel 2–6 mm lang. Eicheln reifen im 1. Jahr; Becher 0,6–1,2 × 1,2–1,5 cm, mit länglichen Schuppen, die sich lose überlappen.

Flaum-Eiche *Quercus pubescens* WILLD.
Laubwerfender Baum bis etwa 25 m Höhe, manchmal auch strauchförmig. Rinde fein gefurcht, schuppt mit kleinen, rauhen Plättchen ab, dunkelgrau. Äste am Grunde ziemlich dick angeschwollen, abstehend, recht kurz. Zweige braun, dicht grau-flaumhaarig. Knospen 4–7 mm lang, orangebraun, grauhaarig. Blätter 4–13 × etwa 6 cm, verkehrt-eiförmig bis lanzettlich, am Grunde keilförmig, am Rande gebuchtet bis fast fiederteilig mit 4–8 Paar breiter, rundlicher, vorwärts weisender Lappen, oberseits graugrün und verkahlend, unterseits dicht filzig (zumindest an jungen Blättern). Blattstiel 0,5–1,2 cm lang, ebenfalls behaart. Eicheln reifen im 1. Jahr; Becher 1,5 × 1,4 cm, mit lanzettlichen Schuppen, behaart. Blütezeit V–VI. Charakterart der Trockenwälder Südosteuropas. Gelegentlich in Parks als Zierbaum.

Pyrenäen-Eiche *Quercus pyrenaica* WILLD.
Ähnlich wie die Flaum-Eiche, häufig jedoch mit hängenden Ästen und Zweigen. Blätter bis 20 cm lang mit schmalen, etwas verschmälerten, kaum zugespitzten Lappen, anfangs beidseits flaumhaarig, oberseits später glatt und kahl. Eichelbecher mit stumpfen, lose überlappenden Schuppen. In Südwesteuropa und Norditalien.

Virgil-Eiche *Quercus virgiliana* (TEN.) TEN.
Ähnlich wie die Flaum-Eiche. Blätter bis 16 cm lang, Lappen unregelmäßiger wellig-gekerbt. Blattstiel 1,5–2,5 cm lang. Eicheln mit aufrechter Spitze; Becher mit lose anliegenden Schuppen. Im Mittelmeergebiet weit verbreitet.

Kanarische Eiche *Quercus canariensis* WILLD.
Halb-immergrüner Baum bis etwa 30 m Höhe. Junge Zweige dicht wollig behaart, später jedoch glatt. Blätter bis 18 cm lang, am Rande mit 9–14 Paar grober Zähne oder rundlich-gespitzter Lappen, anfangs ebenfalls stark behaart, später nahezu glatt, unterseits graugrün. Blattstiel 0,8–3 cm lang. Eichelbecher mit knotigen Schuppen. Nordafrika und Südwesteuropa. In Spanien häufig mit der Flaum-Eiche bastardiert.

Quercus frainetto: **a** Wuchsform **b** Blatt **c** Eichel – *Quercus pubescens:* **d** Wuchsform **e** Blatt **f** Eichel – *Quercus pyrenaica:* **g** Blatt **h** Eichel – *Quercus virgiliana:* **i** Blatt **j** Eichel – *Quercus canariensis:* **k** Blatt **l** Eichel

b
a
c
d
f
e
i
h
j
g
l
k

Fam. Ulmaceae – Ulmengewächse

Ulmus – Ulme

Meist große, laubwerfende Bäume, oft mit Schößlingen. Rinde zerrissen und gefeldert. Blätter ungeteilt, wechselständig, mit schiefem Blattgrund, am Rande doppelt gesägt. Blüten zwittrig, in Büscheln vor dem Laubaustrieb erscheinend. Annähernd 20 Arten bekannt.

Berg-Ulme *Ulmus glabra* HUDSON
Ansehnlicher Baum bis etwa 40 m Höhe mit breiter, mehrfach gewölbter Krone. Rinde lange Zeit glatt, grau, später rissig und gefeldert und dann graubraun. Untere Äste sehr massiv, strahlig abgehend, ziemlich gerade, erst an den Enden waagerecht abstehend. Junge Triebe ziemlich dick, dunkel rotbraun, mit kurzen, steifen Samthaaren, später glatt. Knospen eiförmig, stumpf. Blätter 10–18 cm lang, rundlich oder länglich-oval, mit schlanker aufgesetzter Spitze, am Grunde schief und unsymmetrisch. Blattnerven in 10–18 Paaren. Blüten in dichten Büscheln. Frucht eine breit geflügelte Nuß, etwa 1,5–2 cm breit, verkehrt-eiförmig. Von Nord- und Mitteleuropa bis nach Westasien in Edellaubwäldern verbreitet. Blütezeit II–III.

Holländische Ulme *Ulmus* × *hollandica* MILLER
Bastard aus der Berg-Ulme und der *Ulmus minor*-Gruppe. Blätter dieser Hybriden etwa 15 × 8 cm, länglicher als bei der Berg-Ulme, mit sehr unsymmetrischem Blattgrund und mattglänzender Oberseite. In vielen Varietäten als Park- und Zierbaum gepflanzt.

Englische Ulme *Ulmus procera* SALISB.
Stattlicher Baum bis etwa 35 m Höhe mit dickem, geradem, bis hoch in die Krone reichendem Stamm. Krone aus nur wenigen dicken Ästen aufgebaut, breit, hochgewölbt. Rinde dunkelbraun und tief gefurcht bis klein gefeldert. Zweige ziemlich kräftig, rötlichbraun, bleibend behaart. Knospen 2–3 mm lang, spitz, dunkelbraun. Blätter bis 10 cm lang, oval bis rundlich, mit sehr kurzer Spitze, Blattgrund schief, Blattstiel jedoch nicht verdeckt, beidseits mit 10–12 Seitennerven. Blattoberseite rauh, unterseits samtig, vor allem neben der Mittelrippe. Frucht 1–1,7 cm breit, rundlich. Blütezeit II–III. Ursprünglich nur auf den Britischen Inseln. In anderen Teilen Europas gelegentlich gepflanzt.

Ulmus glabra: **a** Wuchsform **b** blühender Zweig **c** Frucht **d** Blätter
Ulmus × hollandica: **e** Blatt **f** Frucht
Ulmus procera: **g** Wuchsform **h** Rinde **i** belaubter Zweig **j** Frucht

a
b
c
d
e
f
g
h
i
j

Feld-Ulme *Ulmus minor* MILLER
Großer Baum bis etwa 30 m Höhe mit hochgewölbter, manchmal recht schmaler Krone. Stamm gewöhnlich mit Wurzelbrut und Wasserreisern. Rinde graubraun mit langen, tiefen Furchen und Leisten. Äste steil aufrecht. Junge Zweige ziemlich schlank, oft hängend, blaßbraun, glatt. Knospen eiförmig, glänzend dunkelrot, etwas samtig behaart. Blätter 6–8 (12) cm, verkehrt-eiförmig oder länglich-oval, in eine schlanke Spitze auslaufend; Seitennerven in 7–12 Paaren; Oberseite glänzend dunkelgrün, unterseits samtige Haarbüschel in den Achseln der Seitennerven. Blüten rötlich mit weißen Narben. Früchte elliptisch, 0,7–1,8 cm lang, Nuß oberhalb der Flügelmitte. Formenreich.
Der wissenschaftliche Name *U. minor* wurde für verschiedene Formen verwendet, von denen nachfolgend vier vorgestellt werden:
Feld-Ulme *Ulmus carpinifolia* G. SUCKOW
mit kugeliger Krone und langen, hängenden Zweigen. Blätter oberhalb der Mitte am breitesten. Mittelrippe gerade. In ganz Europa weit verbreitet und häufig als Alleebaum gepflanzt.
Koritanische Ulme *Ulmus coritana* MELVILLE
Krone aus aufrechten, schräg abgehenden Ästen. Junge Zweige ziemlich kräftig. Mittelrippe im Blatt zur kürzeren Seite gebogen. Größere Blattgrundhälfte rundlich. Wahrscheinlich nur in Südwestengland.
Cornwall-Ulme *Ulmus angustifolia* (WESTON) WESTON
Krone schmal und kegelförmig. Zweige kurz und starr. Blätter oft gewölbt, mit ziemlich gerader Mittelrippe. Blattgrund fast symmetrisch. In Südwestengland, möglicherweise auch in Frankreich heimisch.
Locken-Ulme *Ulmus plotii* DRUCE
Krone ziemlich dünn, schmal-kegelförmig, mit wenigen, aufrechten Ästen. Blätter ziemlich schmal, am breitesten in der Mitte, mit gerader Mittelrippe und fast geradem Blattgrund. Nur in Großbritannien.

Grau-Ulme *Ulmus canescens* MELVILLE
Im Aussehen einer typischen Feld-Ulme recht ähnlich, junge Zweige jedoch dicht samtig behaart. Blätter elliptisch mit gerundeten Zähnen. Nur im östlichen Mittelmeergebiet.

Ulmus carpinifolia: **a** Wuchsform **b** Blätter **c** blühender Zweig **d** Frucht
Ulmus coritana: **e** Wuchsform **f** Blatt
Ulmus angustifolia: **g** Wuchsform **h** Blatt
Ulmus plotii: **i** Wuchsform **j** Blatt
Ulmus canescens: **k** Blatt

a
b
c
d
e
j
g
i
f
h
k

Flatter-Ulme *Ulmus laevis* PALLAS
Baum bis etwa 35 m Höhe mit offener, unregelmäßiger Krone. Rinde bräunlich-grau, anfangs glatt, an älteren Bäumen tief gefurcht und mit breiten Leisten. Junge Triebe dunkel rotbraun, samtig. Knospen klein, spitz, dunkel orangebraun. Blätter 6–13 cm lang, rundlich bis oval mit kurzer Spitze und sehr schiefem Blattgrund, Blattnerven in 12–19 Paaren, längere Blatthälfte mit 2–3 zusätzlichen Seitennerven; Blattoberseite meist glatt, unterseits gewöhnlich grausamtig. Blattstiel 3–5 mm lang. Blüten büschelig auf langen Stielen. Früchte hängend, 1–1,2 cm lang, verkehrt-eiförmig. Blütezeit III. Von Mitteleuropa bis zum Kaukasus weit verbreitet, vor allem in der Ebene in Bruchwäldern und in Weidengebüschen. Nur selten gepflanzt.

***Zelkova* – Zelkove**
Große laubwerfende, sommergrüne Bäume oder Sträucher. Blätter ungeteilt, wechselständig, mit leicht schiefem Blattgrund. Blüten in den Blattachseln. Lappen der Blütenhülle blattähnlich und untereinander verbunden. Früchte als 1samige Nüßchen. Männliche und weibliche Blüten getrennt. In vielen Merkmalen den Ulmen ähnlich. Nur 5 Arten.

Kaukasus-Zelkove *Zelkova carpinifolia* (PALLAS) C. KOCH
Baum von ungewöhnlicher Form: meist sehr vielstämmig mit kugelig-gewölbter Krone bis etwa 30 m Höhe. Stamm nur 1–3 m hoch, dann in viele aufrechte Äste übergehend. Rinde glatt, grau- bis grünlich-braun, mit runden Schuppen abschilfernd, die orangegelbe Flecken zurücklassen. Jüngere Zweige schlank, grau- oder grünlich-braun, weißlich samthaarig. Knospen eiförmig, stumpf, rötlich-braun. Blätter 5–10 cm lang, oval bis elliptisch, kurz gespitzt, mit großen, rundlichen Zähnen und 6–12 Paar Seitennerven, oberseits dunkelgrün mit einzelnen, steifen Haaren, unterseits entlang der Blattnerven mit weißen Borstenhaaren; Blattstiel sehr kurz. Früchte kugelig mit 4 deutlichen Leisten oder schmalen Flügeln. Blütezeit IV. Ursprünglich nur im Kaukasus. Gelegentlich als Zierbaum in Parkanlagen gepflanzt.

Keaki *Zelkova serrata* (THUNB.) MAKINO
Junge Zweige mit feinen, weißen Borstenhaaren, aber bald schon glatt und kahl. Zähne am Blattrand spitzer als bei der vorigen Art und unterseits weniger behaart. Frucht glatt, rundlich. Nur ausnahmsweise als Zier- oder Parkbaum gepflanzt. Ursprungsgebiet: Japan.

Ulmus laevis: **a** Blatt **b** einjähriger Zweig mit Blüten **c** Frucht
Zelkova carpinifolia: **d** Wuchsform **e** Rinde **f** Frühjahrstrieb mit Blüten **g** Sommertrieb mit Früchten
Zelkova serrata: **h** Sommertrieb mit reifenden Früchten

a
b
c
d
e
f
g
h

Celtis – Zürgelbaum

Laubwerfende, sommergrüne Sträucher oder Bäume. Rinde glatt oder runzelig, aber nicht schuppig. Blätter ungeteilt, wechselständig, in der Blattmitte mit sehr ungleich großen Zähnen, mit 3 besonders auffälligen Blattnerven. Nebenblätter fallen frühzeitig ab. Blüten in den Blattachseln, am Grunde junger Zweige männliche, an den Spitzen zwittrige Blüten mit braunen, getrennten Hüllblättern. Steinfrucht klein. Gattung mit etwa 70 Arten auf der Nordhemisphäre und in den Tropen.

Südlicher Zürgelbaum *Celtis australis* L.

Baum bis etwa 25 m Höhe mit rundlicher, gewölbter Krone. Rinde grau bis blaßbraun. Junge Zweige rötlich-braun. Blätter 4–15 cm lang, länglich-lanzettlich bis schmal-länglich, mit schlanker verlängerter Spitze und scharf zugespitzten Zähnen, oberseits kurzborstig, unterseits weiß samtig behaart. Steinfrucht 0,9–1,2 cm breit, kugelig, glatt, braunrot, zuletzt schwarz; Stein mit unregelmäßigen Ausstülpungen. Blütezeit V. Im Mittelmeergebiet und in Südwestasien beheimatet. In Italien und Frankreich häufiger als Straßenbaum gepflanzt, sonst nur in Parks und Gärten. Früchte eßbar.

Griechischer Zürgelbaum *Celtis tournefortii* LAM.

Strauch oder kleiner Baum bis etwa 6 m Höhe. Junge Zweige rötlich-braun mit weißlicher Samtbehaarung. Blätter 5–8 cm lang, breit-oval mit kurzer Spitze, am Grunde abgerundet, randlich mit stumpfen Zähnen, oberseits dunkelgrün, glatt oder wenig borstig behaart, unterseits heller und samtig. Steinfrucht 0,7–1 cm breit, kugelig-eiförmig, bräunlich-gelb; Stein mit 4 Leisten. In den Gebirgen der Balkanhalbinsel und auf Sizilien. Kaum angepflanzt.

Celtis australis: **a** Wuchsform **b** Rinde **c** junger Zweig mit Blüten **d** Zweigende mit reifenden Früchten
Celtis tournefortii: **e** Wuchsform **f** fruchtender Zweig

a
b
c
d
e
f

Fam. Moraceae – Maulbeergewächse

***Morus* – Maulbeerbaum**

Größere ein- oder zweihäusige sommergrüne Bäume mit Kätzchenblüten. Steinfrüchte zu beerenähnlichen Fruchtständen (Scheinbeeren) zusammengefaßt, die wie Brombeeren aussehen und aus den fleischigen Kelchblättern der Blüten hervorgehen.

Weiße Maulbeere *Morus alba* L.

Sommergrüner, laubwerfender Baum bis etwa 15 m Höhe mit schmaler bis rundlicher Krone und brüchigen Ästen. Stamm sehr dick, bis 2 m Umfang. Rinde rötlich-braun oder mattgrau, mit flachen, wellig verlaufenden Furchen. Zweige schlank, anfangs mit feiner Behaarung. Knospen sehr klein, schmalkegelig, dunkelbraun. Blätter 6–18 cm lang, breit-oval, am Grunde herzförmig, dünn, weich, flach, mit großen Zähnen, oberseits glänzend grün und glatt, unterseits kahl oder im Bereich der Mittelrippe flaumhaarig. Blattstiel bis 2,5 cm lang, behaart und oberseits rinnig. Weibliche Blüten in gestielten, zylindrischen Ähren bis 1,5 cm Länge; männliche Kätzchen länger. Scheinbeeren 1–2,5 cm lang, weißlich bis hellrosa oder purpurn, eßbar, im Geschmack etwas fad. Blütezeit V. Ursprünglich nur in China. Seit dem 16. Jahrhundert auch in Europa (z. T. als Straßenbaum) gepflanzt. Wichtige Futterpflanze für die Seidenraupenzucht.

Schwarze Maulbeere *Morus nigra* L.

Laubwerfender Baum bis etwa 12 m Höhe von knorrigem Aussehen mit dichter Krone und oft gebogenen und gewundenen Ästen. Krone meist breiter als hoch. Hauptäste an einem kurzen, dicken Stamm ansitzend. Rinde dunkel orangebraun, in viele Furchen und Leisten zerrissen, die an ihren Flanken auffasern. Junge Triebe flaumhaarig, beim Abschneiden milchend. Knospen sitzend, spitz, glänzend purpurbraun. Blätter 6–20 cm lang, breit-oval mit herzförmigem Grund, kraus, spitz, unregelmäßig gezähnt oder lappig, frischgrün auf der Oberseite, blasser und flaumhaarig unterseits, Blattstiel 1,5–2,5 cm lang. Blütenähren zylindrisch, auf samtig behaarten Stielen. Männliche Kätzchen bis etwa 2,5 cm lang, bleich, weibliche nur halb so lang. Scheinbeeren 2–2,5 cm lang, dunkelrot bis purpurn, bis zur Reife sehr sauer, dann allerdings von angenehmem Aroma. Blütezeit V. Heimisch in Westasien. Vor allem in Südeuropa häufig angepflanzt und weit verbreitet.

Morus alba: **a** Wuchsform **b** belaubter Zweig mit männlichen und weiblichen Blüten **c** Scheinbeere
Morus nigra: **d** Wuchsform **e** belaubter Zweig mit männlichen Blüten **f** Scheinbeere

a
b
c
e
d
f

Osagedorn *Maclura pomifera* (RAFIN) C. K. SCHNEIDER
Sommergrüner, zweihäusiger Strauch oder kleiner Baum bis 14 m Höhe mit dornigen Zweigen, die eine unregelmäßig gewölbte Krone bilden. Rinde gefeldert oder zerrissen, kräftig orangebraun, mit erhabenen Leisten. Junge Triebe anfangs samtig behaart, später kahl. Blätter 5–12 cm lang, oval oder länglich-lanzettlich, spitz, am Grunde rundlich, fast ganzrandig, oberseits glänzend dunkelgrün, unterseits blasser und samthaarig, besonders auf der Mittelrippe. Männliche Blüten in dichten Büscheln (Trauben), grünlich, kurz gestielt; weibliche Blüten in kugeligen Blütenständen. Sie entwickeln sich zu zusammengesetzten Früchten von Orangenform und -größe mit warziger Oberfläche und ungenießbarem Fruchtfleisch. Blütezeit VI. Ursprünglich nur im südlichen Nordamerika. Vor allem im Mittelmeergebiet häufiger als Zier- oder Heckenstrauch gepflanzt.

Feige *Ficus carica* L.
Laubwerfender, zweihäusiger Baum oder Strauch mit breiter, niedriger Krone und robusten, kräftigen Ästen. Rinde ziemlich glatt, hellgrau mit feinem dunkleren Linienmuster. Blätter wechselständig, 10–20 cm lang und ebenso breit, meist handförmig in 3–5 Lappen geteilt, Lappen rundlich, Basis herzförmig, stumpf gezähnt, fühlt sich etwas rauh an, dunkelgrün, dick, lederig, unterseits mit deutlich vortretenden Blattnerven. Blüten auf der Innenseite eines birnenförmigen, eingetieften Blütenbodens, der an der Spitze fast verschlossen ist. Dieses krugförmige Gebilde entwickelt sich zur eßbaren Feige. Ursprünglich wohl nur in Südwestasien, auf dem Balkan und in Spanien. Jetzt in weiten Teilen Europas angepflanzt und sogar in Nord- und Westeuropa als Zierbaum.

Papiermaulbeerbaum *Broussonetia papyrifera* (L.) VENT.
Kleiner zweihäusiger Baum mit filzigen Zweigen. Blätter 7–20 cm lang, oval, am Grunde herzförmig, spitz, rauh, unterseits graufilzig. Männliche Blüten in Kätzchen mit 4teiliger Blütenhülle. Weibliche Blüten in dichten, kugeligen Blütenständen; deren Blütenhülle bildet in der reifen Frucht das Fruchtfleisch. Ursprünglich nur in Ostasien. In Südeuropa häufiger als Zierbaum.

Maclura pomifera: **a** Wuchsform **b** Rinde **c** Zweig mit männlichen Blüten **d** Frucht
Ficus carica: **e** fruchtender Zweig
Broussonetia papyrifera: **f** Wuchsform **g** fruchtender Zweig

c
a
b
d
e
f
g

Fam. Proteaceae – Proteusgewächse

Chilenischer Feuerbusch *Embothrium coccineum* J. R. & G. FORST
Kleiner immergrüner Baum bis etwa 12 m Höhe. Rinde dunkelpurpurn bis grau, abschuppend. Krone schlank, mit geschwungenen Ästen, die leicht überhängen. Zweige hängend, glatt, blaßgrün. Blätter variabel, etwa 5–15 cm lang, elliptisch bis lanzettlich, am Grunde keilförmig oder rundlich, ganzrandig, blaß oder tief bläulich-grün. Blütenstände in den Blattachseln oder endständig, traubig, Blüten hellrot, 5–10 cm lang, an der Spitze knotig verdickt. Kapselfrucht. Ursprünglich nur in Südamerika. Vor allem in Westeuropa häufiger als Ziergehölz.

Fam. Phytolaccaceae – Kermesbeerengewächse

Zweihäusige Kermesbeere *Phytolacca dioica* L.
Kleiner, zweihäusiger, immergrüner Baum oder Strauch mit kräftigen, braunen, kahlen Ästen und Zweigen. Blätter 6–12 × 2,5–6 cm, ganzrandig, elliptisch bis oval, spitz, kahl, gestielt, kräftig grün. Blütenstand traubig, achselständig, hängend, bis 12 cm lang. Männliche Blüten schlank, grünlich, mit 1,5 cm langen Kronblättern; weibliche Blüten etwas kräftiger, mit stumpf-elliptischen Kronblättern und 7–10 Griffeln. Beere kugelig, schwarz-purpurn. Blütezeit VI–VIII. Ursprünglich nur im gemäßigten und tropischen Südamerika. Im Mittelmeergebiet häufig als Ziergehölz gepflanzt. Dort stellenweise verwildert.

Fam. Cercidiphyllaceae – Katsuragewächse

Katsurabaum *Cercidiphyllum japonicum* S. & Z.
Zweihäusiger Baum bis etwa 25 m Höhe mit breit-kegelförmiger Krone, ein- oder mehrstämmig. Rinde grau-bräunlich, längs gefurcht und manchmal in Streifen ablösend. Äste schlank, aufsteigend. Knospen und Blätter gegenständig. Knospen dunkelbraun, glänzend. Blätter etwa 8 × 7 cm, oval-rundlich, stumpf, am Grunde herzförmig, mit schmalen, rundlichen Zähnen, anfangs rosa-grünlich, später grün, im Herbst purpurrot. Blüten blattachselständig, männliche Blüten mit zahlreichen roten Staubblättern, vor den Blättern erscheinend; weibliche Blüten mit zahlreichen roten Griffeln. Früchte in Büscheln. Blütezeit IV. Ursprünglich nur in Japan, jedoch zunehmend als Park- und Zierbaum gepflanzt.

Embothrium coccineum: **a** Wuchsform **b** blühender Zweig
Phytolacca dioica: **c** belaubter Zweig mit Fruchtstand
Cercidiphyllum japonicum: **d** Wuchsform **e** Blätter **f** Früchte

a
b
c
d
e
f

Fam. Magnoliaceae – Magnoliengewächse

Tulpenbaum *Liriodendron tulipifera* L.
Stattlicher, sommergrüner Baum bis etwa 45 m Höhe mit schlanker, fast säulenförmiger, hochgezogener Krone, die bei alten Exemplaren auch recht breit werden kann. Äste am Grunde sehr massiv. Rinde grau, später braun oder braunorange, mit einem Netzwerk flacher Leisten überspannt. Knospen etwa 1 cm lang, oberhalb der Mitte am breitesten. Blätter 7–18 × 15–20 cm mit 4 großen Lappen, vorne gerade oder ausgerandet, oberseits glänzend dunkelgrün, unterseits etwas wachsig, untere Lappen fast rechtwinklig, obere mehr dreieckig. Blattstiel 5–10 cm lang. Blüten an den Zweigspitzen, anfangs becherförmig, später weit geöffnet; kronblattartige Blütenhülle gelblichgrün mit einem orangefarbenen Fleck am Grunde; Staubblätter bis 5 cm lang, fleischig, gelblich-weiß, aufrecht. Fruchtknoten zahlreich in einem zentralen Kegel zusammenstehend. Ursprünglich im westlichen und südöstlichen Nordamerika. Seit dem 17. Jahrhundert in Europa als Zier- und Parkbaum gepflanzt. Eine verwandte Art, der **Chinesische Tulpenbaum *(Liriodendron chinense)*** wird weniger häufig verwendet.

Immergrüne Magnolie *Magnolia grandiflora* L.
Immergrüner Baum bis 30 m Höhe mit mächtiger, oft sehr weit ausladender Krone und massiven Ästen. Rinde grau, glatt. Junge Triebe dicht rötlichbraun, samtig. Knospen etwa 1,5 cm lang. Blätter 8–16 × 5–9 cm, elliptisch, oberhalb der Mitte am breitesten, am Rande glatt bis sehr flach gewellt, dick und lederig, unterseits rostbraun flaumhaarig. Blattstiel 2–2,5 cm lang. Blüten an den Zweigspitzen, bis 25 cm breit mit 6 dicken, cremeweißen kronblattähnlichen Hüllblättern und mehreren kelchblattähnlichen Hüllblättern. Frucht zapfenförmig, 5–6 × 2–3 cm, mit zahlreichen Blattspuren am Stiel. Blütezeit VII–XI. Ursprünglich nur in den südöstlichen USA, jedoch schon um 1730 nach Europa eingeführt und häufig als Zierbaum gepflanzt, besonders im Mittelmeerraum. Von den 35 *Magnolia*-Arten werden viele weitere Arten als Zierbäume verwendet.

Fam. Winteraceae – Winterrindengewächse

Winterrinde *Drimys winteri* FORST.
Kleiner immergrüner Strauch oder Baum aus Südamerika, der in Irland, Cornwall und im Mittelmeergebiet als Ziergehölz anzutreffen ist.

Liriodendron tulipifera: **a** Wuchsform **b** blühender Zweig
Magnolia grandiflora: **c** Wuchsform **d** blühender Zweig
Drimys winteri: **e** blühende Zweigspitze

b
a
e
c
d

Fam. Lauraceae – Lorbeergewächse

Lorbeer *Laurus nobilis* L.
Immergrüner Strauch oder Baum bis 20 m Höhe mit breit kegelförmiger Krone. Rinde meist glatt, dunkelgrau bis schwärzlich. Äste aufsteigend. Zweige schlank, kahl, an den Spitzen rötlich, unten bräunlich. Knospen 3 mm lang, schmal, spitz, dunkelrot. Blätter 5–10 × 2–4 cm, wechselständig, schmal-lanzettlich, lederig, oberseits dunkelgrün, unterseits heller, am Rande gekerbt, kahl. Ganze Pflanze, vor allem die Blätter, mit Drüsen besetzt und von aromatischem Duft. Zweihäusig. Männliche Blüten mit 8–12 Staubblättern, büschelig in den Blattachseln. Weibliche Blüten mit 1 Griffel und 2–4 Staminodien. Beere 1–1,5 cm lang, länglich, schwarz. Blütezeit VI. Im Mittelmeergebiet heimisch und wichtiges Element der Hartlaubvegetation. Vielfach auch kultiviert oder als kleiner Zierbaum in Töpfen und Kübeln gezogen.

Avocado *Persea americana* MILLER
Immergrüner kleiner Baum bis 9 m Höhe, seltener noch höher, mit rundlicher, elliptischer Krone. An allen Teilen mit Duftdrüsen besetzt. Blätter 10–20 cm lang, eiförmig-elliptisch, vorne mit rundlicher oder kurzer Spitze, lederig, unbehaart, oberseits dunkelgrün, unterseits bläulich-grün, ganzrandig, fiedernervig. Blütenstand traubig; jede Blüte etwa 2 cm breit, grünlich-weiß, grau-flaumhaarig, mit 6teiliger Blütenhülle. Staubbeutel öffnen sich mit 4 Klappen. Frucht ist eine Beere, etwa 10 cm lang, birnenförmig, länglich oder kugelig, mit dicker, warziger Haut, farblich zwischen grün, gelb, braun oder purpurn; das weiche Fruchtfleisch ist grünlich, zur Reifezeit leicht gelblich. Einzelner Same sehr groß, weiß, glatt. Ursprungsgebiet unbekannt, vermutlich jedoch aus Mittelamerika stammend. Als Nutzpflanze in vielen Teilen der Welt, auch im Mittelmeergebiet kultiviert.

Laurus nobilis: **a** Wuchsform **b** Zweig mit männlichen Blüten **c** männliche Blüte **d** weibliche Blüten **e** Frucht
Persea americana: **f** Wuchsform **g** blühender Zweig **h** Blüte **i** Frucht

b
a
c
e
d
h
g
f
i

Fam. Hamamelidaceae – Zaubernußgewächse

Orientalischer Amberbaum *Liquidambar orientalis* MILLER
Kleiner sommergrüner Baum bis etwa 8 m Höhe mit dichter Krone. Äste zahlreich, abstehend. Rinde dunkel orangebraun, zerrissen und in kleinen Schuppen ablösend. Junge Triebe ziemlich schlank, rotbraun auf der Oberseite, grünlich unterseits, unbehaart. Knospen eiförmig mit 6 äußeren Schuppen, rotbraun, glänzend. Blätter 4–6 cm breit, wechselständig, meist 5lappig; Lappen eiförmig, fein drüsig, am Rande grob gezähnt, Blattstiel 3–5 cm lang. Männliche Blüten in 5–7,5 cm langen Kätzchen, bestehen nur aus einem Staubblatt; weibliche Blüten in grünlichen bis gelblichen kugeligen Köpfen, nur aus einem doppelt geschnäbelten Fruchtknoten bestehend, der in der Achsel eines kleinen Tragblattes steht. Fruchtstand etwa 2,5 cm breit. Blütezeit V. Ursprünglich in Kleinasien. Früher wegen des duftenden Harzes der inneren Rinde vielfach angebaut.

Amberbaum *Liquidambar styraciflua* L.
Großer Baum bis 28 m Höhe. Zweige anfangs samtig. Blätter bis 15 cm, unterseits auf den Blattnerven samthaarig. In den östlichen und südöstlichen USA beheimatet und in Nordwesteuropa häufig als Zier- und Parkbaum gepflanzt.

***Hamamelis* – Zaubernuß**
Kleine laubwerfende Bäume oder Sträucher mit abstehenden Ästen. Blätter wechselständig, oval, gezähnt. Blüten meist vor dem Blattaustrieb. Kelch aus 4 rundlichen Kelchblättern; Kronblätter sehr lang, schmal, gelb. Kapselfrucht, explodiert bei der Reife. Gewöhnlich werden 4 Arten angepflanzt: **Chinesische Zaubernuß *(Hamamelis mollis),*** die **Japanische Zaubernuß *(Hamamelis japonica),*** ihr Bastard ***(Hamamelis* × *intermedia)*** und die im Herbst blühende **Virginische Zaubernuß *(Hamamelis virginiana).***

Parrotie *Parrotia persica* C. A. MEYER
Kleiner sommergrüner Baum von 9–12 m Höhe mit breiter, kugeliger Krone und kurzem Stamm. Rinde grau bis graubraun, mit gelblichen Flecken unter den abschuppenden Teilen. Zweige anfangs sternhaarig. Blätter 5–25 × 2,5–7,5 cm, eiförmig-länglich, an der Spitze rundlich, am Grunde keilförmig verschmälert, ungleich gezähnt oder gekerbt. Blüten büschelig, vor dem Laubaustrieb erscheinend. Blütezeit II–III. Im Kaukasus und in Nordpersien heimisch. Gelegentlich als Ziergehölz in Parks und Gärten.

Liquidambar orientalis: **a** Wuchsform **b** Zweig mit männlichen und weiblichen Blütenständen **c** fruchtender Zweig
Hamamelis mollis: **d** Blatt **e** blühender Zweig **f** Frucht
Parrotia persica: **g** Wuchsform **h** Blätter **i** Blüten **j** Frucht

a
b
c
d
e
f
g
h
i
j

Fam. Pittosporaceae – Klebsamengewächse

Schmalblättriger Klebsame *Pittosporum tenuifolium* SOL.
Kleiner Baum bis etwa 10 m Höhe, manchmal mit sehr dickem Stamm. Rinde dunkelgrau. Zweige und junge Blätter flaumhaarig. Blätter 1–7 × 0,5–2 cm, ganzrandig, länglich bis länglich-eiförmig, stumpf oder abgerundet, vorne verschmälert, dünnlederig, wellig, oberseits blaßgrün, unterseits hellgrün. Blüten von angenehmem Duft, einzeln auf kurzen Stielchen oder in Rispen. Kronblätter dunkelrot bis purpurn oder fast schwarz, etwa 1,2 cm lang. Kapselfrucht. Blütezeit V. Ursprünglich in Neuseeland. In England und Irland häufig als Ziergehölz in Parks und Gärten angepflanzt.

Dickblättriger Klebsame *Pittosporum crassifolium* PUTT.
Immergrüner, aufrechter Strauch oder kleiner Baum bis etwa 10 m Höhe. Rinde schwarz. Krone sehr dicht und buschig. Blätter 5–8 × 2–3 cm, verkehrteiförmig, stumpf, oberseits dunkelgrün, unterseits weißfilzig, sehr lederigzäh. Blüten zu mehreren in Blütenständen; Kronblätter dunkelrot bis purpurrot-schwärzlich. Kapselfrucht 2–3 cm lang, mit 3–4 holzigen Klappen. Ursprünglich nur in Neuseeland. Vor allem in Südengland häufig kultiviert und stellenweise verwildert.

Welliger Klebsame *Pittosporum undulatum* VENT.
Baum bis etwa 20 m Höhe mit breit-kegelförmiger Krone. Äste strahlig abgehend und nur an den Enden etwas überhängend. Rinde grau. Blätter kahl, 7–13 × 2–6 cm, länglich-lanzettlich, zugespitzt, am Grunde keilförmig verschmälert, immergrün, oberseits glänzend dunkelgrün. Blüten mit angenehmem Duft, in wenigblütigen Rispen; Kronblätter weiß, lanzettlich, zugespitzt. Kapselfrucht 1–1,2 cm lang, zur Reifezeit orangegelb. Blütezeit V–VI. Ursprünglich im südöstlichen Australien. In Süd- und Westeuropa ziemlich häufig in Gärten oder Parks als Ziergehölz gepflanzt. Stellenweise sogar eingebürgert.

Pechsame *Pittosporum tobira* (THUNB.) AITON
Aromatisch riechender Strauch bis etwa 3 m Höhe. Blätter länglich, verkehrteiförmig, kurzgestielt, ganzrandig, lederig, dunkelgrün, oberseits etwas glänzend, Blüten in endständigen Doldentrauben, intensiv nach Zitronen duftend. Ursprünglich nur in China und Japan. Im Mittelmeergebiet häufig als Zierpflanze verwendet. Blütezeit III.

Pittosporum tenuifolium: **a** Wuchsform **b** blühender Zweig **c** unreife Frucht **d** reife Frucht
Pittosporum crassifolium: **e** blühender Zweig
Pittosporum undulatum: **f** Wuchsform **g** blühender Zweig **h** Frucht
Pittosporum tobira: **i** blühender Zweig

a
b
c
d
e
f
g
h
i

Fam. Platanaceae – Platanengewächse

***Platanus* – Platane**
Große, sehr langlebige, sommergrüne Bäume. Rinde schuppt großflächig ab. Blätter wechselständig, mit dickem Blattstiel. Blüten eingeschlechtig in Kätzchen oder in kugeligen Köpfen.

Morgenländische Platane *Platanus orientalis* L.
Baum bis etwa 30 m Höhe mit breiter, kugelig gewölbter Krone. Untere Äste meist hängend, mit bodenaufliegenden Zweigen. Stamm oft mit dicken Maserknollen. Rinde ziemlich glatt, blättert in großen Platten ab, die hellgelbe Flecken zurücklassen. Junge Triebe gelbbraun, behaart, später dunkler. Blätter bis 18×18 cm, mit 5–7 Lappen handförmig geteilt, gelblich-grün; jeder Lappen mit langen, spitz zulaufenden Zähnen, mittlerer Lappen länger als die übrigen. Blattstiel am Grunde verdickt. Männlicher Blütenstand 5–6 cm lang mit 2–6 flachkugeligen Blütenköpfen, weibliche Kätzchen 6–8 cm lang, mit 2–7 Blütenköpfen, fruchtend bis 15 cm lang. Blütezeit IV–VI. Heimat: Balkanhalbinsel und Türkei. Häufig als Zier- und Parkbaum verwendet.

Gemeine Platane, Bastard-Platane *Platanus hybrida* BROT.
Stattlicher Baum bis 35 m Höhe mit mehrfach gewölbter, oft sehr breiter Krone. Rinde dunkelgrau oder braun, mit großen Platten abschilfernd und darunter hellgelb. Junge Zweige grün mit weißlichen Haaren. Ältere Zweige orangefarben, zuletzt dunkelgrau oder braun. Blätter bis 20×24 cm, meist 5lappig, von rundlichem Umriß, aber sehr variabel, glatt und glänzend grün auf der Oberseite, nur auf den Blattnerven behaart, unterseits blasser; Blattspreite höchstens zu $1/3$ eingeschnitten, Lappen dreieckig, mit wenigen, vorwärts weisenden Zähnen. Kätzchen 2–8 cm lang; männliche Blüten in 2–6 gelblichen Blütenköpfen; weibliche Blüten in 1–2 karminroten Köpfen. Fruchtköpfe braun. Blütezeit V. An fast allen Standorten sehr raschwüchsig. Ursprung umstritten: entweder Bastard aus der **Morgenländischen Platane** und der **Westlichen Platane *(Platanus occidentalis)*** oder eine Kulturvarietät von ***P. orientalis.*** Sehr häufig als Straßenbaum verwendet, jedoch oft stark zurückgeschnitten.

Platanus orientalis: **a** Wuchsform **b** Rinde **c** Blatt **d** Fruchtstände
Platanus hybrida: **e** Wuchsform **f** Rinde **g** Blatt **h** männliches Kätzchen **i** weibliche Kätzchen

a
c
b
d
g
h
i
f
e

Fam. Rosaceae – Rosengewächse

Sehr umfangreiche Pflanzenfamilie mit annähernd 3000 Arten. Kräuter, Sträucher und Bäume.

Echte Quitte *Cydonia oblonga* MILLER
Kleiner Baum bis etwa 7,5 m Höhe mit breiter, ausladender Krone auf kurzem Stamm. Junge Zweige anfangs wollhaarig. Blätter 5–10 cm lang, ganzrandig, unten hellgelb. Junge Zweige grün mit weißlichen Haaren. Ältere Zweige orangefarben, zuletzt dunkelgrau oder braun. Blätter bis 20 × 24 cm, meist rosa-weißlich, wesentlich länger als die Kelchblätter; Staubblätter zu 15–25; Fruchtknoten mit 5 freien Griffeln. Quitte 2,5–3,5 cm lang, birnenförmig, anfangs grünlich, zur Reifezeit hellgelb. Blütezeit V. Ursprünglich in Asien. Auch im Mittelmeergebiet als Wildpflanze weit verbreitet. Kulturpflanzen haben wesentlich größere (bis 12 cm lange) Früchte.

***Pyrus* – Birne**
Laubwerfende, kleinere Bäume oder Sträucher, meist mit dornigen Zweigen. Blätter wechselständig, ungeteilt oder gelappt, gezähnt oder ganzrandig. Nebenblätter fallen frühzeitig ab. Blüten zu mehreren in Doldentrauben. Krone deutlich größer als der Kelch, weiß oder leicht rosa. In jeder Blüte etwa 15–30 Staubblätter, diese dunkelrot oder purpurn. Fruchtknoten mit 2–5 freien Griffeln. Apfelfrucht. Fruchtfleisch häufig mit Steinzellnestern. Blütezeit meist IV–V.

Weidenblättrige Birne *Pyrus salicifolia* PALLAS
Baum bis etwa 10 m Höhe mit schmaler, hochgewölbter Krone. Äste abstehend mit hängenden Zweigen. Jüngere Zweige auffällig wollig behaart. Blätter 3,5–9 cm lang, schmal-lanzettlich, scharf zugespitzt, ganzrandig, anfangs beidseits silbrig-weiß, später oberseits glänzend grün. Blattstiel um 1 cm lang. Blüten bis 2 cm breit, meist mit dem Laubaustrieb entwickelt. Kelchblätter bleibend; Kronblätter manchmal vorne ausgerandet. Frucht 2,5–3 cm lang, birnenförmig, zylindrisch oder kugelig. Ursprünglich nur im Kaukasus, in Persien und in Sibirien. In Mitteleuropa gelegentlich als Ziergehölz gepflanzt.

Cydonia oblonga: **a** Wuchsform **b** blühender Zweig **c** reife Frucht
Pyrus salicifolia: **d** Wuchsform **e** Blüte **f** blühender Zweig **g** fruchtender Zweig

b
a
c
f
e
g

Herz-Birne *Pyrus cordata* DESF.
Kleiner, schlanker Baum oder Strauch bis etwa 8 m Höhe. Zweige meist abstehend und waagerecht ausgebreitet, gewöhnlich dornig. Zweige purpurn, ziemlich kahl. Blätter 2,5–5,5 cm lang, oval bis herzförmig, gezähnt, anfangs dicht behaart; Blattstiel bis 2,5 cm lang. Blüten öffnen sich mit der Laubentfaltung. Kelch fällt ab, Kelchblätter 2–3 × 1–1,5 mm; Kronblätter 6–8 × 5–7 mm, weiß. Frucht 0,8–1,8 cm lang, ungefähr birnenförmig, zur Reifezeit rotglänzend, mit braunen Korkwarzen bedeckt, an dünnem Stiel. Nicht allzu häufig. Wildwachsend in Gebüschen und Hecken in Westeuropa von Irland bis Portugal.

Holz-Birne *Pyrus pyraster* BURGSD.
Baum zwischen 8 und 20 m Höhe mit rundlicher Krone. Äste abstehend oder aufsteigend, gewöhnlich dornig. Zweige kahl, graubraun. Blätter 2,5–7 cm lang, elliptisch bis rundlich, am Grunde manchmal herzförmig, gezähnt oder ganzrandig, am Grunde immer glatt. Blattstiel 2–7 cm lang. Blüten entfalten sich mit dem Laubaustrieb. Kelch bleibt, Kelchblätter 3–8 × 1–3,5 mm; Kronblätter 1–1,7 × 0,7–3 mm, rein weiß. Frucht 1,3–3,5 × 1,8–3,5 cm, krugförmig oder kugelig, gelblich-braun oder schwärzlich, reich mit Lentizellen bedeckt. Diese Art ist oft schwer zu bestimmen, da häufig verwilderte Kulturbirnen eingekreuzt sind. Wildpflanze der kultivierten Birnen. Vereinzelt in Gebüschen und lichten Wäldern, manchmal zur Wildäsung angepflanzt. In Mittel- und Westeuropa weit verbreitet. Auch im Mittelmeergebiet heimisch.

Iberische Birne *Pyrus bourgaeana* DECNE.
Kleiner Baum bis etwa 10 m Höhe. Untere Äste dornig. Zweige grau, etwas glänzend, kahl. Blätter 2–4 cm lang, oval, am Grunde mitunter herzförmig, gezähnt, anfangs behaart, unterseits später kahl und punktiert. Blüten erscheinen mit den Blättern. Kelch bleibt, Kelchblätter 5–7 × 2–2,5 mm, zugespitzt; Kronblätter 0,8–1 × 0,5–0,7 cm, weiß. Frucht 1,7–2,5 cm breit, krugförmig bis kugelig, kräftig gelb bis bräunlich, an dickem Stiel. Nicht allzu häufige Wildbirne, meist in der Nähe von Fließgewässern. Nur in Spanien und Portugal.

Pyrus cordata: **a** Wuchsform **b** blühender Zweig **c** fruchtender Zweig
Pyrus pyraster: **d** Wuchsform **e** blühender Zweig **f** fruchtender Zweig
Pyrus bourgaeana: **g** fruchtender Zweig

a
c
b
e
g
f
d

Kleinasiatische Birne *Pyrus elaeagnifolia* PALLAS
Kleiner Baum oder Strauch. Äste abstehend, häufig dornig. Zweige mit grauen Haaren besetzt. Blätter 3,5–8 cm lang, lanzettlich, an beiden Enden verschmälert, lang zugespitzt, an der Spitze gezähnt oder ganzrandig, dicht grauweißlich behaart, Blattstiel 1–1,5 cm lang. Blüten in fast sitzenden Doldentrauben, erscheinen mit den Blättern. Kelch bleibend, Kelchblätter 5 × 1,5 mm; Kronblätter 1 × 0,7 cm, weiß; Griffel dicht behaart. Frucht etwa 1,3 cm lang, birnenförmig bis kugelig, grün, an dickem Stiel. Nur an trockenen Standorten in Süd- und Südosteuropa. Vereinzelt.

Aurelische Birne *Pyrus salvifolia* DC.
Kleiner Baum bis etwa 10 m Höhe mit dicken Ästen. Äste und Zweige meist dornig. Zweige grau, anfangs behaart, später dunkelbraun bis schwarz und nur noch spärlich behaart. Blätter 4–7 cm lang, lanzettlich bis elliptisch, ganzrandig, oberseits verkahlend, unterseits grauwollig, Blattstiel 2–5 cm lang. Blüten erscheinen mit den Blättern. Kelch bleibt, Kelchblätter grün; Kronblätter rein weiß. Frucht 6–8 cm lang, birnenförmig oder krugförmig, anfangs wollig behaart, gelblich, von bitterem Geschmack. Die Selbständigkeit dieser Art ist umstritten. Einige Autoren nehmen an, daß sie aus der Hybridisierung von *Pyrus communis* und *Pyrus nivalis* hervorgegangen ist. Gelegentlich angebaut und in einigen Ländern Europas (Belgien, Frankreich, Österreich) verwildert.

Mandelblättrige Birne *Pyrus amygdalliformis* VILL.
Kleiner Baum oder dichter, buschiger Strauch bis etwa 6 m Höhe. Äste abstehend, manchmal dornig. Zweige dunkelgrün, anfangs leicht wollig behaart. Blätter 2,5–8 cm lang, variabel, aber meist lanzettlich bis verkehrt-eiförmig, seltener 3lappig, ganzrandig oder schwach gezähnt, anfangs samtig behaart, später kahl und auf der Unterseite punktiert. Blattstiel 2–5 cm lang. Blüten erscheinen kurz vor dem Laubaustrieb. Kelch bleibt, Kelchblätter 5–6 × 1,5 mm, weiß, behaart; Kronblätter 7–8 × 5–6 mm, meist ausgerandet, weiß. Frucht 1,5–3 cm breit, kugelig, gelblich-braun, an dickem Stiel, fast so lang wie die Frucht. An trockenen, felsigen Standorten im Mittelmeergebiet.

Pyrus elaeagnifolia: **a** Wuchsform **b** blühender Zweig **c** fruchtender Zweig
Pyrus salvifolia: **d** fruchtender Zweig
Pyrus amygdalliformis: **e** Wuchsform **f** blühender Zweig **g** fruchtender Zweig

b
a
c
d
f
e
g

Schnee-Birne *Pyrus nivalis* JAQU.
Baum von etwa 8–20 m Höhe. Äste aufsteigend und gewöhnlich ohne Dornen. Zweige kräftig, anfangs dicht wollig behaart, später kahl und dunkel gefärbt. Blätter 5–9 cm lang, verkehrt-eiförmig, ganzrandig oder schwach gezähnt (vor allem an der Spitze), oberseits nur spärlich behaart, unterseits dicht wollig. Blattstiel geflügelt, 1–2 cm lang. Blüten öffnen sich nach dem Laubaustrieb. Kelch bleibt; Kelchblätter 6–8×3–4 mm; Kronblätter 1,4–1,6 × 1,2–1,4 cm, weiß; Griffel an der Basis behaart. Frucht 3–5 cm lang, kugelig oder länglich, grünlich-gelb, mit zahlreichen dunklen Punkten, süß, eßbar. In trockenen, lichten Wäldern und an sonnigen Standorten in Südosteuropa.

Österreichische Birne *Pyrus austriaca* KERNER
Mittelgroßer Baum bis etwa 20 m Höhe. Äste kräftig, oft aufrecht, ohne Dornen. Zweige dick, schwarz, nur im jungen Zustand grauwollig behaart. Blätter 6–9 cm lang, lanzettlich, nur im vorderen Teil gezähnt, oberseits meist kahl, unterseits gelblich-grau behaart. Blüten erscheinen mit den Blättern. Kelch bleibt, Kelchblätter 5–7 × 3–4 mm; Kronblätter 1,2–1,5 × 1,1–1,3 cm, weiß. Griffel kahl. Frucht 2,5–5 cm lang, birnen- oder krugförmig, grünlich-braun zur Reifezeit, an schlankem Stiel. An offenen Standorten. In einigen Gebieten kultiviert und eingebürgert.

Kultur-Birne *Pyrus communis* L.
Baum bis etwa 20 m Höhe. Äste anfangs aufsteigend, später abstehend, mitunter dornig. Zweige rötlich-braun, anfangs behaart, später glänzend braunrot und glatt. Blätter 6–8 cm lang, variabel, aber meist oval bis elliptisch, fein gezähnt, glänzend grün, unterseits heller und punktiert, Blattstiel 2–5 cm lang. Blüten öffnen sich vor der vollständigen Blattentfaltung. Kelch bleibt, Kelchblätter 6–8 × 3–4 mm; Kronblätter 1,2–1,4 × 1–1,2 cm, weiß. Frucht 4–12 cm lang, braun, gelblich-braun oder grünlich. In vielen Kulturvarietäten angepflanzt. In der Hauptsache kommt *P. pyraster* als Stammart in Frage; zusätzlich sind aber auch viele weitere Wildbirnen am heutigen Sortenbild beteiligt. Manchmal auch verwildert. Ursprünglich wohl in Westasien.

Pyrus nivalis: **a** Wuchsform **b** blühender Zweig **c** fruchtender Zweig
Pyrus austriaca: **d** fruchtender Zweig
Pyrus communis: **e** Wuchsform **f** blühender Zweig **g** fruchtender Zweig.

a
b
c
d
e
f
g

***Malus* – Apfel**

Gattung mit etwa 25–30 Arten Bäume und Sträucher, hauptsächlich in der nördlichen gemäßigten Zone. Zahlreiche Kulturvarietäten und Hybriden, die schwer zu bestimmen sind. Von der Gattung *Pyrus* abgetrennt, weil die Griffel an der Basis verwachsen sind und nicht, wie bei der Birne, frei bleiben.

Griechischer Apfel *Malus florentina* (ZUCCAGNI) C. K. SCHNEIDER

Kleiner, dornenloser Baum bis 4 m Höhe. Blätter 3–6 cm lang, breit-oval oder eiförmig, keilförmig oder herzförmig am Grunde, unregelmäßig gekerbt, oberseits dunkelgrün, unterseits weißfilzig, Blattstiel 0,5–2 cm lang. Blüten 1,5–2 cm breit, weiß; Kelchblätter 3–4 mm lang, abfallend. Apfelfrucht 1 cm breit, elliptisch, rötlich, mit Steinzellnestern. In Nordgriechenland und Jugoslawien.

Holz-Apfel *Malus sylvestris* MILLER

Kleiner Baum oder Strauch, bis etwa 10 m hoch mit dornenlosen oder (häufiger) dornigen Ästen. Rinde braun und rissig, in kleine Schuppen aufbrechend. Blätter 3–11 × 2,5–5,5 cm, oval bis elliptisch oder annähernd kreisrund, am Grunde breit-keilförmig, an der Spitze verschmälert, gekerbt oder gesägt, meist nur spärlich behaart. Blattstiel 1,5–3 cm lang. Blüten weiß oder rosa überlaufen, 3–4 cm breit, Stiele und Kelchboden fast kahl. Früchte 2,5–3 cm breit, gelblich-grün bis leicht rötlich. Blütezeit V. In Europa weit verbreitet, häufiger jedoch nur in den südlicheren Gebirgen. Stammart des Kultur-Apfels.

Balkan-Apfel *Malus dasyphylla* BORKH.

Kleiner bis mittelgroßer Baum, nur spärlich dornig. Zweige anfangs filzig behaart, später kahl. Blätter 3,5–11 × 2,5–5 cm, elliptisch, gekerbt, an der Spitze verschmälert, unterseits filzig behaart; Blattstiel etwa 1,5 cm lang. Blüten weiß, bis 4 cm breit; Griffel kahl. Frucht etwa 4 cm breit, gelblich und manchmal einseitig rötlich, von saurem Geschmack. Blütezeit V. In feuchten Niederungswäldern des Donaubeckens und im nördlichen Balkan.

Dreilappiger Apfel *Malus trilobata* BORKH.

Baum oder Strauch mit aufsteigenden Ästen. Blätter sehr auffällig, im Aussehen denen des Feld-Ahorns ähnlich: tief 3lappig, oberseits glänzend grün. Blüten bis 3,5 cm breit. Nur in der Türkei und in Nordgriechenland.

Malus sylvestris: **a** Wuchsform **b** Blüten **c** belaubter Zweig mit Frucht
Malus dasyphylla: **d** Wuchsform **e** Blüten **f** belaubter Zweig mit Frucht

a
b
c
e
d
f

Kultur-Apfel *Malus domestica* BORKH.
Kleiner bis mittelgroßer Baum, etwa 10–15 m hoch. Blätter 4–13 × 3–7 cm, am Grunde meist rundlich, vorne leicht zugespitzt, gesägt, oberseits zerstreut kurzhaarig, unterseits dicht filzig behaart, Blüten weiß oder rosa überlaufen, filzig behaart am Kelch, am Stiel und an den Kelchblättern. Apfelfrucht groß, meist mehr als 5 cm breit, sortenabhängig gefärbt, meist wesentlich länger als der Stiel. Blütezeit V–VI. Vermutlich aus mehreren Wildformen entstanden, wobei neben dem einheimischen Holz-Apfel auch noch eine Reihe asiatischer Arten (*Malus praecox, Malus dasyphylla* u. a.) beteiligt sind. Mehr als 1000 Kulturvarietäten sind bekannt. Der Anbau bestimmter Apfelsorten ist gewissen modischen Geschmackswellen unterworfen. Kulturäpfel können verwildern und die typischen Sortenmerkmale rasch verlieren.

Außer den eßbaren Apfel-Sorten werden einige Arten und Hybriden auch wegen ihres Blütenschmucks in Parks und Gärten angepflanzt. Dazu gehören neben den ostasiatischen Arten wie **Tee-Apfel *(Malus hupehensis),* Beeren-Apfel *(Malus baccata)*** oder **Halls Apfel *(Malus halliana)*** auch:

Japanischer Apfel *Malus floribunda* SIEBOLD
Niedriger, recht breitkroniger Baum oder Strauch. Knospen rot. Blüten öffnen sich zwischen den schon entfalteten Blättern. Ungewöhnlich reichblütig. Blüten anfangs rötlich, dann rosa, zuletzt weißlich. Äpfel bis 1 cm breit, an 2–4 cm langen Stielen, gelblich. In vielen Parks und Gärten angepflanzt.

Malus domestica: **a** Wuchsform **b** belaubter Zweig **c** Blüte **d** einige Apfelfrüchte: Bramley (hinten), James Grieve (vorne links), Cox Orange (rechts)
Malus floribunda: **e** Wuchsform **f** Blüten **g** Apfelfrüchte

a
c
b
d
f
e
g

Sorbus – Vogelbeere, Eberesche, Mehlbeere, Elsbeere
Laubwerfende, sommergrüne Bäume. Blätter ungeteilt, gelappt oder gefiedert. Blüten in Schirmrispen, meist weiß, mit 15–25 Staubblättern und 2–5 Fruchtblättern. Obwohl einige Arten wie *S. domestica, S. torminalis* und *S. aria* normale Samen entwickeln, vermehren sich einige Formen apomiktisch und bilden Samen ohne Befruchtung aus. *S. aria* und *S. torminalis* bilden häufig Bastarde. Daher können *Sorbus*-Formen mitunter schwer zu bestimmen sein und mit ihren Merkmalen von den hier beschriebenen Arteigenheiten stärker abweichen.

Speierling _Sorbus domestica_ L.
Mittelgroßer Baum bis etwa 20 m Höhe mit gewölbter, hochgezogener Krone. Rinde mit vielen kleinen Furchen und Rissen, zum Teil abschuppend, orangebraun bis bräunlich. Äste abstehend oder ausgebreitet. Junge Zweige grün, seidig behaart, später kahl. Knospen um 1 cm lang, eiförmig, glänzend grün. Blätter unpaarig gefiedert; Fiederblättchen in 6–10 Paaren, jedes 3–6 cm lang, länglich-oval, scharf doppelt gezähnt, im rückwärtigen Drittel ganzrandig. Blüten 1,5–1,8 cm breit, weiß oder cremefarben. Apfelfrucht 2–3 cm lang, ei- bis birnenförmig, grünlich oder bräunlich-rot, im Fruchtfleisch mit Steinzellnestern. Vor allem in Südeuropa und Nordafrika beheimatet, in Deutschland bis zum Mittelrheingebiet. In vielen Gegenden wegen der Früchte gepflanzt und stellenweise eingebürgert.

Vilmorins Eberesche _Sorbus vilmorinii_ C. K. SCHNEIDER
Blätter dunkelgrün, unpaarig gefiedert, mit 9–12 Paar Fiederblättchen. Apfelfrüchte zunächst rosa, später weißlich. Ursprünglich in China. Gelegentlich in großen Gärten gepflanzt.

Japanische Eberesche _Sorbus commixta_ HEDL.
Blätter unpaarig gefiedert, mit 6–7 Paar Fiederblättchen, oberseits glänzend dunkelgrün, unterseits bläulich-grün, im Herbst nach Dunkelpurpurn umfärbend. Blütezeit V. Apfelfrüchte rötlich-orange. Gelegentlich als Straßenbaum gepflanzt, sonst nur in Parks und Gärten.

Sorbus domestica: **a** Wuchsform **b** Blütenstand **c** Blatt **d** Früchte
Sorbus vilmorinii: **e** fruchtender Zweig
Sorbus commixta: **f** Blatt **g** Früchte

a
b
c
d
e
f
g

Eberesche, Vogelbeere *Sorbus aucuparia* L.
Kleiner bis mittelgroßer Baum, etwa 15–20 m hoch mit ovaler bis rundlicher Krone. Rinde glatt oder fein rissig, grau oder silbrig. Äste aufsteigend. Zweige grau oder purpurn, anfangs behaart, später glatt. Knospen etwa 1,7 cm lang, schmal-eiförmig, an der Spitze gebogen, dunkelpurpurn, grau behaart, anliegend. Blätter unpaarig gefiedert, Fiederblättchen in 5–8 Paaren, länglich, scharf gezähnt, anfangs behaart, später glatt, oberseits frisch grün, unterseits heller; Spindel im Querschnitt rund, zwischen den Fiederblättchen rinnig. Blüten 0,8–1 cm breit, cremeweiß, aufrecht oder nickend. Apfelfrüchte 6–9 mm breit, kugelig bis länglich, zur Reife hellrot. Weit verbreitet, von der Ebene bis in höhere Lagen. Häufig als Zier- oder Straßenbaum gepflanzt.

Chinesische Eberesche *Sorbus hupehensis* C. K. SCHNEIDER
Kleiner Baum bis etwa 14 m Höhe. Zweige anfangs behaart, später kahl. Knospen um 1 cm lang, spitz, dunkelrot. Blätter hängend, unpaarig gefiedert; Fiederblättchen in 5–6 Paaren, jedes ungefähr 3,5–7 cm lang, in der vorderen Hälfte scharf gesägt, mit rötlicher Spindel. Blüten etwa 0,8 cm breit, weiß. Frucht 6 mm breit, kugelig-länglich, weiß oder rosa überlaufen. Blütezeit V. Ursprünglich nur im westlichen China. Nur selten als Ziergehölz gepflanzt. In England und Irland häufiger.

Sargents Eberesche *Sorbus sargentiana* KOEHNE
Buschiger Baum bis etwa 10 m Höhe mit kräftigen, dicken Zweigen. Zweige bräunlich bis dunkelbraun. Knospen bis 1,5 cm lang, eiförmig, dunkelrot, glänzend, harzig. Blätter unpaarig gefiedert, Fiederblättchen in 4–5 Paaren, bis etwa 5 cm lang, länglich-lanzettlich, in der vorderen Hälfte scharf gesägt, unterseits weichhaarig. Blüten etwa 6 mm breit, weiß. Früchte 6 mm breit, sehr zahlreich, hellrot. Blütezeit VI. Ursprünglich nur im westlichen China. Wegen des prächtigen Herbstlaubes gelegentlich angepflanzt. Park- und Gartenexemplare meist hochstämmig auf der **Gemeinen Eberesche** *(S. aucuparia)* veredelt.

Sorbus aucuparia: **a** Wuchsform **b** Blüten **c** Blatt **d** Früchte
Sorbus hupehensis: **e** Blatt **f** Früchte
Sorbus sargentiana: **g** Blatt **h** Früchte

a
b
c
d
e
f
g
h

Elsbeere *Sorbus torminalis* (L.) CRANTZ
Mittelgroßer Baum mit breiter oder gewölbter Krone, etwa 25 m hoch. Rinde fein rissig gefeldert, braun oder grau. Zweige glänzend braun. Knospen etwa 5 mm lang, kugelig, glänzend grün. Blätter einfach, 5–10 cm lang, mit 3–5 Paar dreieckig-länglicher Lappen, die mit ihren gesägten Spitzen nach vorne weisen, oberseits dunkelgrün, unterseits anfangs behaart, später ganz kahl. Blattstiel gelblich, im Herbst rot. Blüten 1–1,5 cm breit, weiß. Früchte 1,2–1,8 cm breit, kugelig, bräunlich, mit zahlreichen Korkwarzen gepunktet. Blütezeit V–VI, Fruchtreife IX. In weiten Teilen Europas verbreitet. Nur selten auch als Zierbaum verwendet.

Mehlbeere *Sorbus aria* (L.) CRANTZ
Mittelgroßer Baum, bis etwa 25 m hoch, manchmal auch strauchig, mit breiter oder gewölbter Krone. Rinde glatt, manchmal fein rissig, grau. Zweige auseinanderstrebend, oberseits braun, unterseits grünlich, anfangs behaart. Knospen 2 cm lang, eiförmig, grün, an der Spitze behaart. Blätter einfach, 5–12 cm lang, länglich-oval, am Grunde rundlich, randlich gelappt bis doppelt gezähnt, Zähne nach vorne weisend, mit 10–14 Paar Seitennerven, dicht behaart, oberseits später verkahlend, unterseits weißlich-filzig. Blüten 1,5 cm breit, weiß. Früchte 0,8–1,5 cm lang, eiförmig, hellrot, mit zahlreichen kleinen Lentizellen. Blütezeit V–VI, Fruchtreife IX. In ganz Europa heimisch. Oft als Straßenbaum oder in Parks verwendet.

Griechische Mehlbeere *Sorbus graeca* (SPACH) HEDL.
Kleiner Baum oder Strauch. Blätter einfach, 5–9 cm lang, länglich-rundlich, oberhalb der Mitte am breitesten, nicht gelappt, aber scharf gesägt bis doppelt gezähnt mit gleichmäßigen, nach vorne weisenden Zähnen, Seitennerven in 9–11 Paaren, ziemlich dick und lederig, unterseits weißwollig. Früchte bis 1,2 cm breit, annähernd kugelig. Häufig mit ähnlich aussehenden Arten verwechselt. In Südosteuropa und auf dem Balkan verbreitet.

Felsen-Mehlbeere *Sorbus rupicola* (SYME) HEDL.
Kleiner Baum oder Strauch, der vorigen Art ähnlich. Blätter 8–14 cm lang, nicht gelappt, mit scharfen, ungleichen Zähnen und 7–9 Paar Seitennerven. Blütezeit V–VI. In England, Irland, Schweden und Norwegen verbreitet.

Sorbus torminalis: **a** Wuchsform **b** blühender Zweig **c** Früchte
Sorbus aria: **d** Wuchsform **e** blühender Zweig **f** Früchte
Sorbus graeca: **g** Blatt **h** Früchte

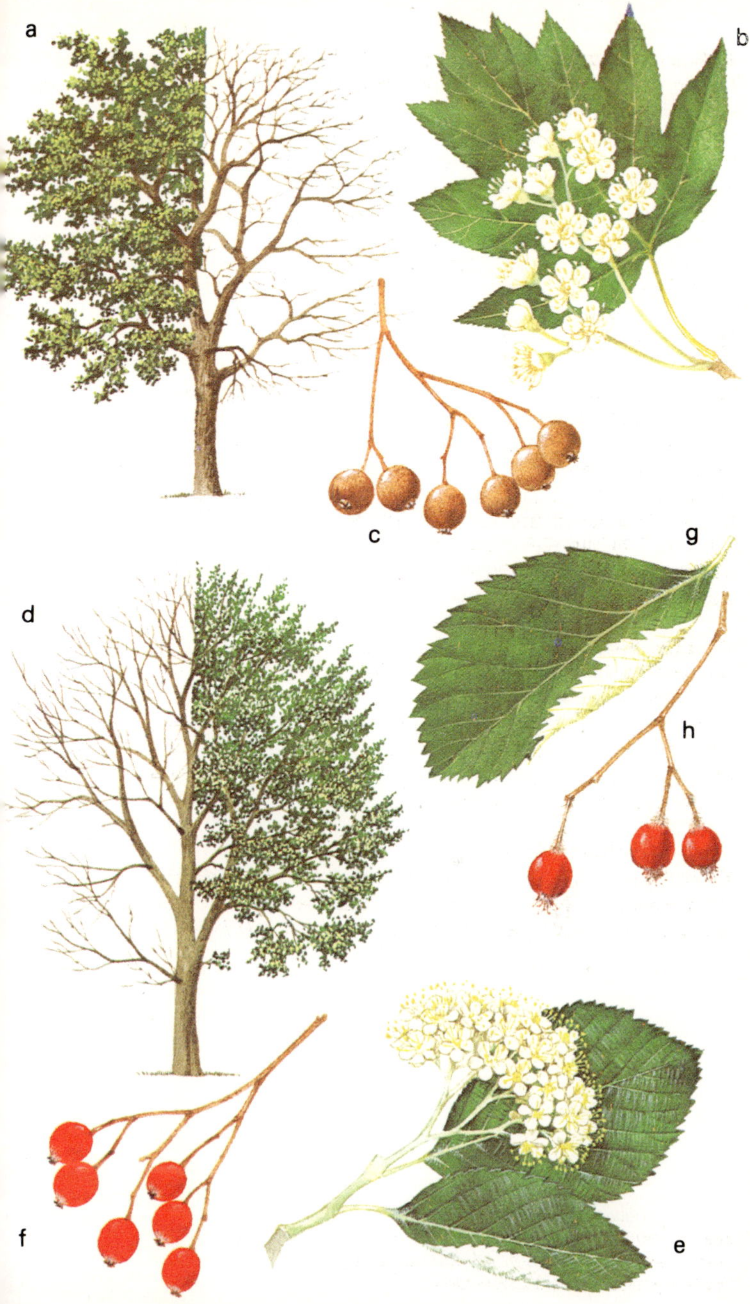
a
b
c
g
d
h
f
e

Balkan-Mehlbeere *Sorbus umbellata* (DESF.) FRITSCH
Kleiner Baum oder Strauch. Blätter 4–7 cm lang, einfach, rundlich oder oval, oberhalb der Mitte am breitesten, mit undeutlichen Lappen, aber groben Zähnen, Lappen am Grunde aber manchmal bis fast zur halben Blattmitte reichend, mit 4–7 Paar Seitennerven, unterseits dicht weißwollig. Blüten etwa 1,5 cm breit, weiß. Früchte 1,5 cm lang, kugelig, zur Reifezeit gelblich. In Gebüschen auf der Balkanhalbinsel.

Mougeot-Mehlbeere *Sorbus mougeotii* SOYER-WILLEMET & GODRON
Baum bis etwa 20 m Höhe, manchmal auch strauchförmig. Blätter 7–10 cm lang, einfach, oberhalb der Mitte am breitesten oder oval, oberseits glatt, weißlich oder grau, unterseits dicht wollig behaart. Blüten etwa 1 cm breit, weiß. Früchte etwa 1 cm lang, kugelig oder wenig länglich, rot. Blütezeit V–VI. Fruchtreife IX. In den Alpen und Pyrenäen beheimatet. Meist als Bastard aus *S. aucuparia* und *S. graeca* angesehen.

Österreichische Mehlbeere *Sorbus austriaca* (G. BECK) HEDL.
Kleiner Baum. Blätter 8–13 cm lang, einfach, breit-oval oder elliptisch, mit schmalen Lappen, die sich teilweise überlagern, mit 8–11 Paar Seitennerven, grau bis weißlich, unterseits behaart. Früchte bis 1,3 cm breit, kugelig, mit vielen punktförmigen Lentizellen. Baumart der Gebirgsregion. Vor allem in Österreich, in der Tschechoslowakei und in den Balkanländern verbreitet. Formenreich.

Schwedische Mehlbeere *Sorbus intermedia* (EHRH.) PERS.
Mittelgroßer Baum bis etwa 15 m Höhe. Stamm ziemlich kurz. Krone breit gewölbt. Rinde glatt, mit flachen und oft sehr breiten Furchen, grau. Zweige dicht behaart, später kahl. Knospen etwa 8 mm lang, eiförmig, grün oder rötlich-braun, grauhaarig. Blätter 0,8–1,2 cm lang, einfach, elliptisch, nur in der unteren Hälfte gelappt, Lappen etwa $^{1}/_{3}$ so breit wie die Spreite, oberhalb der Mitte gezähnt, oberseits grün, unterseits gelblich wollig behaart. Blüten 1–2 cm breit. Früchte 1,2–1,5 cm lang, länglich-eiförmig, scharlachrot. Blütezeit V. Fruchtreife IX. Nordeuropäische Art. Vor allem in Skandinavien verbreitet. Häufig auch als Straßenbaum oder in Parks und Gärten verwendet.

Sorbus umbellata: **a** Blatt **b** Früchte
Sorbus mougeotii: **c** Blatt **d** Früchte
Sorbus austriaca: **e** Blatt **f** Früchte
Sorbus intermedia: **g** Wuchsform **h** blühender Zweig **i** Früchte

a
b
c
d
e
h
i
g

Breitblättrige Mehlbeere *Sorbus latifolia* (LAM.) PERS.
Mittelgroßer Baum bis etwa 18 m Höhe. Zweige rötlich-braun, anfangs behaart, später glatt und glänzend. Knospen um 8 mm lang, eiförmig, blaßbraun. Blätter 5–10 cm lang, einfach, breit-elliptisch, mit 7–9 Paar Seitennerven, dreieckig gelappt, Lappen im unteren Blattdrittel am größten, sonst doppelt gezähnt, oberseits später kahl, unterseits immer grau behaart. Blüten bis 2 cm breit, weiß. Früchte 1,2–1,5 cm breit, ziemlich kugelig, zur Reifezeit gelblich-braun, mit zahlreichen Lentizellen. Blütezeit V, Fruchtreife IX. Diese und einige weitere Formen vermehren sich apomiktisch (ohne Befruchtung) und sind aus einer Kreuzung von *Sorbus torminalis* und *S. aria* hervorgegangen. Vor allem in Westeuropa verbreitet und gelegentlich als Zierbaum gepflanzt.

Bastard-Mehlbeere *Sorbus hybrida* L.
Mittelgroßer Baum bis etwa 14 m Höhe mit dichter, ovaler Krone. Rinde leicht zerrissen und gefeldert, grau. Zweige rötlich, zu den Spitzen hin etwas dunkler. Knospen etwa 8 mm groß, mit wenigen Knospenschuppen, rötlich-braun. Blätter 7,5–10,5 cm lang, im unteren Teil gefiedert mit 1–4 (meist 2) Paar Fiederblättchen, im oberen Teil gelappt, untere Lappen noch bis fast zur Mittelrippe eingeschnitten, oberseits graugrün, unterseits dicht weiß-wollig, etwas lederig-derb. Blüten weiß, um 1 cm breit. Früchte 1–1,2 cm breit, kugelig, hellrot, mit Lentizellen. Blütezeit V. Fruchtreife IX. In Skandinavien und Finnland verbreitet. Seltener angepflanzt.

Norwegische Mehlbeere *Sorbus meinchii* (LINDEB.) HEDL.
Kleiner Baum, der vorigen Art recht ähnlich. Blätter mit 4–5 Paar freier, sitzender Fiederblättchen an der Basis, im oberen Teil breit gelappt, oberseits fast kahl, unterseits grauhaarig. Früchte bis 1,2 cm breit, ziemlich kugelig oder wenig länglich, rot. Bisher nur in Norwegen gefunden und sicher hybriden Ursprungs.

Sorbus latifolia: **a** Wuchsform **b** blühender Zweig **c** Früchte
Sorbus hybrida: **d** Wuchsform **e** Blatt **f** Früchte
Sorbus meinchii: **g** Blatt **h** Früchte

a
b
c
d
e
f
g
h

Japanische Mispel *Eriobotrya japonica* (THUNB.) LINDL.
Kleiner immergrüner Baum oder Strauch, bis etwa 10 m hoch. Zweige immer behaart. Blätter 10–25 cm lang, oberhalb der Mitte am breitesten oder länglich-elliptisch, spitz, mit dicken Blattnerven, oberseits glänzend dunkelgrün, unterseits dicht rötlich oder grau behaart, etwas lederig. Blütenstand als endständige Rispe. Blüten etwa 1 cm breit, duftend, Kronblätter oval bis rundlich, am Grunde verschmälert, weiß oder bräunlich behaart. Staubblätter zu 15–20, Griffel an der Basis verwachsen. Frucht elliptisch, 3–6 cm lang, fleischig, von angenehmem Geschmack. Ursprünglich nur in Ostasien. Im Mittelmeergebiet häufig als Obst- oder Zierbaum gepflanzt. Fruchtreife V.

***Amelanchier* – Felsenbirne**
Kleine Bäume oder Sträucher, unbedornt. Blätter wechselständig, Nebenblätter fallen frühzeitig ab. Blüten in endständigen Trauben, manchmal auch einzeln. Kelch bleibt an der Frucht. Kronblätter weiß oder rosa. Staubblätter zu 10–20, Fruchtblätter 5, verwachsen oder teilweise frei. Früchte kugelig, eßbar.

Gemeine Felsenbirne *Amelanchier ovalis* MEDICUS
Kleiner Strauch oder Baum bis etwa 4 m Höhe. Junge Zweige behaart. Blätter 2,5–5 cm lang, oval, grob gezähnt mit 3–5 Zähnen/cm, anfangs unterseits weiß behaart. Blütenstand traubig, aufrecht, mit 3–8 Blüten, Griffel frei. Frucht blauschwarz. In lichten Wäldern und an felsigen Standorten in Südeuropa. In Deutschland bis ins nördliche Mittelrheintal. Selten angepflanzt.

Ährige Felsenbirne *Amelanchier spicata* (LAM.) C. KOCH
Der vorigen Art sehr ähnlich, jedoch mit fein gezähnten Blättern, verwachsenen Griffeln und behaartem Fruchtknoten. Ursprünglich nur in Nordamerika. Häufig als Ziergehölz und stellenweise verwildert.

Großblütige Felsenbirne *Amelanchier grandiflora* REHD.
Kleiner Baum oder Strauch bis etwa 9 m Höhe. Junge Zweige behaart. Blätter 3–7 cm lang, elliptisch, fein gezähnt mit 6–12 Zähnen/cm, hellpurpurn und wollig behaart nur kurz nach der Entfaltung, später kahl. Trauben vielblütig, leicht behaart, mitunter hängend. Kronblätter 1,5–1,8 cm lang, schmal; Stielchen 2–2,2 cm lang. Früchte dunkelpurpurn. Ursprünglich in Nordamerika. Häufig in Gärten als Ziergehölz. In Westeuropa stellenweise verwildert.

Eriobotrya japonica: **a** Wuchsform **b** blühender Zweig **c** Früchte
Amelanchier ovalis: **d** junger, blühender Zweig **e** Blatt **f** Früchte
Amelanchier grandiflora: **g** Wuchsform **h** blühender Zweig **i** Blatt **j** Früchte

a
b
c
d
f
e
i
h
j
g

Kahle Felsenbirne *Amelanchier laevis* WEIG.
Kleiner bis mittelgroßer Baum, etwa 20 m hoch, ein- oder mehrstämmig. Junge Zweige fast kahl. Blätter bis 8 cm lang, oval, zugespitzt, fein gezähnt, anfangs kupferrot und kahl, später grün. Trauben vielblütig, hängend, kahl. Kronblätter 1–1,8 cm lang, sehr schmal; Blütenstiele 3–8 cm lang. Frucht bis 6 mm lang, purpurn bis schwärzlich. Ursprünglich wahrscheinlich in Nordamerika. Wegen des auffallenden Herbstlaubes häufig als Zier- und Parkbaum.

Kanadische Felsenbirne *Amelanchier canadensis* (L.) MEDICUS
Mit der vorigen Art häufig verwechselt, eher der Ährigen Felsenbirne ähnlich mit schmal-länglichen Blättern. Fruchtknoten unbehaart. Heimat östliches Nordamerika. Manchmal in Gärten gepflanzt.

Baum-Zwergmispel *Cotoneaster frigidus* WALL.
Kleinerer bis mittelgroßer Baum bis etwa 20 m Höhe. Stamm meist kurz, gelegentlich auch mehrstämmig. Äste bogig, bilden eine dichte Krone. Rinde anfangs glatt, blaß graubraun. Blätter 6–12 × 4–6 cm, halb-immergrün, elliptisch bis verkehrt-eiförmig, am Grunde keilförmig, oberseits dunkelgrün, unterseits dicht weißhaarig. Blütenstand rispig, sehr dicht und vielblütig, bis etwa 5 cm breit. Frucht ungefähr 5 mm breit, rundlich, mit hellrotem Fleisch. Ursprünglich im Himalaya-Gebiet. In großen Gärten und Parks gepflanzt. Aus dieser Gattung werden zahlreiche strauchförmige Arten als Ziergehölze verwendet, mit denen die Baum-Zwergmispel teilweise Hybriden bilden kann.

Deutsche Mispel *Mespilus germanica* L.
Kleiner Baum bis etwa 6 m Höhe mit lockerer Krone und graubrauner Rinde, die in längliche Platten zerspringt. Junge Zweige dicht weißhaarig. Blätter 5–15 cm lang, breit-lanzettlich bis verkehrt-eiförmig, ganzrandig oder sehr fein gezähnt, runzelig, mit versenkten Blattnerven, gelblich-grün und oberseits fast kahl. Blüten einzeln, 3–6 cm breit. Kelchblätter 1–1,6 cm lang, länger als die Kronblätter, zugespitzt. Kronblätter weiß. Staubblätter 30–40 mit roten Antheren. Frucht 2–3 cm lang, braun, kugelig bis krugförmig, an der Spitze abgeflacht, nach der Vollreife genießbar. Vor allem in den Mittelmeerländern heimisch, in Mittel- und Westeuropa häufiger gepflanzt und zum Teil eingebürgert.

Amelanchier laevis: **a** Wuchsform **b** blühender Zweig **c** Früchte **d** Herbstlaub
Cotoneaster frigidus: **e** Wuchsform **f** blühender Zweig **g** Früchte
Mespilus germanica: **h** Wuchsform **i** blühender Zweig **j** Frucht

a
b
c
d
e
f
g
h
i

Crataegus **– Weißdorn, Hagedorn**
Umfangreiche Gattung mit etwa 400 Arten auf der nördlichen Hemisphäre. Fast alle Arten entweder strauchig und baumförmig oder nur als Bäume. Oft als Zier- und Parkbäume verwendet.

Hahnensporn-Weißdorn *Crataegus crus-galli* L.
Kleinerer Baum bis etwa 10 m Höhe mit niedriger, breiter Krone auf ziemlich kurzem Stamm. Rinde grau oder braun, nur an jungen Bäumen glatt, fein zerrissen und in kleine Schuppen aufgelöst. Zweige kahl, purpurbraun, mit zahlreichen Dornen, diese 7–10 cm lang. Blätter 5–8 × 2–3 cm, meist 3mal so lang wie breit, oberhalb der Mitte am breitesten, an der Spitze gerundet, scharf gezähnt, glänzend dunkelgrün auf der Oberseite, unterseits heller, im Herbst schön orangebraun. Blütenstand als Schirmrispe, locker, wenigblütig, mit weißen, bis 1,5 cm breiten Blüten. Blütezeit V, Fruchtreife X. Früchte verbleiben über den Winter an den Ästen. Ursprünglich in Nordostamerika, häufig als Straßen- oder Parkbaum gepflanzt. Zwei Hybriden mit anderen nordamerikanischen Arten, und zwar *Crataegus × lavallei,* mit behaarten Trieben und schmalen Blättern, sowie *Crataegus × prunifolia,* mit kurzen Dornen (1,5–2 cm), breiten Blättern und zottig behaarten Blütenständen, werden ebenfalls häufig gepflanzt.

Zweigriffeliger Weißdorn *Crataegus laevigata* (POIRET) DC.
Großer Strauch oder kleiner Baum, bis etwa 10 m Höhe. Rinde in rechteckige Platten aufgelöst, an der Oberfläche grau, darunter rostbraun. Axillare Dornen bis 1,1 cm lang. Blätter 1,5–6 cm lang, etwa ³/₄ so breit wie lang, mit 3–5 schmalen Lappen oder mehr oder weniger ganzrandig, Buchten bis zur Spreitenmitte reichend, Lappen rundlich, bis zum Grunde gezähnt, oberseits glänzend dunkelgrün, unterseits heller. Blütenstände wenigblütig, flachausgebreitet. Blüten 1,5–2,4 cm breit, meist weiß, mit 2–3 Griffeln. Apfelfrüchte 0,6–1,3 cm lang, kugelig, dunkelrot. Blütezeit V. Fruchtreife VIII–X. An schattigeren Stellen als der Eingriffelige Weißdorn, in Wäldern und an trockenen Standorten. Nicht allzu häufig, aber in Mitteleuropa weit verbreitet. Bildet Hybriden mit anderen Arten und ist daher oft nicht klar erkennbar.

Crataegus crus-galli: **a** Wuchsform **b** blühender Zweig **c** Früchte
Crataegus laevigata: **d** Wuchsform **e** blühender Zweig **f** Früchte

a
b
c
d
e
f

Eingriffeliger Weißdorn *Crataegus monogyna* JAQU.
Strauch oder kleiner Baum bis 18 m Höhe. Stamm einfach oder von Grund an mehrfach geteilt. Äste aufsteigend oder aufrecht, bilden eine sehr unregelmäßig geformte Krone. Rinde an der Oberfläche grau, unter den rechteckigen Platten orange- oder hellrötlich-braun. Axillare Dornen häufig, bis etwa 1,5 cm lang, manche in kurze Seitenzweige verlängert, die ihrerseits in einen Dorn auslaufen. Blätter 1,5–4,5 cm lang und bis 1½ mal so lang wie breit, oval, mit 3–5(–9) Lappen; Buchten bis über die Spreitenhälfte eingeschnitten, Lappen zugespitzt, fast ganzrandig oder mit wenigen Zähnen an der Spitze, etwas lederig, oberseits glänzend dunkelgrün, unterseits heller, mit Haarbüscheln in den Achseln der Blattnerven. Blattstiel 1–2 cm lang, dunkelrosa. Blütenstand dicht, reichblütig, mit 9–18, etwa 0,8–1,5 cm breiten Blüten mit 1 Griffel. Frucht kugelig bis eiförmig, dunkelrot, 0,7–1,4 cm lang. Blütezeit IV–VI. Fruchtreife VI–IX. Ziemlich häufig und in Europa weit verbreitet. Bildet mit anderen Arten Hybriden, wenn diese im gleichen Gebiet vorkommen. Häufig als Straßenbaum (auch als ‚Rotdorn') gepflanzt.

Kelch-Weißdorn *Crataegus calycina* PETERM.
Strauch oder kleiner Baum bis 11 m Höhe. Axillare Dornen 4–11 cm lang, selten mit Kurztrieben, die in Dornen enden. Rinde grau, unter der Oberfläche braunrot oder purpurn. Blätter 2,5–6,5 cm lang, etwa so lang wie breit, mit 3–7 Lappen, diese ziemlich spitz, dazwischen tief eingeschnitten (etwa zu ⅓ der Spreitenhälfte), basaler Lappen fein gezähnt, unterseits auf den Blattnerven zottig behaart. Blattstiel behaart, etwa halb so lang wie die Spreite. Blütenstand rispig, mit 4–9 Blüten, diese weiß, etwa 1,2–2 cm breit, mit 20 roten Staubblättern und 1 Griffel. Früchte dunkelrot, 0,9–1,5 cm lang, länglich-elliptisch, oft sogar kantig. Blütezeit V–VI. Fruchtreife VI–X. Schattenverträgliche Art, die im kontinentaleren Klima besser gedeiht als der Eingriffelige Weißdorn und ihn daher im Osten ablöst. Auch in Nordeuropa anzutreffen.

Crataegus monogyna: **a** Wuchsform **b** blühender Zweig **c** Früchte
Crataegus calycina: **d** Wuchsform **e** blühender Zweig **f** Früchte

a
b
c
e
f
d

Fünfsteiniger Weißdorn *Crataegus pentagyna* WALDST. & KIT.
Kleiner Baum oder Strauch bis etwa 8 m Höhe mit auseinanderstrebenden, bogig überhängenden Ästen. Rinde blaßbraun an der Oberfläche, darunter gelblich-braun. Manchmal mit kräftigen axillaren Dornen bis 9 cm Länge. Blätter 2–5 cm lang und ebenso breit, von breit-ovalem Umriß, geschlitzt, mit 3–7 schmalen Lappen, von denen die beiden untersten weiter abgesetzt sind, Buchten spitz, etwas lederig, oberseits glänzend dunkelgrün bis olivgrün, unterseits heller. Blütenstand als vielblütige Schirmrispe mit weißen Blüten, darin 20 Staubblätter und 3–5 Griffel. Früchte kugelig oder manchmal länglich-eiförmig, zur Reifezeit dunkelrot bis schwärzlich, etwa 0,7–1 × 0,6–1,2 cm. Blütezeit V. Fruchtreife VI–X. Vor allem in Osteuropa und auf dem Balkan in lichten Wäldern und an offenen Standorten verbreitet.

Schwarzer Weißdorn *Crataegus nigra* WALDST. & KIT.
Kleinerer Baum bis etwa 6 m Höhe. Dornen 0,7–1 cm lang. Rinde zerrissen und wulstig, purpurrot. Blätter 2,5–10 cm lang und etwa 2–8 cm breit, meist etwas länger als breit, oval bis lanzettlich, mit 5–11 Lappen, diese meist ziemlich schmal, wenig gezähnt, unterseits filzig behaart. Blütenstand reichblütig, mit 10–20 weißen Blüten bis 1,7 cm Durchmesser, manchmal auch rosa-rötlich überlaufen. Staubblätter zu ungefähr 20, Griffel 4 oder 5. Frucht kugelig bis eiförmig, 0,8–1,3 × 0,9–1,1 cm, reif schwarz mit grünem Fruchtfleisch. Blütezeit IV–V. Fruchtreife V–VI. Eine der selteneren Arten, die von den Inseln und Sandbänken der Donau von Ungarn bis Rumänien bekannt geworden ist.

Crataegus pentagyna: **a** Wuchsform **b** blühender Zweig **c** Früchte
Crataegus nigra: **d** Wuchsform **e** blühender Zweig **f** Früchte

a
b
c
d
e
f

Orientalischer Weißdorn *Crataegus orientalis* PALLAS EX BIEB.
Strauch oder kleiner Baum bis etwa 5 m Höhe mit kräftigen Seitenzweigen, die in einem Dorn von etwa 1 cm Länge enden. Rinde graubraun, felderig zerrissen, unter der Oberfläche rötlich-braun. Junge Zweige behaart. Blätter 1,5–4 cm lang, oval bis dreieckig, meist etwas länger als breit, mit 3–7 Lappen tiefgeteilt. Lappen schmal, länglich, spitz, fast linealisch, beidseits filzig behaart. Blattstiel ziemlich kurz, nur 5 mm lang. Blütenstand dicht, schirmrispig, mit etwa 16 Blüten von 1,5–2 cm Durchmesser, weiß. Kelchblätter mit charakteristischer Hakenspitze. Griffel 3, meist aber 4–5. Früchte kugelig, etwas abgeflacht, 1,5–2×0,6–1,2 cm, meistens breiter als lang. Blütezeit VI. Fruchtreife VIII–IX. Pionierart auf Schlägen, an Wald- und Gebüschrändern, besonders in Höhenlagen zwischen 500 und 2000 m. Auf dem Balkan beheimatet. Bildet mit vielen südeuropäischen Arten schwer unterscheidbare Bastarde.

Kretischer Weißdorn *Crataegus azarolus* L.
Strauch oder kleiner Baum bis etwa 8 m Höhe mit kräftigen axillaren Dornen bis etwa 1 cm Länge. Junge Zweige zunächst filzig behaart, später kahl. Blätter bis 5 cm lang, oval bis dreieckig, meist länger als breit, geschlitzt, mit 3–5 schmalen, länglichen, ganzrandigen oder wenig gezähnten, spitz zulaufenden Lappen, am Grunde keilförmig verschmälert oder in einen schmalgeflügelten Blattstiel übergehend, der etwa 3–8 mm lang ist. Blütenstand ziemlich kompakt, mit 3–18 Blüten von 1,2–1,8 cm Durchmesser. Meist 3 Griffel vorhanden. Frucht kugelig, am Grunde ein wenig zusammengedrückt, mit deutlicher Längsfurche. Blütezeit III–IV. Fruchtreife VI–IX. Typische Art der etwas feuchteren Macchie oder des immergrünen Eichengebüsches, auf Kalk. Im östlichen Mittelmeergebiet beheimatet, wegen der eßbaren Früchte seit der Römerzeit in Italien und Südfrankreich kultiviert und dort stellenweise eingebürgert. Ursprüngliches Verbreitungsbild daher stärker verwischt.

Crataegus orientalis: **a** Wuchsform **b** blühender Zweig **c** Früchte
Crataegus azarolus: **d** Wuchsform **e** blühender Zweig **f** Früchte

a
b
e
c
f
d

***Prunus* – Kirsche und Pflaume**
Sommergrüne, laubwerfende oder immergrüne Bäume und Sträucher. Blätter wechselständig, einfach und ungeteilt mit rundlichen oder spitzen Zähnen, gestielt. Nebenblätter frei, nicht verwachsen, schmal, oft frühzeitig abfallend. Blüten einzeln oder in Büscheln, Rispen oder Trauben oft bis 100 Einzelblüten, rosa oder weiß, Kronblätter mit den Kelchblättern am Grunde verbunden und zu einer Röhre verwachsen. Steinfrüchte. Etwa 200 Arten in den gemäßigten Breiten. Viele Arten werden als Obst- und Zierbäume gepflanzt. Neigung zur Bastardierung, für die Ableitung und Entwicklung kultivierter Formen von großer Bedeutung. Manche Arten werden schon so lange kultiviert, daß Wildpflanzen und Ursprungsgebiet unklar sind.

Pfirsich *Prunus persica* (L.) BATSCH *(Persica vulgaris)*
Laubwerfender, buschiger Baum mit breiter, niedriger Krone bis 6 m Höhe, oft auch als Spalierobst gezogen. Rinde graubraun, fein gefurcht. Äste gerade. Zweige glatt, rötlich, im Querschnitt kantig. Blätter 5–15 × 2–4 cm, schmal, länglich-lanzettlich bis schmal-elliptisch, lang zugespitzt, mit kleinen randlichen Zähnen, fast glatt oder wenig runzlig. Blattstiel etwa 1,5 cm lang, drüsig. Blüten kurzgestielt, einzeln oder paarig, vor dem Laubaustrieb aufblühend. Kronblätter 1–2 cm lang, meist tiefrosa oder weißlich. Früchte 4–8 cm breit, kugelig, samtig behaart, gelb oder blaßgrün mit rötlichem Anflug. Steinkern tief gefurcht. Blütezeit III–V. Seit langer Zeit in Kultur. Möglicherweise in China beheimatet. In Südeuropa gelegentlich verwildert. Häufig angepflanzt.

Mandel *Prunus dulcis* (MILLER) D. A. WEBB *(Amygdalus communis)*
Kleiner sommergrüner Baum bis etwa 8 m Höhe, mit aufrechten, geraden Ästen, später ziemlich buschig und dichtkronig. Rinde schwärzlich, tief gerissen und in rechteckige Platten gefeldert. Bei Wildpflanzen sind die Äste dornig. Zweige meist glatt. Blätter 4–13 × 1,2–4 cm, länglich-lanzettlich, lang zugespitzt, glatt, randlich mit stumpfen Zähnen. Blattstiel etwa 2 cm lang, drüsig, Blüten sehr kurz gestielt, meist paarig, vor dem Laubaustrieb aufblühend. Kronblätter 1,5–2,5 cm lang, weiß oder (meist) kräftig rosa. Frucht 3,5–6 cm lang, länglich-eiförmig, etwas zusammengedrückt, samtig behaart, grüngrau. Stein mit breitem Saum. Blütezeit II-III. Vielleicht in Zentralasien beheimatet. Im Mittelmeergebiet häufig kultiviert.

Prunus persica: **a** Wuchsform **b** blühender Zweig **c** fruchtender Zweig
Prunus dulcis: **d** Wuchsform **e** Blüten **f** fruchtender Zweig

a
b
c
e
f
d

Aprikose *Prunus armeniaca* L. *(Armeniaca vulgaris)*
Laubwerfender Strauch oder kleiner buschiger Baum bis 10 m Höhe. Rinde graubraun, rissig und schmal gefurcht. Zweige gebogen und gedreht, glatt, rötlich. Blätter 5–10 × 5–9 cm, rundlich oder etwas oval, kurz zugespitzt, am Rande mit kleinen, spitzen Zähnen, am Grunde herzförmig oder gerade. Blattstiel sehr lang, bis 4 cm. Blüten kurzgestielt, einzeln oder zu 2, erscheinen vor dem Laubaustrieb. Blüten glockenförmig; Kronblätter 1–1,5 cm lang, weiß oder blaßrosa. Frucht 4–8 cm lang, annähernd kugelig, samtig behaart, rötlich-orange oder gelb. Steinkern linsenförmig und glatt, mit 3 schmalen Furchen an einer Seite. Blütezeit III–IV. In Südeuropa häufig kultiviert, stellenweise eingebürgert. Ursprünglich wohl in Zentralasien und China.

Kirsch-Pflaume *Prunus cerasifera* EHRH.
Laubwerfender Strauch oder kleiner Baum bis 8 m Höhe mit kugeliger Krone. Rinde dunkelbraun mit Reihen und Streifen von Lentizellen, fein gefurcht. Reich verzweigt. Äste manchmal dornig. Zweige grün, glatt, glänzend. Blätter 4–7 × 2–3,5 cm, länglich bis verkehrt-eiförmig, am Grunde verschmälert, randlich mit stumpfen, rundlichen Zähnen, oberseits glatt und glänzend. Blattstiel um 1 cm lang, rinnig, rosa. Blüten meist einzeln, mit oder kurz vor dem Laubaustrieb erscheinend, auf 0,5–1,5 cm langen Stielchen. Kronblätter 0,8–1 cm lang, meist weiß. Frucht 2–3,5 cm lang, kugelig, glatt, rötlich oder gelb, süß. Stein fast kugelig, mit dicklichem Rand, glatt. Blütezeit III. Ursprünglich auf der Balkanhalbinsel und der Krim. In Südeuropa häufig angepflanzt.
Prunus cerasifera var. *pissardii* (CARRIERE) L. H. BAILEY wird in den Städten häufig wegen der kupferroten Blätter als Ziergehölz gepflanzt.

Alpen-Pflaume *Prunus brigantina* VILL.
Etwas kleiner als die Kirsch-Pflaume mit ausgebreiteten Ästen. Blätter glänzend, mit längeren Zähnen am Blattrand. Blüten zu 2–5 in Büscheln, vor dem Laubaustrieb aufblühend. Frucht bis 2,5 cm dick, nahezu kugelig, gelb. In den Südwestalpen auf trockenen Hängen. Italien, Frankreich.

Prunus armeniaca: **a** Wuchsform **b** Blüten **c** belaubter Zweig mit Frucht
Prunus cerasifera: **d** Wuchsform **e** Blüten **f** belaubter Zweig mit Frucht
Prunus cerasifera var. *pissardii:* **g** Blüten und junge Blätter

b
a
c
g
e
d
f

Schlehe, Schwarzdorn *Prunus spinosa* L.
Dichtverzweigter, laubwerfender Strauch oder kleiner Baum bis 6 m Höhe. Rinde schwarzbraun. Äste weit abstehend und ausgebreitet. Zweige reich verzweigt, dornig, anfangs zugespitzt, am Rande mit stumpfen oder spitzen Zähnen, am Grunde verschmälert, frisch grün und glatt auf der Oberseite, unterseits auf den Blattnerven behaart. Blattstiel um 1 cm lang. Blüten meist einzeln, vor dem Laubaustrieb erscheinend, auf 5 mm langen Stielchen. Kronblätter 5–8 mm lang, weiß. Frucht 1–1,5 cm lang, länglich-kugelig, blauschwarz, bläulich bereift. Fruchtfleisch sehr sauer (zusammenziehend). Stein glatt oder wenig rauh. Blütezeit II–IV. Fruchtreife VIII–XI. In Europa weit verbreitet und überall in Feldgehölzen oder an Waldrändern anzutreffen. Gelegentlich Bastarde mit Kultur-Formen.

Kultur-Pflaume *Prunus domestica* L.
Laubwerfender Strauch oder Baum bis etwa 12 m Höhe. Rinde braun. Zweige und Äste ziemlich gerade, aufrecht, wenig abstehend. Zweige bei Wildformen dornig, an den Trieben häufig behaart. Blätter 3–8 × 1,5–5 cm, elliptisch bis verkehrt-eiförmig, vorne ziemlich stumpf oder undeutlich zugespitzt, am Rande mit stumpfen Zähnen, oberseits glatt und grün, unterseits wenig samtig behaart. Blattstiel etwa 1,5 cm lang, drüsig und behaart. Blüten meist büschelig zu 2–3, mit den Blättern erscheinend, Stielchen 0,7–2 cm lang. Kronblätter 0,5–2 cm lang, weiß. Frucht 2–7,5 cm lang, kugelig oder länglich-eiförmig, meist hängend, purpurn, rötlich, gelb oder grün, von zumeist angenehmem Geschmack. Stein flach, rauh, etwas warzig. Blütezeit III–V. In weiten Teilen Europas kultiviert. Zahlreiche Kultursorten von teilweise unklarer Abstammung.
Die **Haferschlehe** (***Prunus insititia***) hat meist dornige Zweige und eine dichte Samtbehaarung auf den jungen Zweigen. Die Mirabelle-Gruppe unter den Kultur-Pflaumen gehört im wesentlichen zu dieser Form.

Kahle Pflaume *Prunus cocomilia* TEN.
Baum oder Strauch, etwa 8–10 m hoch, mit Blättern von 2,5–4 × 1,2–2,5 cm Abmessung. Blüten weiß. Früchte 1,2–4 cm lang, länglich. In den Gebirgen Süditaliens, Siziliens und des Balkans.

Prunus spinosa: **a** Wuchsform **b** Blüten **c** belaubter Zweig mit Frucht
Prunus domestica: **d** Wuchsform **e** Blüten **f** Blätter und Früchte
Prunus insititia: **g** Frucht

a
b
c
e
g
f
d

Süß-Kirsche, Vogel-Kirsche *Prunus avium* L. *(Cerasus avium)*
Laubwerfender Baum bis etwa 30 m Höhe mit breiter, gewölbter Krone und dickem, oft ansehnlichem Stamm. Rinde rötlich-braun, glänzend, ringförmig ablösend, waagrechte Streifen mit Lentizellen. Äste weit auseinanderstrebend. Junge Zweige glatt, rötlich. Blätter 8–15 × 4–7 cm, oval bis verkehrt-eiförmig, mit langer, schlanker Spitze, am Rande tief unregelmäßig gezähnt, oberseits glatt, dunkelgrün, unterseits in den Achseln der Blattnerven behaart. Blattstiel 2–5 cm lang, mit 2–3 auffälligen, roten Nektardrüsen. Blüten meist zu 2–6 auf 2–5 cm langen Stielchen, kurz vor dem Laubaustrieb erscheinend. Kronblätter 0,9–1,5 cm lang, kugelig, vorne etwas eingedrückt, dunkel purpurrot, seltener gelblich. Stein glatt. Blütezeit IV–V. Stammart der kultivierten Süßkirschen.

Sauer-Kirsche, Weichsel *Prunus cerasus* L. *(Cerasus vulgaris)*
Meist ein laubwerfender Strauch, seltener als Baum bis 8 m Höhe, mit kaum entwickeltem Stamm, von Grund an reich verzweigt. Rinde rötlich-braun. Äste ausgebreitet. Zweige glatt. Blätter 3–8 × 1,7–5 cm, oval bis elliptisch, lang zugespitzt, am Grunde verschmälert bis keilförmig, am Rande mit ziemlich kleinen, rundlich-stumpfen Zähnen, oberseits glatt und glänzend, unterseits nach der Entfaltung samtig; Blattstiel 1–3 cm lang, mit oder ohne Nektardrüse unterhalb der Blattspreite. Blüten gewöhnlich zu 2–6, kurz vor der Laubentfaltung erscheinend; Stielchen 2–3,5 cm lang. Kronblätter 0,8–1,5 cm lang, weiß. Frucht etwa 1,8 cm lang, annähernd kugelig, vorne etwas abgeflacht, glatt. Blütezeit IV–V. Ursprünglich wohl in Südwestasien. In Europa in vielen Kulturvarietäten wegen der säuerlichen Früchte angebaut (Schattenmorellen). Stellenweise auch eingebürgert.

Prunus avium: **a** Wuchsform **b** Rinde **c** Blüten **d** belaubter Zweig mit Früchten
Prunus cerasus: **e** Wuchsform **f** Blüten **g** belaubter Zweig mit Früchten

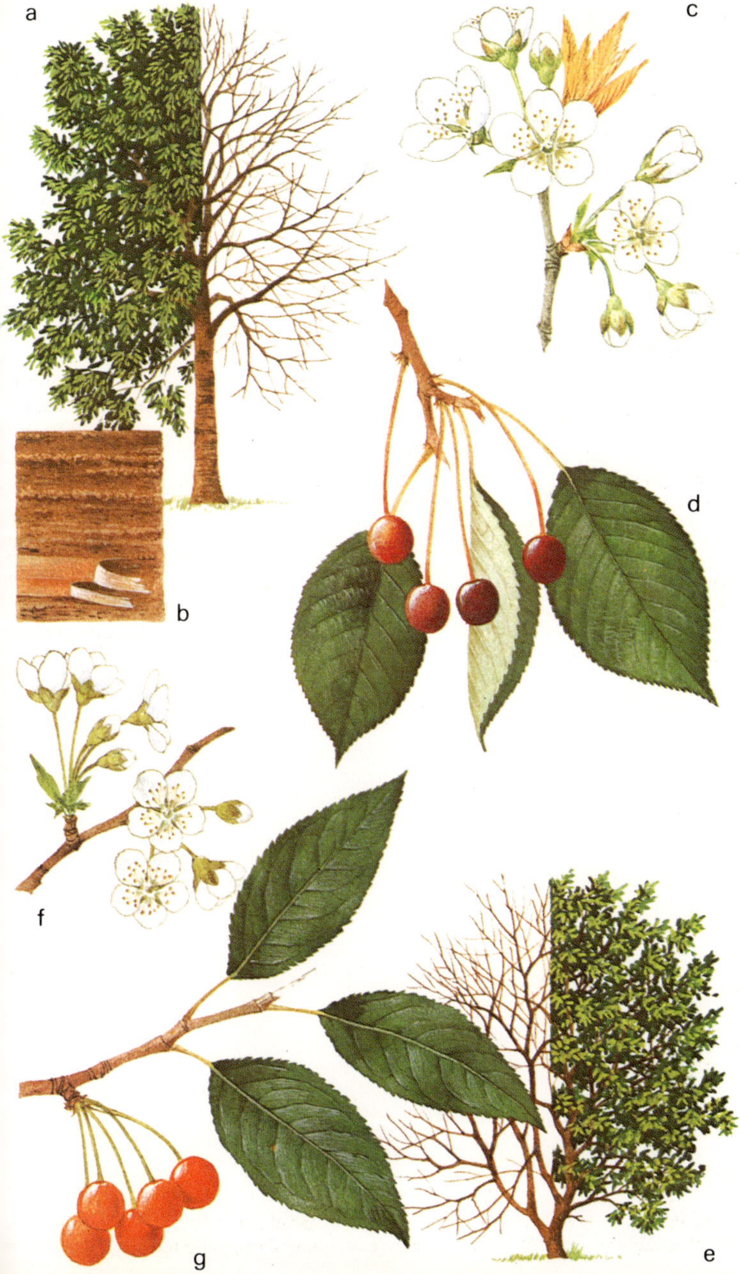
a
b
c
d
f
g
e

Sargents-Kirsche *Prunus sargentii* REHD.
Laubwerfender Baum mit kugeliger Krone, im Ursprungsgebiet bis 25 m hoch, in Kultur meist wesentlich kleiner. Rinde purpur-braun, ziemlich glänzend, mit horizontalen Reihen von Lentizellen. Äste steil aufrecht, im weiten Winkel ausgebreitet. Zweige ziemlich schlank, dunkelrot, glatt. Blätter 9–15 × 4–8 cm, länglich-elliptisch bis verkehrt-eiförmig mit langer, schlanker Spitze, am Rande scharf gezähnt, Zähne nach vorne weisend, glatt. Blattstiel 2–4 cm lang, rötlich, rinnig, meist mit 2 rötlichen Drüsen unterhalb der Blattspreite. Blüten büschelig, meist zu 2–4, kurz vor dem Laubaustrieb aufblühend. Blütenstielchen 1–2 cm lang. Kronblätter 1,2–2 cm lang, rosa-rötlich. Frucht 0,7–1 cm lang, eiförmig, schwärzlich-rot, an Kulturexemplaren nur selten entwickelt. Blütezeit IV. Ursprünglich nur in Nord-Japan, dort in Höhenlagen über 750 m, und auf der Halbinsel Sakhalin, wo die Art auch in tieferen Lagen wächst. In Europa in Parks und Gärten als Zierbaum gepflanzt, oft auf *Prunus avium* veredelt.

Japanische Kirsche *Prunus serrulata* LINDL.
Laubwerfender Baum bis etwa 15 m Höhe, meist jedoch kleiner. Rinde purpur-bräunlich mit auffälligen, waagrechten Lentizellen-Reihen. Äste meist aufsteigend oder steil aufrecht. Zweige glatt. Blätter 8–20 × 4–9 cm, breitoval bis länglich oder verkehrt-eiförmig mit schlanker, verlängerter Spitze, am Rande mit scharfen, länglichen Zähnen, die zur Blattspitze weisen. Blattstiele 2–4 cm lang, mit 1–4 rötlichen Drüsen unterhalb der Blattspreite. Blüten meist zu 2–4 in Büscheln, unmittelbar vor Laubaustrieb blühend, Blütenstielchen 2–8 cm lang. Kronblätter 1,5–4 cm lang, ausgerandet, weiß oder rosa. Frucht bis 7 mm breit, an kultivierten Exemplaren ziemlich selten. Blütezeit IV–V.
Japanische Kirschen werden seit langer Zeit vor allem wegen ihrer Blütenpracht gepflanzt. Vermutlich stammen sie von einer chinesischen Art ab, die schon frühzeitig nach Japan eingeführt wurde. Über 60 verschiedene Kulturformen sind bekannt, von denen jedoch nur einige in Parks und Gärten anzutreffen sind. Häufig mit gefüllten Blüten.

Yoshino-Kirsche *Prunus* ×*yedoensis* MATSUM.
Der vorigen Art recht ähnlich, Zweige jedoch anfangs behaart. Blätter oberseits glänzend. Blüten meist zu 5–6. Kronblätter tief ausgerandet. Früchte bis 1 cm breit, rot oder gelb. Hybride Form aus Ostasien, die gelegentlich in Gärten gepflanzt wird.

Prunus sargentii: **a** Wuchsform **b** Blatt **c** Blüten
Prunus serrulata: **d** Wuchsform **e** Rinde **f** Blatt **g** Blüten
Prunus × yedoensis: **h** Blatt **i** Blüten

b
a
h
c
f
i
d
g
e

Berg-Kirsche *Prunus subhirtella* MIQ.
Laubwerfender Baum, im Ursprungsgebiet bis 20 m Höhe, in Kultur meist wesentlich kleiner, mit ziemlich dichter Krone. Rinde grau-braun. Äste schlank. Zweige karminrot, sehr dicht, etwas behaart. Blätter etwa 6 × 2,5 cm, oval oder länglich-lanzettlich, lang zugespitzt, am Rande scharf und unregelmäßig gezähnt, unterseits auf den Blattnerven behaart. Blattstiel 0,7–1,2 cm lang, karminrot. Blüten büschelig zu 2–5, manchmal kurzgestielt, zumeist auf 1–1,4 cm langen Stielchen, vor den Blättern erscheinend. Kronblätter 0,8–1,2 cm lang, ausgerandet, rosaweiß bis rötlich. Frucht 7–9 mm dick, kugelig bis elliptisch, schwarzpurpurn. Blütezeit III-IV. Ursprünglich in Japan. Wegen der Blütenpracht häufig in Gärten und Parks angepflanzt. Die Winterblühende Kirsche ist eine häufig verwendete Kulturvarietät, die bereits im Oktober blüht und in günstigen Lagen bis zum Frühjahr Blüten öffnet.

Tibet-Kirsche *Prunus serrula* FRANCHET
Ähnlich wie die vorige Art, jedoch mit schwärzlicher Rinde, die in Querbinden abschält und darunter eine mahagonifarbene Oberfläche freigibt. Äste weit ausgebreitet. Blätter 4–12 × 1–3 cm, lanzettlich mit langgezogener Spitze. Kronblätter 6–7 mm lang. Blüten mit den Blättern erscheinend. Früchte hellrot, 0,4–1,2 cm lang. Blütezeit IV–V. Wegen der Schmuckrinde gelegentlich in Parks angepflanzt.

Steinweichsel, Felsen-Kirsche *Prunus mahaleb* L. *(Cerasus mahaleb)*
Sommergrüner Strauch oder (seltener) kleiner Baum nicht über 12 m Höhe. Rinde graubraun mit waagrechten Lentizellen-Reihen. Äste locker ausgebreitet. Junge Zweige mit kurzen grauen Haaren besetzt. Blätter 3–7 × 2–5 cm, breit-oval bis rundlich, mit kurzer Spitze, am Grunde keilförmig bis abgerundet, am Rand mit stumpf-rundlichen Zähnen, oberseits glatt und glänzend, unterseits wenig behaart. Blattstiel etwa 1,2–1,5 cm lang, mit 2 Nektardrüsen unterhalb der Blattspreite. Blüten duftend, in rundlichen Rispen zu 3–10 am Ende belaubter Zweige. Kronblätter 5–8 mm lang, weiß. Früchte 0,6–1 cm lang, eiförmig, schwarz. Blütezeit IV–V. In Mittel- und Südeuropa beheimatet. Vor allem an warmen, trockenen, steinigen Standorten. Verschiedene Kulturformen als Ziergehölz angepflanzt.

Prunus subhirtella: **a** Wuchsform **b** Blatt **c** Blüten
Prunus serrula: **d** Rinde (nach dem Abschälen)
Prunus mahaleb: **e** Wuchsform **f** Blüten **g** fruchtender Zweig

a
c
f
b
d
g
e

Gewöhnliche Traubenkirsche *Prunus padus* L. *(Padus avium)*
Laubwerfender Baum, seltener Strauch, bis etwa 17 m Höhe. Rinde glatt, dunkel graubraun bis schwarz, beim Zerreiben von unangenehmem Geruch. Äste aufrecht, schlank. Junge Zweige meist glatt und unbehaart. Blätter 6–10 × 3,5–7 cm, elliptisch bis verkehrt-eiförmig mit schlanker Spitze, am Grunde meist abgerundet, seltener herzförmig, am Rand mit feinen, scharfen Zähnen, oberseits mattgrün und kahl, unterseits heller und mitunter spärlich behaart; Blattstiel 1,2–2 cm lang mit 1–2 grünen Drüsen. Blüten in hängenden Trauben von 7–15 cm Länge mit etwa 15–35 Einzelblüten, am Ende belaubter Zweige. Kronblätter 6–9 mm lang, weiß, am Rand oft unregelmäßig gezähnt. Früchte 6–8 mm lang, meist kugelig, glänzend schwarz, von bitterem (zusammenziehendem) Geschmack. Blütezeit V. In Europa in feuchten Wäldern und entlang von Flußläufen weit verbreitet. Gelegentlich auch als Zierbaum.

Späte Traubenkirsche *Prunus serotina* EHRH. *(Padus serotina)*
Laubwerfender Baum bis etwa 30 m Höhe mit kräftigem Stamm. Rinde glatt, in Streifen ablösend, später rissig und gefurcht, grau. Äste ausgebreitet. Zweige schlank, oberseits purpurbraun. Blätter 5–14 3p 2,5–4,5 cm, verkehrt-eiförmig bis länglich elliptisch, mit schlanker Spitze, am Rand mit kleinen, nach vorne weisenden Zähnen, dunkelgrün glänzend, unterseits blasser und etwas behaart. Blattstiel 0,7–2,5 cm lang, mit Nektardrüsen am Grunde. Blütenstand traubig, hängend, etwa 15 cm lang, mit ungefähr 30 Einzelblüten; Blütenstielchen um 1 cm lang. Kronblätter 3–5 mm lang, cremeweiß, mit kleinen randlichen Zähnen. Frucht 0,7–1 cm lang, mit bleibenden Kelchblättern am Grunde, kugelig, schwarz. Blütezeit V–VI. Ursprünglich in Nordamerika. Vielfach als Park- und Zierbaum gepflanzt.

Virginische Traubenkirsche *Prunus virginiana* L.
Ähnlich wie die vorige Art, aber eher als Strauch und nur bis 5 m hoch. Rinde nicht aromatisch. Blätter mattgrün. Blattrand mit scharfen, abstehenden Zähnen. Kelchblätter fallen von der reifenden Frucht ab. Blütezeit V. Heimat: Nordamerika. Gelegentlich in Parks und Gärten gepflanzt.

Prunus padus: **a** Wuchsform **b** Rinde **c** belaubter Zweig mit Blüten **d** Früchte
Prunus serotina: **e** Wuchsform **f** belaubter Zweig mit Blüten **g** Früchte

c
a
d
b
g
e
f

Portugiesische Lorbeerkirsche *Prunus lusitanica* L.
Immergrüner Strauch oder Baum von 3–8 m Höhe (selten bis 20 m). Rinde schwarz und glatt, nur manchmal etwas schuppig. Äste weit ausgebreitet. Zweige glatt, oft rötlich überlaufen. Blätter 8–13 × 2,5–7 cm, oval bis länglich-lanzettlich mit schlanker Spitze, an der Basis rundlich, Rand regelmäßig mit schmalen, spitzen oder abgerundeten Zähnen, glatt und lederig, oberseits tief dunkelgrün glänzend, unterseits gelblich-grün, Blattstiel bis 2 cm lang, dunkelrot, ohne Nektardrüsen. Blütenstand traubig, 15–28 cm lang, mit bis zu 100 duftenden weißen Blüten, blattachselständig, Kronblätter 4–7 mm lang, Früchte 0,8–1,3 cm lang, eiförmig oder kegelig bis rundlich, purpurnschwärzlich. Stein fast rund und kugelig, mit schwach gekieltem Rand, glatt. Blütezeit VI. In Südwestfrankreich, Spanien und Portugal, sonst nur als Zierbaum angepflanzt.

Kirschlorbeer *Prunus laurocerasus* L.
Immergrüner Strauch oder kleiner Baum bis 8 m Höhe. Rinde dunkelgrau bis braun mit zahlreichen Lentizellen. Äste weit ausgebreitet und abstehend. Zweige blaßgrün, glatt. Blätter 10–20 × 3–6 cm, länglich-lanzettlich, mit kurzer Spitze, am Grunde verschmälert oder rundlich, fast ganzrandig oder mit wenigen winzigen Zähnen, lederig-derb, glatt, oberseits dunkelgrün glänzend, unterseits gelblich-grün. Blattstiel etwa 1,2 cm lang, mit 1 oder mehreren Drüsen unterhalb der Blattspreite. Blütenstand traubig, aufrecht, etwa 8–13 cm lang, mit ungefähr 30 duftenden Blüten, blattachselständig. Kronblätter etwa 4 mm lang, cremeweiß. Frucht 1,1–2 cm lang, etwas länglich-kegelig bis rundlich-kugelig, glatt, anfangs grün, dann rot, zuletzt schwärzlich. Stein kugelig, mit schwachem, gekieltem Rand. Blütezeit IV. Ursprünglich auf der östlichen Balkanhalbinsel. Tertiärrelikt. Seit dem 16. Jahrhundert in weiten Teilen Europas angepflanzt und stellenweise eingebürgert. Zahlreiche Kulturvarietäten sind bekannt.

Prunus lusitanica: **a** Wuchsform **b** blühender Zweig **c** reifende Früchte
Prunus laurocerasus: **d** Wuchsform **e** blühender Zweig **f** Früchte

a
b
c
d
e
f

Fam. Mimosaceae – Mimosengewächse

Etwa 2000 Arten tropisch-subtropisch verbreiteter Arten mit radiären Blüten in vielblütigen Blütenständen. Blüten fallen durch ihre sehr langen, lebhaft gefärbten Staubblattfilamente auf.

Albizia – Albizie

Dornenlose, laubwerfende Bäume oder Sträucher mit doppelt gefiederten Blättern und schmalen, kopfigen Blütenständen. Blüten mit röhrenförmigem, 5zähnigem Kelch und trichterförmiger Krone. Staubblätter sehr zahlreich, die Krone weit überragend. Frucht (Hülse) lang, breit linealisch, flach.

Fieder-Albizie *Albizia lophantha* BENTHAM
Kleiner Baum oder Strauch bis etwa 7 m Höhe mit dichten, gleichmäßig behaarten Zweigen. Blätter mit 16–20 Fiedern 1. Ordnung, jede mit 40–60 Fiederblättchen, diese etwa 6 mm lang, gebogen, oberseits kahl, unterseits seidig behaart. Blütenstand ährig, locker, in den Blattachseln, etwa 3,5–7 cm lang, auf dicht behaartem Stiel. Einzelblüten etwa 5 mm lang, Kelch kurz gelappt und nur halb so lang wie die Krone. Staubblätter etwa 1,2 cm lang, Staubfäden am Grunde zu einer Röhre verbunden, die die Länge der Krone erreichen kann. Hülse bis 7,5 cm lang oder etwas größer, flach, mit rundlichen oder eiförmigen Samen. Ursprünglich im südwestlichen Australien. Im Mittelmeergebiet als Ziergehölz gelegentlich angepflanzt.

Persische Albizie *Albizia julibrissin* DURAZZ.
Kleiner Baum bis etwa 12 m Höhe mit rundlicher oder abgeflachter Krone und glatter Rinde. Äste ausgebreitet, kahl. Blätter 20–30 cm lang, manchmal sogar fast 0,5 m erreichend, mit etwa 10–25 Fiedern, die ihrerseits 35–50(–80) Fiederblättchen tragen, alle Spindeln und die Mittelrippe sind oberseits leicht behaart. Fiederblättchen 1–1,5 cm lang, schmal-eiförmig, gebogen, oberseits grün, unterseits weißlich, am Rande behaart. Blattstiel oberseits mit becherförmiger Drüse. Blütenstand behaart, mit etwa 10 ausgebreiteten Ästchen, die in einem 20blütigen Blütenkopf enden. Blüten 7–9 mm lang, sitzend, rosa-rötlich; Staubblätter 3,5–4 cm lang, rosa. Hülse 9–15 cm lang, zur Reifezeit braun, zwischen den 10–15 Samen etwas eingeschnürt. Blütezeit VII–VIII. Entlang von Flüssen und in Niederungen in Asien beheimatet, in Südeuropa als Ziergehölz angepflanzt. In Nordeuropa (Skandinavien) als einjährige Gartenpflanze gezogen.

Albizia lophantha: **a** Blatt und Blütenstand **b** Hülse
Albizia julibrissin: **c** Wuchsform **d** Blatt und Blütenstand **e** Hülse

a
b
d
c
e

Fam. Caesalpiniaceae – Johannisbrotgewächse

Judasbaum *Cercis siliquastrum* L.
Kleiner laubwerfender Baum oder Strauch bis etwa 10 m Höhe mit rundlicher oder breiter, unregelmäßiger Krone, oft auch mehrstämmig. Äste aufsteigend und ausgebreitet. Zweige und Knospen rotbraun oder karminrot. Blätter 7–12 cm lang, einfach, wechselständig, annähernd rundlich, vorne stumpf, etwas ausgerandet, am Grunde herzförmig, anfangs graugrün, später oberseits gelblich-grün, unterseits graugrün, kahl. Blüten in Büscheln, meist vor dem Laubaustrieb erscheinend. Kelch regelmäßig 5zähnig, braun; Krone 1,5–2 cm lang, rosa-rötlich, die oberen 3 Kronblätter deutlich schmäler als die unteren beiden. Hülse 6–10 cm lang, zusammengedrückt und schmal geflügelt an der Bauchnaht, zur Reifezeit purpurrot bis bräunlich. Blütezeit V. Typisch für trockene, felsige Standorte im Mittelmeergebiet, sonst häufiger als Ziergehölz gepflanzt und stellenweise eingebürgert.

Johannisbrotbaum *Ceratonia siliqua* L.
Kleiner, ein- oder zweihäusiger, immergrüner Baum oder Strauch bis etwa 10 m Höhe mit niedriger, kugeliger, sehr dichter Krone. Blätter paarig gefiedert mit 2–5 Fiederpaaren. Spindel braun oder grünlich, Fiederblättchen 3–5 cm lang. Blütenstand achselständig, traubig. Kelch mit 5 kurzen Zähnen, die frühzeitig abfallen, Krone fehlt. Hülse 10–20 cm lang, zusammengedrückt, hängend, anfangs grün, später braun-violett, nicht aufspringend. Im Mittelmeergebiet beheimatet, dort an trockenen Stellen. Hülsen eßbar, auch als Viehfutter verwendet.

Gleditschie *Gleditsia triacanthos* L.
Meist hoher, schlanker, sommergrüner Baum bis 45 m Höhe. Stamm, Äste und ältere Zweige mit kräftigen einfachen oder verzweigten Dornen, am Stamm oft dicht und büschelig, ziemlich lang. Blätter 10–20 cm lang, einfach oder doppelt unpaarig gefiedert; einfach gefiederte Blätter mit 7–18 Paar Fiederblättchen, doppelt gefiederte mit 8–14 Paar Fiedern. Blütenstand eine lange, achselständige Traube. Blüten duftend, 2,5–3 mm lang; Kelch mit 3–5 Lappen; Krone nur leicht zygomorph mit 3–5 grünlich-weißen Kronblättern. Hülse 3–4,5 cm lang, zusammengedrückt, dickrandig, sichelförmig oder schraubig gedreht, anfangs blaßgrün, später dunkelbraun. Blütezeit VI. Im Mississippi-Tal beheimatet. Seit langem als Park- und Zierbaum gepflanzt und stellenweise eingebürgert.

Cercis siliquastrum: **a** Wuchsform **b** blühender Zweig **c** fruchtender Zweig
Ceratonia siliqua: **d** Wuchsform **e** blühender Zweig **f** männliche Blüte **g** unreife Hülse
Gleditsia triacanthos: **h** Wuchsform **i** Stamm **j** blühender Zweig **k** Blüte **l** Hülse

a
b
c
d
e
h
f
g
i
k
j
l

Fam. Mimosaceae – Mimosengewächse

Acacia – Mimose, Akazie

Weiden-Akazie *Acacia cyanophylla* LINDL.
Dicht verzweigter Strauch oder Baum bis etwa 10 m Höhe, ein- oder mehrstämmig, Stamm oft schon tief an der Basis mehrfach geteilt. Rinde glatt, anfangs grau, später graubraun und gefurcht. Zweige oft hängend, biegsam, fein gerippt, kahl. Blattstiele spreitenartig verbreitert und zu Phyllodien umgestaltet, diese 10–25 cm lang und bis 3 cm breit, linealisch bis lanzettlich, gerade oder sichelförmig gebogen, hängend, unbehaart, grün bis graugrün, matt bis glänzend, mit auffallender Mittelrippe, am Grunde meist mit Drüse. Blüten in kugeligen Köpfchen von 1–1,5 cm Durchmesser mit je 25–70 Einzelblüten, in hängenden Trauben zu 2–8. Blüten hellgelb. Hülse 6–12 × 0,4–0,8 cm, linealisch, zusammengedrückt, zwischen den Samen zusammengeschnürt, anfangs graugrün, später braun. Blütezeit III–IV. Ursprünglich nur in Westaustralien. Vor allem im Mittelmeergebiet häufig als Zier- und Parkbaum angepflanzt.

Silber-Akazie *Acacia dealbata* LINK
Mittelgroßer Baum bis etwa 30 m Höhe. Rinde glatt und grüngrau. Zweige, junge Triebe und Belaubung silbrigweiß bis cremeweiß behaart, Haare sehr fein, kurz. Blätter dreifach gefiedert; Fiederblättchen meist in 25 Paaren, jedes etwa 5 mm lang, an den Verzweigungsstellen mit Drüsen. Gesamter Blütenstand achselständig oder endständig, ziemlich groß, mit 20–30 Blütenköpfchen an Trauben oder Rispen. Blütenköpfe hellgelb, etwa 5–6 mm breit, mit je etwa 30–40 Blüten. Hülse 4–10 × 1–1,2 cm, zusammengedrückt, zwischen den einzelnen Samen nicht zusammengeschnürt. Ursprünglich nur in Südostaustralien und Tasmanien. Vor allem im Mittelmeergebiet häufig als Zierbaum angepflanzt. Verschiedentlich auch zur Bodenbefestigung und Dünenfestlegung verwendet. In südeuropäischen Ländern stellenweise eingebürgert.

Acacia cyanophylla: **a** Wuchsform **b** Phyllodien **c** Blütenköpfe **d** Hülse
Acacia dealbata: **e** Wuchsform **f** Rinde **g** Blatt **h** Blütenköpfe **i** Hülse

a
b
c
d
e
f
g
h
i

Langblättrige Akazie *Acacia longifolia* (ANDREWS) WILLD.
Strauch oder kleiner, schlanker Baum bis etwa 10 m Höhe, mit reich beasteter und verzweigter Krone und hellgrüner, glänzender Belaubung. Rinde glatt, mattgrau. Zweige sehr starr und steif, kahl. Blattstiele zu großen Phyllodien verbreitert, diese 7–15 × 0,8–3 cm, länglich bis länglich-lanzettlich, gerade, längsstreifig mit 2 hervortretenden Leitbündeln. Blütenstand in Form zylindrischer Ähren bis 5cm Länge an den Knoten der Blattorgane. Blüten hellgelb, von strengem Geruch. Hülse 7–15 × 0,4–0,5 cm, linealisch, gerundet, zur Reifezeit braun, zwischen den Samen etwas verengt. Samenstielchen weiß. Blütezeit IV–V. Ursprünglich nur in den Küstenregionen von Neusüdwales. Vor allem in Südwesteuropa häufiger als Ziergehölz angepflanzt.

Grüne Akazie *Acacia mearnsii* DE WILD.
Der Silber-Akazie ziemlich ähnlich, aber selten höher als 15 m. Meist zottig-gelblich behaart. Blätter dreifach gefiedert, dunkelgrün, mit etwa 8–14 Fiederpaaren. Hülse 5–7 mm breit, zwischen den Samen eingeschnürt, zur Reifezeit schwarzbraun. Ebenfalls in Südostaustralien und Tasmanien beheimatet, vor allem in Südwesteuropa (Iberische Halbinsel und Korsika) häufiger angepflanzt und stellenweise eingebürgert.

Ebenholz-Akazie *Acacia melanoxylon* R. BR.
Kräftiger Baum mit geradem, aufrechten Stamm, bis 40 m Höhe, gelegentlich jedoch nicht über 15 m Höhe wachsend. Rinde dunkel graubraun, rauh, gefurcht. Stamm bis tief hinunter beastet, unten mit abstehenden, weiter oben mit aufrechten Ästen. Krone dicht und rundlich. Junge Zweige behaart. Phyllodien 6–13 × 0,7–2 cm, lanzettlich bis verkehrt-eiförmig, leicht gekrümmt, vorne stumpfspitzig, am Grunde verschmälert, mit 3–5 Leitbündeln. Zweifach gefiederte Blätter an jungen Bäumen, mit 14–20 länglichen, etwa 5–7 mm großen Fiederblättchen an jeder Fieder. Blütenstand mit wenigen kugeligen Blütenköpfen bis 1 cm Durchmesser, gelb oder cremeweiß. Hülse 7–12 × 0,8–1 cm, zusammengedrückt, geschraubt, rötlich-braun. Ursprünglich nur in Südostaustralien und Tasmanien. In Südwesteuropa vor allem wegen des sehr geschätzten Furnierholzes gepflanzt. Stellenweise eingebürgert.

Acacia longifolia: **a** Wuchsform **b** Phyllodien mit Blütenständen **c** Hülse
Acacia mearnsii: **d** belaubter Zweig mit Blütenstand **e** Hülse
Acacia melanoxylon: **f** Wuchsform **g** Phyllodien mit Blütenstand **h** Hülse

a
b
c
d
e
f
g
h

Goldene Akazie ***Acacia pycnantha*** BENTHAM

Kleiner Baum oder Strauch bis etwa 12 m Höhe mit meist kurzem und dünnem Stamm, am Grunde mit Schößlingen. Äste aufsteigend, bilden eine schattenspendende Krone. Rinde dunkelbraun, glatt. Zweige graugrün, ebenfalls glatt und unbehaart. Phyllodien 8–20 × 1–3,5 cm, anfangs sehr groß und breit, später eher sichelförmig, hell, glänzend grün, lederig, nur mit einer Rippe. Blütenstand ist eine große Rispe mit 20–30 tiefgelben, kugeligen Blütenköpfen, diese etwa 0,8–1 cm breit, stark duftend. Hülse 8–13 × 0,5–6 cm, ziemlich gerade, zusammengedrückt, dunkelbraun, zwischen den Samen zusammengeschnürt. Diese Art bildet sozusagen die Wappenpflanze Australiens. Sie ist in den gemäßigten Gebieten von Victoria und Südaustralien beheimatet. In Südeuropa vielfach angepflanzt (Färberpflanze). In Süditalien und in Portugal stellenweise eingebürgert.

Sumpf-Akazie ***Acacia retinodes*** SCHLECHT.

Kleiner, kahler Baum oder Strauch bis etwa 10 m Höhe. Stamm sehr dünn, Äste aufsteigend. Rinde grau, glatt, später graubraun. Zweige meist nicht herabhängend, bräunlich. Phyllodien 6–15 × 0,4–1,8 cm, spitz oder stumpflich, mit gerader oder sichelförmig gebogener Spitze, hellgrün. Blütenstand mit 5–10 kugeligen Blütenköpfen in einer kurzen, gedrängten Traube. Köpfe 4–6 mm breit, mit blaßgelben Einzelblüten. Hülse gewöhnlich gerade, mit deutlicher Randleiste, zwischen den einzelnen Samen nur wenig eingeschnürt. Samen auf einem scharlachroten, mehrfach gewundenen Stielchen. Blütezeit VI–VII. Ursprünglich in Südaustralien, in Südeuropa (Mittelmeergebiet) häufiger angepflanzt.

Im Mittelmeergebiet finden sich noch einige weitere als Ziergehölz verwendete Arten wie ***Acacia farnesiana*** (Dominikanische Republik), ***Acacia karoo*** (Südafrika) oder ***Acacia cyclops*** (Australien); diese Arten wachsen meist strauchförmig und können mit den baumförmigen Vertretern vielleicht verwechselt werden. Für die Bestimmung liefert der Schlüssel auf S. 30 genauere Merkmale.

Acacia pycnantha: **a** Phyllodien mit Blütenstand **b** junge Hülsen
Acacia retinodes: **c** Wuchsform **d** Phyllodien **e** Blütenstand **f** Hülse

a
b
c
d
e
f

Fam. Fabaceae – Schmetterlingsblütengewächse

Laburnum – Goldregen

Laubwerfende, unbedornte Bäume oder Sträucher mit dreiteiligen Blättern. Blütenstände achselständig oder scheinbar endständig, meist hängend. Kelch glockenförmig; 2lippig, Kelchblätter mitunter gezähnt; Krone gelb. Frucht eine zwischen den Samen eingeschnürte Hülse. Samen zahlreich. Sehr giftig.

Alpen-Goldregen *Laburnum alpinum* (MILLER) BERCHTOLD & J. PRESL.
Kleiner Strauch oder Baum bis höchstens 5 m Höhe mit kurzem Stamm. Dem Gemeinen Goldregen ziemlich ähnlich, trotzdem in einigen Merkmalen deutlich unterschieden. Grüne Zweige nur anfangs behaart. Fiederblättchen grün, beidseits wenig glänzend, ziemlich kahl. Trauben 15-40 cm lang, schlank, ziemlich dicht. Krone 1,5–2 cm lang. Hülse 4–5 cm lang, kahl, auf der oberen Naht schmal geflügelt. Samen braun. Blütezeit VI. Im Gebirge Süd- und Südosteuropas. Häufig auch angepflanzt.

Gemeiner Goldregen *Laburnum anagyroides* MEDICUS
Kleiner Baum oder Strauch bis 7 m Höhe mit schmaler, offener, ziemlich unregelmäßiger Krone und schlankem Stamm. Rinde grünlich oder braun, glatt, mit kleinen Warzen oder Schuppen. Äste aufrecht, zum Teil bogig überhängend. Zweige graugrün, mit langen, anliegenden Seidenhaaren. Fiederblättchen 3–8 cm lang, elliptisch oder oberhalb der Mitte am breitesten, graugrün, unterseits anfangs mit anliegenden Haaren. Blattstiel 2–6 cm lang. Blütentrauben 10–13 cm lang, ziemlich locker, Krone um 2 cm lang, goldgelb, oft mit braunen Flecken und Marken, Hülse 4–6 cm lang, anfangs anliegend behaart, reif dunkelbraun, an der Rückennaht nicht geflügelt. Samen schwarz. Blütezeit V–VI. Raschwüchsig. Eine der giftigsten europäischen Holzpflanzen. In den Gebirgen Süd- und Mitteleuropas, oft als Zierbaum gepflanzt. Stellenweise eingebürgert.

Bastard-Goldregen *Laburnum* × *watereri* DIPPEL
Kreuzung aus *Laburnum alpinum* und *L. anagyroides,* mit großen Blüten und Trauben, vereinigt den frühen Blühbeginn von *L. anagyroides* mit den langen, dichten Trauben von *L. alpinum.* Heute der am weitesten verbreitete Goldregen in den Vorgärten und Grünanlagen.

Laburnum alpinum: **a** Wuchsform **b** blühender Zweig **c** Fruchtstand **d** reife Frucht
Laburnum anagyroides: **e** Wuchsform **f** blühender Zweig **g** reife Frucht

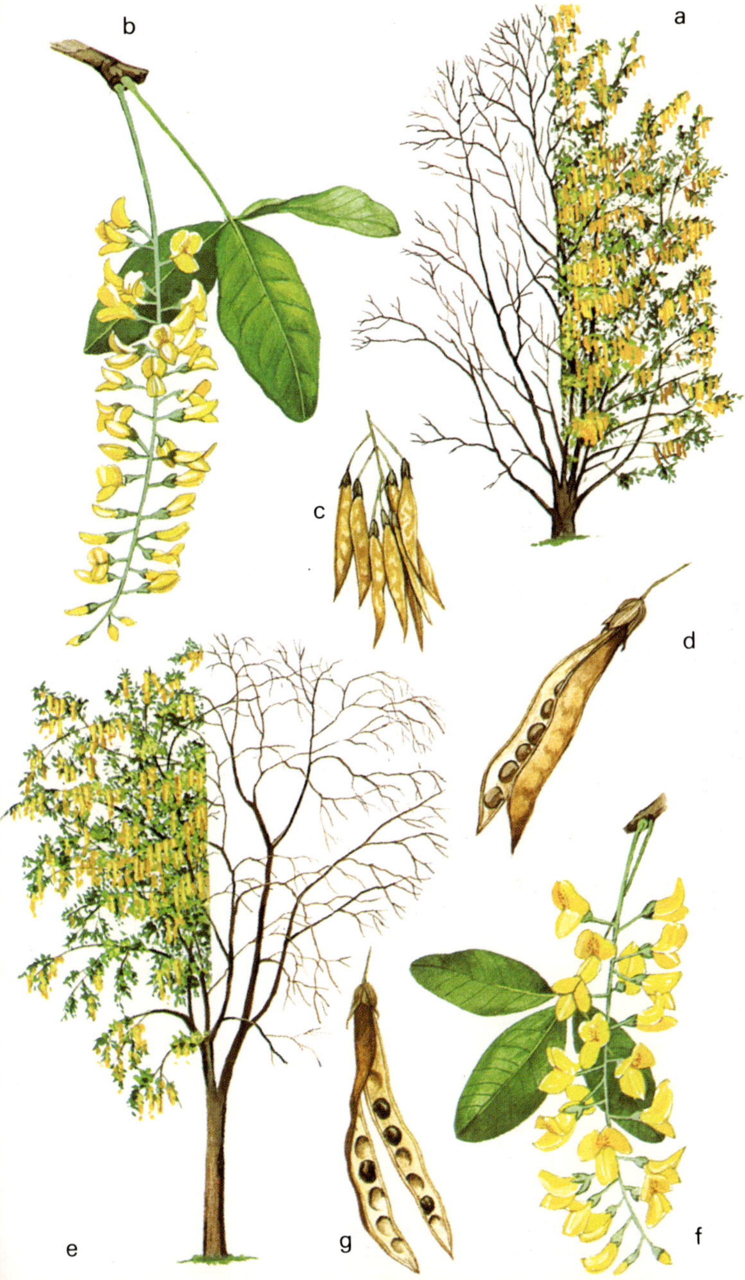
b
a
c
d
e
g
f

Schnurbaum, Pagodenbaum *Sophora japonica* L.
Unbedornter, laubwerfender Baum bis 25 m Höhe mit unregelmäßiger, ziemlich offener Krone. Rinde runzelig und mit einem Leistenmuster überzogen, grau-braun. Zweige und Äste gedreht. Junge Zweige graugrün, anfangs behaart, später verkahlend und grün. Blätter 15–25 cm lang, wechselständig, unpaarig gefiedert mit 3–8 Fiederpaaren. Blütenstand sehr groß, traubig, fein behaart, endständig, bis 25 cm lang. Blüten weiß oder rosa, erscheinen nur an alten Bäumen. Kelch röhrig und leicht 2lippig; Krone zygomorph, 1–1,5 cm lang. Hülse 5–8 cm lang, zwischen den rundlichen Samen sehr stark eingeschnürt, kahl, grünlich, nicht aufspringend oder erst sehr spät öffnend. Viele oder nur wenige Samen vorhanden. Blütezeit VIII–IX. Heimisch in den Gebirgen Ostasiens. Gelegentlich in Parks als Zierbaum gepflanzt und teilweise schon eingebürgert.

***Robinia* – Robinie**
Häufig auch fälschlicherweise als Akazie bezeichnet. Sommergrüne Bäume mit wechselständigen, unpaarig gefiederten Blättern und verdornten Nebenblättern. Blütenstand traubig, achselständig, hängend, mit weißen, rosa oder purpurnen Blüten. Kelch glockenförmig, 2lippig. Hülse linealisch-länglich, flach, aufspringend, mit 3–10 Samen.

Gemeine Robinie *Robinia pseudoacacia* L.
Mittelgroßer Baum bis etwa 25 m Höhe mit breiter, ziemlich offener Krone und kurzem Stamm, mitunter auch mehrstämmig. Am Grunde häufig mit Wurzelbrut und einem Dickicht junger Pflanzen. Rinde anfangs glatt und dunkelbraun, später grau und tief gefurcht mit breiten Rissen und Leisten. Zweige gebogen, brüchig. Junge Triebe dunkel rötlich. Verdornte Nebenblätter sehr kräftig, holzig. Blätter 15–20 cm lang, mit 3–10 Paar Fiederblättchen, diese gegenständig oder leicht gegeneinander verschoben, 2,5–4 cm lang, elliptisch bis eiförmig, gelblich-grün, oberseits kahl, unterseits kurz nach dem Austrieb wenig behaart, oft mit sekundären Nebenblättern am Grunde. Blütenstand traubig, sehr dicht, 10–20 cm lang, süßlich duftend. Blüten 1,5–2 cm lang, meist weiß. Hülse 5–10 cm lang, kahl, oft lange am Baum bleibend. Blütezeit VI. Ursprünglich im östlichen Nordamerika. Eingeführt und in vielen Teilen Europas eingebürgert.

Klebrige Robinie *Robinia viscosa* VENT.
Behaarter, etwas klebriger Baum ähnlichen Aussehens aus dem südöstlichen Nordamerika. Mitunter als Zierbaum gepflanzt.

Sophora japonica: **a** Wuchsform **b** blühender Zweig **c** Fruchtstand
Robinia pseudoacacia: **d** Wuchsform **e** blühender Zweig **f** Fruchtstand
Robinia viscosa: **g** Blüten **h** Fruchtstand

a
b
d
c
e
f
h
g

Fam. Rutaceae – Rautengewächse

Citrus – Zitrone, Orange
Kleine Bäume. Blätter meist einfach, wechselständig, dünn, etwas lederig. Blattstiel etwas geflügelt oder mit schmalen Rändern, am Grunde mit Gelenk. Blüten einzeln oder in kleinen ährigen Blütenständen, blattachselständig. Kelchblätter 4–5, Kronenblätter 4–8, Staubblätter sehr zahlreich (bis 10mal soviel wie Kronblätter). Beerenfrucht groß, mit lederiger, dicker Schale, Fruchtfleisch aus Safthaaren. Mehr als 60 Arten bekannt, die in Ostasien beheimatet sind.

Pomeranze _Citrus aurantium_ L.
Kleiner Baum bis 10 m Höhe mit rundlicher Krone. Blätter 7,5–10 cm lang, breit-elliptisch. Blüten groß, duften nach Neroli-Öl. Frucht etwa 7,5 cm dick mit kräftiger Schale, zur Reifezeit orangengelb.

Orange _Citrus sinensis_ (L.) OSBECK
Mittelgroßer Baum bis etwa 10 m Höhe mit rundlicher Krone. Blätter mehr oder weniger elliptisch. Blüten klein, stark duftend. Die Frucht ist die handelsübliche Orange. Eng verwandt ist die **Bergamotte _Citrus bergamia,_** die vor allem in Süditalien zur Gewinnung des Bergamotte-Öls aus den Früchten (Parfümöl) angebaut wird.

Tangerine _Citrus deliciosa_ TEN.
Mandarinen-Sorte mit sehr kleinen Früchten. Kleiner, dorniger Baum bis etwa 8 m Höhe. Blätter schmal-elliptisch. Blüten mittelgroß. Früchte 3–7,5 cm Durchmesser, fast kugelig, mit dünner, leicht schälbarer Schale.

Grapefruit _Citrus paradisi_ MACFAYDEN
Ziemlich großer, dicht belaubter Baum bis etwa 12 m Höhe mit rundlicher Krone. Blätter 10–15 cm lang, breit-elliptisch. Blattstiel mit breiten Flügeln. Blüten ziemlich groß. Früchte 10–15 cm Durchmesser, annähernd kugelig, mit dicker, blaßgelber Schale. In diese Gruppe gehört auch die **Pampelmuse _(Citrus grandis),_** deren Blattstiele noch breiter (bis 1 cm) geflügelt sind. Früchte bis 25 cm Durchmesser.

Zitrone _Citrus limon_ (L.) BURM.
Kleiner, dorniger, rundlicher Baum. Blätter bis 10 cm lang, breitelliptisch, fein gezähnt. Blattstiel nur schmal geflügelt. Blüten etwa 2 cm breit. Früchte 6,5–12,5 cm lang, länglich oder kugelig, mit verlängerter Spitze, rauher, dikker Schale, zur Reifezeit gelb. Ursprung ziemlich unklar, möglicherweise von der **Zitronat-Zitrone _(Citrus medica)_** abzuleiten, einem kleinen Baum mit dickschaligen, gelben Früchten. Die **Süße Limette _(Citrus limetta)_** ist wahrscheinlich nur eine Mutante der Kultur-Zitrone.

Citrus sinensis: **a** Wuchsform b blühender Zweig **c** Frucht
Citrus limon: **d** Wuchsform **e** blühender Zweig **f** Frucht
Weitere Früchte von: **g** *Citrus aurantium* **h** *Citrus bergamia* **i** *Citrus deliciosa* **j** *Citrus paradisi* **k** *Citrus grandis* **l** *Citrus limetta* **m** *Citrus medica*

a
b
d
c
e
f
h
g
j
i
k
l
m

Fam. Simaroubaceae – Bittereschengewächse

Götterbaum *Ailanthus altissima* (MILLER) SWINGLE
Raschwüchsiger Baum bis etwa 25 m Höhe mit unregelmäßiger Krone und nicht allzu dickem, geradem Stamm. An jungen Bäumen ist die Rinde grau und glatt, später blasser und etwas schuppig. Äste kräftig, aufsteigend oder steil aufrecht. Zweige glatt, dick, braun, mit dicken Blattspuren. Knospen klein, eiförmig, scharlachrot. Blätter wechselständig, unpaarig gefiedert, etwa 40–60 cm lang, ziemlich kahl, mit 6–12 Paar Fiederblättchen, diese oval-lanzettlich, vorne zugespitzt, am Grunde mit 2 deutlichen, ungleich großen Zähnen, unterseits mit großer Drüse, beim Austrieb rötlich, später glänzend grün, unterseits heller, beim Zerreiben von unangenehmem Geruch. Spindel und Stielchen karminrot. Blüten in langen, endständigen Rispen, grünlich, von typischem Geruch, 7–8 mm breit, cremeweiß, zwittrig oder eingeschlechtig. In männlichen Blüten bis 10 Staubfäden, in zwittrigen nur 2–3. Weibliche Blüten mit 2–5 verwachsenen Griffeln. Flugfrüchte je 3–4 cm lang, mit breitem, gedrehtem, rötlich-braunen Flügel. Blütezeit VII. Ursprünglich nur in China. Vielfach als Zier- und Parkbaum angepflanzt. Stellenweise auch eingebürgert.

Fam. Meliaceae – Zederachgewächse, Mahagonigewächse

Zederach *Melia azedarach* L.
Kurzlebiger, laubwerfender Baum oder Strauch bis etwa 15 m Höhe mit ziemlich offener, lockerer Krone auf ziemlich kurzem Stamm. Rinde dunkelgrau, eng gefurcht oder zerrissen. Junge Zweige spärlich mit Sternhaaren besetzt, die später abfallen. Blätter wechselständig, bis 90 cm lang, doppelt gefiedert; jedes der zahlreichen Fiederblättchen 2,5–5 cm lang, oval-elliptisch, am Rande gezähnt oder gelappt, dunkelgrün, mitunter etwas glänzend. Blütenstand sehr groß, locker verzweigte Rispe, achselständig, ca. 10–20 cm lang. Blüten duftend, lilafarben; Kronblätter etwa 1,8 cm lang, ausgebreitet oder zurückgeschlagen, 2mal so viel Staubblätter wie Kronblätter, am Grunde zu einer Röhre verwachsen. Frucht gelblich, kugelig, etwa 0,6–1,8 cm dick, mit 1 harten Samen. Blütezeit VI. Ursprünglich in den trockenen Gebirgen Ostasiens. In Südeuropa, vor allem auf dem Balkan, häufig als Zier- und Straßenbaum gepflanzt.

Ailanthus altissima: **a** Wuchsform **b** Blatt **c** männlicher Blütenstand **d** Fruchtstand
Melia azedarach: **e** Wuchsform **f** Teilblatt (Fieder 1. Ordnung) **g** Blütenstand **h** Fruchtstand

a
b
c
d
f
g
e
h

Fam. Anacardiaceae – Sumachgewächse

Immergrüner Sumach ***Rhus coriaria*** L.
Kleiner immergrüner Strauch oder Baum bis etwa 3 m Höhe. Äste aufrecht oder aufsteigend, mehr oder weniger glatt, mit Lentizellen. Junge Zweige sehr kräftig, dicht behaart. Knospen ohne Längsschuppen. Blätter wechselständig, unpaarig gefiedert mit 7–21 Fiederblättchen, diese 1–5 cm lang, oval-länglich, stumpf oder zugespitzt, am Rande mit großen, gerundeten, nach vorne weisenden Zähnen, manchmal mit 1–2 größeren Lappen am Blattgrund, beidseits flaumig behaart. Hauptrippe (Rhachis) schmal geflügelt. Blüten in dichten, endständigen Rispen, bis 10 cm hoch, rauh. Jede Blüte 3–4 mm breit. Steinfrucht 4–6 mm breit, kugelig, mit Griffelrest, bräunlich-purpurn. Blütezeit V–VII. In Südeuropa (Mittelmeergebiet) in Gebüsch an trockenen Standorten. Kaum als Zierpflanze verwendet.

Essigbaum ***Rhus typhina*** L.
Ähnlich wie die vorige Art, aber sommergrün, bis 10 m hoch. Fiederblättchen 5–12 cm lang, länglich-lanzettlich, gezähnt. Blattspindel ungeflügelt. Blütenstand 10–20 cm lang, sehr dichtblütig. Blütenstand und Früchte samtig behaart. Heimat: nordöstliches Nordamerika. Häufig in Parks und Gärten angepflanzt. Der berühmte **Lack-Sumach** aus Japan ***(Rhus verniciflua)*** wird mitunter ebenfalls als Zierbaum verwendet.

Peruanischer Pfefferbaum ***Schinus molle*** L.
Immergrüner Baum oder Strauch, bis etwa 12 m hoch. Äste sehr schlank, herabhängend. Junge Zweige bläulich-graugrün. Blätter wechselständig, paarig gefiedert, mit 7–13 Fiederpaaren, jedes Fiederblättchen 2–6 × 0,3–0,8 cm, linealisch-lanzettlich, mit schlanker Spitze, im vorderen Teil oft gezähnt, anfangs flaumig behaart, später kahl, beim Zerreiben sehr aromatisch, Hauptrippe abgeflacht, aber nicht geflügelt. Blüten in hängenden, schlaffen Rispen, bis 25 cm lang; Einzelblüten etwa 4 mm breit mit 5 gelblichweißen Kronblättern. Steinfrucht 6–7 mm Durchmesser, kugelig, glänzend rosarot. Blütezeit VI–XII. In den Gebirgen Mittel- und Südamerikas beheimatet. Im Mittelmeergebiet häufiger als Zierbaum gepflanzt. Dort findet sich manchmal auch der **Brasilianische Pfefferbaum** ***(Schinus terebinthifolia),*** der sich vor allem durch seine aufrechten Äste unterscheidet. Blattspindel geflügelt.

Rhus coriaria: **a** Wuchsform **b** Blatt **c** Blüte **d** Fruchtstand
Rhus typhina: **e** Blatt und Fruchtstand
Schinus molle: **f** Wuchsform **g** Blatt **h** Blüte **i** Fruchtstand

a
b
c
d
e
f
g
h
i

Terpentin-Pistazie *Pistacia terebinthus* L.
Laubwerfender kleiner Strauch oder Baum bis etwa 10 m Höhe. Rinde graubraun, grob gefurcht. Zweige grau, harzig. Blätter unpaarig gefiedert, mit 3–9 Fiederblättchen, jedes etwa 2–8,5 × 1–3,5 cm, breit-oval bis länglich, mit kurzer Stachelspitze, glatt, etwas lederig, dunkelgrün. Blattstiel und Spindel rundlich im Querschnitt, ungeflügelt. Blüten in Rispen bis 15 cm Länge, schlaff, mit langen seitlichen Verzweigungen, mit den Blättern erscheinend, Blüten grünlich-gelb oder bräunlich. Früchte 5–7 × 4–6 mm, verkehrt-eiförmig, purpurbraun. Blütezeit III–IV. Im Mittelmeergebiet und bis nach Südwestasien verbreitet, oft in Macchien oder in Hecken. Die ähnliche *Pistacia atlantica* besitzt lanzettliche Blätter mit rundlichen Spitzen, eine geflügelte Rhachis und einen samthaarigen Blattstiel. In Südosteuropa beheimatet.

Mastixstrauch *Pistacia lentiscus* L.
Meist ausgebreiteter immergrüner Strauch oder (seltener) Baum bis 8 m Höhe. Zweige warzig, kahl. Blätter paarig gefiedert mit 4, meist 6–12 Fiederblättchen, jedes 1,5 × 0,5–1,5 cm, länglich-lanzettlich mit kurzer Stachelspitze, dunkelgrün, lederig; Blattstiel glatt, Spindel geflügelt, in eine kurze Stachelspitze verlängert. Blüten gelblich oder purpurn. Früchte etwa 4 mm lang, kugelig, mit schlanker Spitze, sehr aromatisch, anfangs rötlich, später schwarz. Blütezeit IV. Im Mittelmeergebiet beheimatet, dort auf trockenen, offenen, sonnigen Hängen. Hybriden dieser Art mit *Pistacia terebinthus* sind bekannt unter dem Namen *P.* × *raportae* und kommen auf Sardinien sowie in Frankreich, Italien und Portugal vor.

Echte Pistazie *Pistacia vera* L.
Kleiner laubwerfender Baum bis etwa 6 m Höhe. Rinde graubraun, rauh, mit kurzen Leisten. Zweige grau. Blätter einfach oder gefiedert, meist mit 3 (selten 5) Fiederblättchen, diese 3,5–9 cm lang, breit-oval bis länglich-oval, dünn, jung beidseits samtig. Rhachis schmal geflügelt. Blütenstände 7–10 cm lang, schlaff; Blüten grünlich. Frucht 2–2,5 cm lang, spitz-eiförmig, blaß rötlichbraun. Samen eßbar. Blütezeit IV. In Westasien ursprünglich. Im Mittelmeergebiet häufig angebaut. Stellenweise eingebürgert.

Pistacia terebinthus: **a** Wuchsform **b** Blatt und Blütenstand **c** Fruchtstand
Pistacia lentiscus: **d** Wuchsform **e** Blatt und Blütenstand **f** Fruchtstand
Pistacia vera: **g** Wuchsform **h** Fruchtstand

a
b
c
d
e
f
g
h

Fam. Aceraceae – Ahorngewächse

Acer – Ahorn

Laubwerfende, sommergrüne Bäume oder (seltener) Sträucher. Blätter langgestielt, gegenständig. Blüten grünlich-gelb. Frucht ist eine geflügelte Nuß. In Europa 13 Arten.

Feld-Ahorn *Acer campestre* L.
Meist kleinerer Baum, nur ausnahmsweise über 20 m hoch. Stamm gekrümmt. Krone kugelig gewölbt. Rinde grau oder braun, mit orangebraunen Furchen. Äste aufsteigend, nur wenig überhängend, an den Spitzen wiederum aufgebogen. Zweige braun und anfangs fein behaart, oberseits meist dunkler als unterseits, oft korkig. Knospen 3 mm lang, grau oder rötlichbraun, spitz, behaart. Blätter 4–12 cm lang, meist 3–5lappig, Lappen keilförmig-länglich mit 3 gerundeten Spitzen, dick, etwas lederig, unterseits mit Haarbüscheln in den Achseln der Blattnerven, anfangs rötlich, später dunkelgrün. Blattstiel um 5 cm lang, schlank. Blüten zu wenigen in einer Rispe von 5–6 cm Höhe, mit den Blättern erscheinend, enthält männliche und weibliche Blüten. Flügelfrucht bis 5 cm lang, horizontal ausgebreitet. Blütezeit IV–V. Formenreich. In Nord- und Mitteleuropa ziemlich weit verbreitet und häufig. Gelegentlich als Parkbaum gepflanzt.

Griechischer Ahorn *Acer heldreichii* ORPH. EX BOISS.
Mittelgroßer Baum bis etwa 25 m Höhe mit hochgewölbter Krone. Rinde glatt, an alten Bäumen fein zerrissen, grau. Äste aufrecht, mit auffallend wenigen Zweigen. Knospen eiförmig, spitz, dunkelbraun. Blätter 5–17 cm lang, mit 3–5 tief abgetrennten Lappen, Mittellappen bis fast zur Mittelrippe frei, randlich mit 4–6 großen, stumpflich gerundeten Zähnen, oberseits grün, unterseits bläulich-grün mit weißen oder braunen Haaren in den Nervenachseln. Blüten in wenigblütigen Rispen, mit den Blättern erscheinend, aufrecht, unbehaart, gelblich. Früchte 2,5–5 cm lang; Flügel gekrümmt, schließen einen stumpfen Winkel ein, rötlich-braun. Blütezeit V. In den Bergwäldern des Balkans beheimatet. Kaum angepflanzt.

Unter den üblicherweise als Park- und Ziergehölzen verwendeten Ahorn-Arten finden sich manchmal auch einige chinesische Vertreter: Der **Papierrinden-Ahorn *(Acer griseum)*** zeichnet sich durch seine ungewöhnliche rötlich-braune Rinde aus, die sich in breiten Streifen ablöst; der **Davids-Ahorn *(Acer davidii)*** zeigt eine olivgrüne Rinde mit einem Netzwerk weißlicher Linien. Die erstere Art hat behaarte Zweige und Blattstiele; Blätter dreiteilig, nur die Endfieder gestielt. Beim Davids-Ahorn sind die Äste und Zweige kahl; Blätter einfach und nur selten gelappt, am Grunde herzförmig, am Rand fein gezähnt.

Acer campestre: **a** Wuchsform **b** blühender Zweig mit Blättern **c** Früchte
Acer heldreichii: **d** Wuchsform **e** Blatt **f** Früchte
Acer griseum: **g** Blatt
Acer davidii: **h** Blatt

a

b

c

h

g

f

e

d

Balkanischer Ahorn ***Acer hyrcanum*** FISCHER & C. A. MEYER
Kleiner Baum bis etwa 16 m Höhe mit kugeliger, gewölbter Krone. Rinde graubraun, in kleine quadratische Platten aufgelöst. Äste aufrecht oder ausgebreitet. Knospen grau oder braun, mit nur wenigen Schuppen. Blätter bis 10 cm lang, mit 3–5 Lappen, die bis etwa zur Hälfte der Spreite eingeschnitten sind; die drei vorderen Lappen mit parallelen Seiten und stumpfen Spitzen, randlich mit kurzen Zähnen, oberseits grün, unterseits nur auf den Blattnerven behaart. Blattstiel sehr schlank, rötlich-gelblich. Blüten nur zu wenigen, gelblich-grünlich, vor dem Laubaustrieb geöffnet. Früchte 1,5 cm lang, Flügel spitzwinklig zusammenstehend. Blütezeit IV. Waldbaum auf der Balkanhalbinsel und im Kaukasus.

Granada-Ahorn ***Acer granatense*** BOISS.
Der vorigen Art ähnlich, Blätter jedoch bis 7 cm lang mit rundlicheren Blattspitzen und -lappen. Blätter, junge Blattstiele und junge Zweige oberseits fein behaart. Nur in Südspanien, auf Mallorca und in Nordafrika beheimatet.

Französischer Ahorn ***Acer monspessulanum*** L.
Kleinerer Baum bis etwa 12 m Höhe, manchmal auch strauchförmig, mit breiter, gewölbter Krone. Rinde fein gefurcht und felderig zerrissen, grau oder schwarz. Zweige schlank und dünn, glatt, braun. Knospen 3 mm lang, eiförmig, orangebraun. Blätter 3–8 cm lang, lederig, 3lappig, Lappen abstehend, oval, ganzrandig, oberseits glänzend dunkelgrün, unterseits bläulich-grün mit Haarbüscheln in den Blattnervenachseln. Blüten erscheinen nach den Blättern, anfangs aufrecht, später hängend. Flügelfrucht 1,2 cm lang, kahl, mit parallelen oder überlappenden Flügeln, grünlich bis karminrot. Blütezeit VI. Südeuropäische Art, in Deutschland bis zur unteren Mosel verbreitet.

Kretischer Ahorn ***Acer sempervirens*** L.
Kleiner, immergrüner Baum bis etwa 12 m Höhe, oft auch als Strauch. Rinde mit wenigen Furchen, dunkelgrau, mit orangebraunen Flecken. Zweige gebogen, braun, schlank. Blätter 2–5 cm lang, 3lappig, unregelmäßig gelappt oder ungeteilt-ganzrandig. Blattstiel kurz, Blüten aufrecht, grünlich. Flügelfrüchte spitzwinklig zueinandergestellt. Blütezeit IV. Nur in Griechenland und auf Kreta.

Acer hyrcanum: **a** Wuchsform **b** blühender Zweig **c** Blatt **d** Früchte
Acer granatense: **e** belaubter Zweig
Acer monspessulanum: **f** Wuchsform **g** blühender Zweig **h** Blatt **i** Früchte
Acer sempervirens: **j** Blatt **k** Früchte

b
a
c
d
e
j
k
f
g
i
h

Eschen-Ahorn *Acer negundo* L.
Ziemlich kleiner, aber raschwüchsiger Baum bis etwa 20 m Höhe. Krone gewölbt, oft unregelmäßig. Rinde graubraun, an jungen Bäumen zunächst glatt, später mit zunehmendem Alter schmal gefurcht und dunkler braun. Knospen sehr klein, nur mit 2 Schuppen, weiß oder silbrig. Blätter 5–15 cm lang, unpaarig gefiedert, meist 5, gelegentlich auch 7 Fiederblättchen, mit schmalen, spitzen, wenigen Zähnen, Seitenfiedern fast sitzend, Endfieder gestielt. Zweihäusig. Blüten ohne Kronblätter, vor den Blättern erscheinend. Männliche Blüten in hängenden Doldenrispen zu 12–16, grün oder rosa mit roten Antheren; weibliche Blüten in lockeren Rispen zu 6–12, etwa 5 cm lang, grünlich. Früchte 2 cm lang, kahl, Flügel bilden einen spitzen Winkel, braun, nach dem Laubfall noch eine Zeit am Baum hängend. Blütezeit III. Ursprünglich im östlichen Nordamerika. In Europa vielfach als Park- und Zierbaum (auch in einer panaschierten Form) angepflanzt. Stellenweise eingebürgert.

Schneeball-Ahorn *Acer opalus* MILLER
Kleiner Baum von 15–20 m Höhe, oft auch strauchförmig, mit breiter Krone. Rinde rosabraun, schon an jungen Bäumen in quadratische Platten aufgebrochen, die später abschuppen und orangefarbene Flecke zurücklassen, an alten Bäumen nicht abfallend, sondern aufgebogen. Äste gebogen, lang, ausgebreitet. Zweige braun, mit hellen Lentizellen. Knospen 5 mm lang, braun, kegelig. Blätter bis 10 cm lang, mit 3–5 kurzen, breiten spitzen Lappen; wenn 5 Lappen vorhanden sind, fallen die untersten beiden kleiner aus, dunkelgrün, oberseits glatt, unterseits behaart. Blattstiel oben rötlich. Blüten in wenigblütiger, hängender Rispe, blaßgelb mit schlanken, schmalen, blaßgelben Kronblättern. Früchte 2,5 cm lang, Flügel fast parallelrandig, grünlich. Blütezeit IV. In den Gebirgen des westlichen Mittelmeergebietes und in den Südalpen.

Stumpfblättriger Ahorn *Acer obtusatum* WALDST. & KIT.
Mit der vorigen Art sehr eng verwandt, jedoch mit meist 5 breiten, stumpfen, kurzen Blattlappen. Blätter unterseits oft wollig behaart. Von Korsika und Sardinien bis ins östliche Mittelmeergebiet.

Acer negundo: **a** Wuchsform **b** männliche Blüten **c** weibliche Blüten **d** Blatt **e** Früchte
Acer opalus: **f** Wuchsform **g** blühender Zweig **h** Blatt **i** Früchte
Acer obtusatum: **j** Blatt

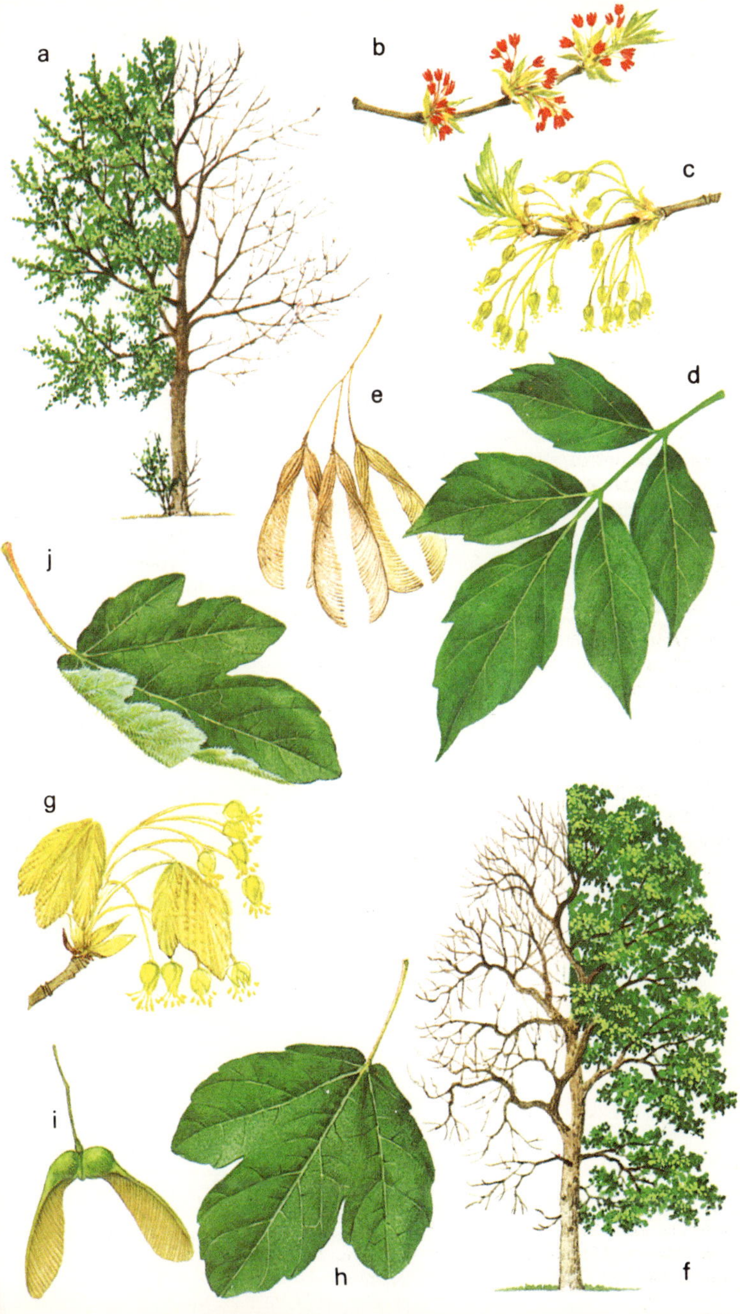
a
b
c
d
e
j
g
i
h
f

Fächer-Ahorn *Acer palmatum* THUNB.
Kleiner Baum bis 16 m Höhe mit gewölbter Krone. Stamm meist sehr kurz und meist gebogen. Rinde junger Bäume glatt und tiefbraun, oft mit hellerer Zeichnung, später eher einheitlich dunkelbraun. Äste ausgebreitet, enden in waagrecht abstehende Zweige, die oberseits rötlich, unterseits blaßgrün sind. Knospen 2–3 mm lang, eiförmig, oft rötlich überlaufen. Blätter 7–9 cm lang, mit 5–7(–11) tief eingeschnittenen, spitzen, dreieckigen Lappen, am Rande scharf gesägt. Blüten in Rispen, 12–15 zusammen, aufrecht, Einzelblüte 6–8 mm breit, purpurrot. Früchte hängend, jedes Flügelpaar 2 cm breit, einen stumpfen Winkel bildend, zur Reifezeit rötlich. Blütezeit IV–V. In der Ebene und im Bergland Japans. Ziemlich häufig in Gärten und Parks als Zierbaum angepflanzt.

Japanischer Ahorn *Acer japonicum* THUNB.
Kleiner Baum bis 14 m Höhe mit hochgewölbter Krone und niedrigem, meist nur um 1 m hohem Stamm. Rinde graubraun, glatt. Äste waagrecht abstehend oder leicht aufwärts gebogen. Zweige oberseits meist rötlich oder bräunlich. Knospen eiförmig-spitz, Schuppen mit rötlichen Rändern. Blätter 7–13 cm lang, etwas länger als breit, mit 7–11 scharf zugespitzten Lappen, die weniger als bis zur Spreitenhälfte eingeschnitten sind, anfangs behaart, später verkahlend, am Rande scharf gesägt bis gezähnt. Blattstiel 3–5 cm lang, zunächst wie die Spreite behaart. Blüten purpurn, etwa 1,5 cm breit, vor dem Laubaustrieb in hängenden Rispen. Jedes Flügelfruchtpaar 4–5 cm breit, einen stumpfen Winkel einschließend oder annähernd in einer Linie, Samen und oberer Rand grün. Blütezeit V. Ursprünglich nur in Japan. In Gärten und Parks wie die vorige Art als Zierbaum gepflanzt.

Acer palmatum: **a** Wuchsform **b** blühender Zweig **c** Früchte **d** Blatt und Frucht der Kulturvarietät ‚Atropurpureum'.
Acer japonicum: **e** Wuchsform **f** Blatt **g** blühender Zweig **h** Früchte

c
b
a
d
g
e
h
f

Spitz-Ahorn *Acer platanoides* L.
Stattlicher Baum bis etwa 30 m Höhe mit gewölbter, ausgebreiteter Krone auf ziemlich kurzem Stamm. Rinde grau, glatt, mit recht flachem Leistenmuster überspannt. Äste kräftig, aber wenig verzweigt. Zweige mattgrün oder rötlich überlaufen. Knospen eiförmig, spitz, abstehend. Blätter 10–15 cm lang, mit 5–7 lang zugespitzten, lang gezähnten Lappen; untere Lappen schmaler als die übrigen und eher von dreieckigem Umriß, oberseits hellgrün und glatt, unterseits blasser und mit Haarbüscheln in den Achseln der Blattnerven. Blattstiel bis 20 cm lang. Blüten zu 30–40 in aufrechten Rispen, vor dem Laubaustrieb erscheinend und erst nach der Laubentfaltung abblühend; Einzelblüten bis 8 mm breit, gelblich. Flügelfrüchte 6–10 cm breit, annähernd horizontal gestellt. Blütezeit III–IV. Wichtiger Waldbaum in vielen Teilen Europas, im Süden dagegen nur in den Gebirgen. Häufig als Straßen- und Parkbaum angepflanzt. Eine süditalienische Art, *Acer lobelii,* kann durch ihren säulenförmigen Wuchs und die ganzrandigen Blattlappen unterschieden werden.

Berg-Ahorn *Acer pseudoplatanus* L.
Stattlicher Baum bis 35 m Höhe mit rundlicher Krone, mitunter auch so weit ausladend, daß die Krone breiter als hoch ist. Rinde grau, in kleinere, rechteckige Platten gefeldert, die zum Teil abschuppen und orangebraune Flekken lassen. Äste sehr kräftig, aufrecht. Zweige kurz und gebogen, graugrün, mit blassen Lentizellen. Knospen 0,8–1 cm lang, eiförmig, von rötlichen Schuppen eingeschlossen. Blätter 10–15 cm lang, 5lappig, Lappen bis etwa zur Spreitenmitte eingeschnitten, spitz, grob gezähnt, oberseits dunkelgrün, unterseits blasser und mit Haaren an den Hauptnerven. Größe und Blattschnitt ziemlich variabel; jüngere Bäume haben meist größere Blätter als ältere, langsamwüchsige Exemplare; die unteren beiden Blattlappen sind meist wesentlich kleiner als die übrigen. Blattstiele meist ziemlich lang. Blüten in 6–12 cm langen, hängenden Rispen, nach dem Laubaustrieb erscheinend. Flügelfruchtpaare etwa 6 cm breit, einen rechten Winkel einschließend, grünlich-rot, kahl. Blütezeit IV. Wichtiger europäischer Waldbaum. In den Alpen bis zur Waldgrenze. Ziemlich häufig angepflanzt und praktisch überall eingebürgert.

Acer platanoides: **a** Wuchsform **b** blühender Zweig **c** Blatt **d** junge Früchte
Acer pseudoplatanus: **e** Wuchsform **f** blühender Zweig **g** Früchte

a
b
c
d
f
g
e

Silber-Ahorn *Acer saccharinum* L.
Einhäusiger Baum bis etwa 30 m Höhe, mit ausgebreiteter oder hochgewölbter Krone. Rinde grau, glatt, später bei älteren Bäumen etwas gefurcht und mit kleineren Platten abschuppend, häufig mit Wasserreisern. Äste sehr zahlreich, schlank, bogig aufsteigend. Zweige oft hängend, bräunlich-purpurn. Blätter 9–16 cm lang, 5lappig, Lappen weiter als bis zur Spreitenmitte eingeschnitten, unregelmäßig grob gezähnt, anfangs rötlich-orangebraun, später grün, unterseits silbrig-weiß behaart. Blattstiel schlank und dünn, rosa. Blüten vor dem Laubaustrieb, zu 4–5 an den Knoten, ohne Kronblätter, Blütenstiele dunkelrot, Flügelfrucht 5–6 cm lang, spitzwinklig zusammenstehend, grünlich, mit deutlicher Nervatur. Blütezeit III. Ursprünglich in Nordamerika. In Europa vielfach in Parks und als Straßenbaum gepflanzt.

Rot-Ahorn *Acer rubrum* L.
Schnellwüchsiger, einhäusiger Baum bis etwa 23 m Höhe, mit unregelmäßig aufgebauter Krone und aufsteigenden, bogigen Ästen. Zweige dünn, oft kupferrot. Blätter 8–10 cm, etwa so breit wie lang, mit 3–5 Lappen, die höchstens bis zur Spreitenhälfte eingeschnitten sind; untere Lappen sehr schmal und kleiner als die übrigen, grob gezähnt, Zähne spitzenwärts weisend, oberseits anfangs rötlich-grün, später dunkelgrün, unterseits silbrig. Weibliche Blüten länger als die männlichen; Blüten rot, vor dem Laubaustrieb aufblühend. Früchte 1 cm lang, purpurrot. Blütezeit III. Im östlichen und mittleren Nordamerika beheimatet, aber häufig als Park- und Zierbaum gepflanzt.

Tataren-Ahorn *Acer tataricum* L.
Kleiner, meist einhäusiger Baum bis 10 m Höhe, oft auch strauchig. Rinde glatt, braun, mit feinen Längsstreifen. Blätter 6–10 cm lang, ungeteilt, länglich, am Grunde herzförmig, am Rande fein und scharf gesägt oder gezähnt; Blattstiel 3–5 cm lang, weißlich oder rot. Blüten grünlich-weiß, zu 20–30 in fast aufrechten Rispen, nach dem Laubaustrieb erscheinend. Früchte 2,5 cm breit, Flügelränder fast parallel, tiefrot mit dickem grünem Rand. Blütezeit V. In Südosteuropa und auf dem Balkan weit verbreitet. Seltener als Zier- oder Parkbaum gepflanzt.

Acer saccharinum: **a** Wuchsform **b** blühender Zweig **c** Blatt **d** Früchte
Acer rubrum: **e** Blatt **f** weibliche Blüten **g** Früchte
Acer tataricum: **h** Wuchsform **i** blühender Zweig **j** Früchte

a
b
c
d
e
f
g
h
i
j

Fam. Sapindaceae – Seifenbaumgewächse

Blasenesche *Koelreuteria paniculata* LAXM.
Ansehnlicher laubwerfender Baum bis etwa 15 m Höhe mit schlanker, hochgewölbter Krone, die im Alter sehr kompakt ausfällt. Holz markig-weich. Rinde braun, mit kurzen Furchen, unter der Oberfläche orangebraun. Junge Zweige kurz samthaarig. Blätter wechselständig, 15–40 cm lang, unpaarig gefiedert, am Grunde manchmal doppelt gefiedert; Fiederblättchen von ovalem Umriß, 3–8 cm lang, grob und unregelmäßig gezähnt oder fiedrig gelappt, dunkelgrün, kahl, unterseits heller. Blüten in großen pyramidalen Rispen, Einzelblüten mit 4 gelben Kronblättern, bis 8 Staubblättern und 3fächerigem Fruchtknoten. Kapselfrucht aufgeblasen, bis 5 cm lang, 3klappig, spitz oder stumpflich, mit schwarzen Samen. Ursprünglich nur in Ostasien. Vor allem in Südeuropa als Straßen- und Parkbaum gepflanzt.

Fam. Hippocastanaceae – Roßkastaniengewächse

Gemeine Roßkastanie *Aesculus hippocastanum* L.
Ansehnlicher Baum bis etwa 25 m Höhe mit sehr großer, gewölbter Krone auf recht dickem Stamm. Rinde graubraun, manchmal etwas rötlich, in größere und kleinere Platten zerrissen und abschuppend. Zweige rötlich-braun, mit Lentizellen und deutlichen Blattspuren. Winterknospen sehr groß, dunkelbraun glänzend, harzig, klebrig, bis 3,5 cm lang. Blätter tief handförmig geteilt, jedes Teilblatt 10–25 cm lang, verkehrt-eiförmig, am Grunde keilförmig verschmälert, sitzend, doppelt gezähnt, vorne in eine kurze Spitze auslaufend, oberseits matt dunkelgrün, unterseits etwas behaart oder verkahlend. Blüten sehr zahlreich in aufrechten Rispen; Kronblätter etwa 1 cm lang, weiß, mit rotem oder gelbem Saftmal. Frucht eine 1–3samige Kapsel, meist mit nur 1 Kastanie, außen bis 6 cm dick, stachelig, Kastanien (Samen) rotbraun, mit sehr auffälliger, blasser Spur. Blütezeit V. Fruchtreife IX. In den Bergwäldern des Balkans heimisch, seit langem jedoch als Park-, Zier- oder Straßenbaum angepflanzt. Vielfach auch eingebürgert. Fehlt nur im hohen Norden.
Die **Rote Roßkastanie *(Aesculus* × *carnea)*** wird ebenfalls häufig angepflanzt. Sie ist in allen Teilen kleiner. Blätter mit elliptischen Abschnitten. Früchte ohne Stachel. Aus der Kreuzung von *A. hippocastanum* und *A. pavia* aus Nordamerika hervorgegangen.

Koelreuteria paniculata: **a** Wuchsform **b** Blatt **c** Blüten **d** Frucht
Aesculus hippocastanum: **e** Wuchsform **f** Blatt **g** Blüte **h** Frucht und Samen
Aesculus carnea: **i** Blüte **j** Frucht

a
c
b
i
j
d
h
f
g
e

Fam. Aquifoliaceae – Stechpalmengewächse

Ilex – Stechpalme, Hülse
Umfangreiche Gattung mit immergrünen und laubwerfenden Sträuchern und Bäumen in allen Erdteilen mit Ausnahme Australiens und des westlichen Nordamerika.

Stechpalme, Hülse _Ilex aquifolium_ L.
Immergrüner Strauch oder kleiner Baum bis etwa 10 m Höhe, nur ausnahmsweise noch höher. Krone anfangs schmal-kegelförmig, gelegentlich auch breiter und rundlich. Rinde glatt, silbergrau. Junge Zweige hellgrün, später glatt und glänzend. Blätter 5–12 cm lang, immergrün, lederig-dick, etwa 3mal so lang wie breit, länglich-eiförmig bis länglich-elliptisch, am Rande wellig mit weit abstehenden, langen, spitzen Zähnen oder fast ganzrandig, oberseits glänzend dunkelgrün, unterseits heller. Blattstiel starr, um 1 cm lang. Blüten duftend, 6–8 mm lang, männliche Blüten mit langen Antheren und unvollständigem Fruchtknoten; weibliche Blüten mit großem Fruchtknoten und stark zurückgebildeten Antheren. Steinfrucht mehrsamig, 0,7–1 cm lang, kugelig, scharlachrot. Blütezeit V–VI. In West- und Südwesteuropa sowie in Westasien weit verbreitet, meist als Unterholz in Rotbuchenwäldern. Häufig in Gärten und Parks als Ziergehölz. Wildpflanzen stehen in Deutschland unter Naturschutz. Früchte giftig.

Großblättrige Stechpalme _Ilex altaclarensis_ DALLIM.
Immergrüner Baum bis etwa 20 m Höhe mit dichter, häufig gewölbter Krone. Rinde purpur-grau. Äste meist abstehend und ausgebreitet. Zweige manchmal grün, mit purpurnen Streifen. Blätter bis 12×9 cm groß, oval bis länglich, flach, annähernd ganzrandig oder mit 2–10 kurzen, nach vorne weisenden Blattranddornen, oberseits glänzend dunkelgrün, unterseits heller grün. Blüten etwa 1,2 cm lang, Kronblätter weißlich, an der Basis oft purpurn. Früchte etwa 1,2 × 1 cm, kugelig bis länglich, scharlachrot. Blütezeit V. Diese Form gehört einer Serie von Bastarden aus der **Gewöhnlichen** und der **Kanarischen Stechpalme _(Ilex perado)_** an. Diese Stammart ist ähnlich, Blätter jedoch 2,5–6 cm lang, elliptisch-länglich, fast kreisrund, ganzrandig oder nur mit sehr kurzen Zähnen. Blattstiel schwach geflügelt. Blüten rosa; Steinfrüchte 7–9 mm lang. Auf den Azoren, auf Madeira und den Kanarischen Inseln beheimatet. Nur gelegentlich in Gärten und Parks angepflanzt.

Ilex aquifolium: **a** Wuchsform **b** Rinde **c** blühender Zweig **d** fruchtender Zweig
Ilex altaclarensis: **e** Wuchsform **f** blühender Zweig **g** fruchtender Zweig

a
c
b
d
f
g
e

Fam. Celastraceae – Baumwürgergewächse

***Euonymus* – Spindelbaum**
Unbedornte Bäume oder Sträucher mit gegenständigen Blättern und Blüten mit 4–5 Kelch- und Kronblättern. Kapselfrucht. Samen oft von einem lebhaft gefärbten Samenmantel (Arillus) eingeschlossen.

Europäisches Pfaffenhütchen *Euonymus europaea* L.
Kleiner, reichverzweigter, ein- oder zweihäusiger, laubwerfender Strauch oder Baum bis etwa 6 m Höhe. Rinde glatt, anfangs grau, später rissig und rötlich überlaufen. Zweige grün, 4kantig mit auffallenden Korkleisten, später rundlich. Knospen 2–4 mm lang, eiförmig-spitz. Blätter bis 10 cm lang, oval-lanzettlich oder elliptisch, vorne mit schlanker Spitze, fein gesägt oder gezähnt. Im Herbst sehr lebhaft gefärbt. Blütenstand rispig, achselständig, mit 3–8 gelblich-grünen Blüten, diese 4zählig. Kapsel rosa bis lilarot. 10–15 mm breit, mit 4 rundlichen Segmenten. Blütezeit V–VI. In Mitteleuropa in Gebüschen und an Waldrändern weit verbreitet. Einige Kulturvarietäten in Gärten gepflanzt. In allen Teilen ziemlich giftig.

Breitblättriger Spindelbaum *Euonymus latifolia* (L.) MILLER
Der vorigen Art ziemlich ähnlich, Zweige jedoch weniger auffällig 4kantig und Knospen 7–12 mm lang. Blätter bis 16 cm lang, vorne abgerundet, manchmal am Rande fein gezähnt. Blütenstände mit 4–12 rosafarbenen Einzelblüten, diese sind 5zählig. Kapseln 15–20 mm breit, mit 5 Segmenten und an den Rändern kantig. Im südlichen und südöstlichen Europa beheimatet und gelegentlich in Gärten und Parks angepflanzt. Giftig

Japanischer Spindelbaum *Euonymus japonica* L.
Immergrüner Baum oder großer Strauch bis 6 m Höhe mit schwach 4kantigen Zweigen. Blätter dick, etwas lederig, bis 7 cm lang, elliptisch bis verkehrt-eiförmig, oberhalb der Blattmitte am breitesten, vorne stumpf oder kurz zugespitzt, am Rande fein gezähnt. Blüten in vielblütigen Rispen. Einzelblüten 4zählig, grünlich-gelb. Kapseln um 8 mm breit, rötlich, mit rundlichen Ecken. Blütezeit V–VI. Ursprünglich in Ostasien. In zahlreichen Gartenformen gepflanzt. In Südeuropa zunehmend eingebürgert.

Euonymus europaea: **a** Wuchsform **b** blühender Zweig **c** Blüte **d** Früchte
Euonymus latifolia: **e** blühender Zweig **f** Blüte **g** Früchte
Euonymus japonica: **h** blühender Zweig **i** Blüte

a
c
b
d
i
e
f
h
g

Fam. Buxaceae – Buchsbaumgewächse

Buchsbaum *Buxus sempervirens* L.
Kleiner Baum oder Strauch, meist bis 5 m hoch, selten höher. Krone kugelig oder schmal. Oft auch mehrstämmig. Rinde glatt und braun, später korkig und gefurcht bis längsrissig, an alten Exemplaren in kleine quadratische Platten aufgelöst und grau. Zweige 4kantig, grün, weißlich behaart. Knospen sehr klein, 1–2 mm lang, rundlich, blaß orangebraun, dicht behaart. Blätter 1,5–3 cm lang, oval, länglich-elliptisch oder fast kreisförmig, meist an der Spitze etwas ausgerandet, oberseits glänzend dunkelgrün, unterseits hellgrün, am Grunde weißlich behaart. Blattstiel sehr kurz. Blüten gelblich, in Knäueln in den Achseln von Tragblättern am Ende der Zweige. Blütezeit IV. Vor allem im südwestlichen Europa an trockenen Standorten verbreitet, im westlichen Mitteleuropa als Wildpflanze nur stellenweise. Sehr häufig in verschiedenen Gartenformen gepflanzt.

Balearischer Buchsbaum *Buxus balearica* LAM.
Der vorigen Art recht ähnlich, jedoch etwas höher und schlanker sowie mit rötlich überlaufener Rinde. Zweige ziemlich kräftig, steif aufrecht, an den Knoten etwas abgeflacht, verkahlend. Blätter 2,5–4 cm lang; gegenständige Blattpaare untereinander etwas weiter entfernt, blasser grün und oberseits nur matt. Blütenstände bis 1 cm breit. Blütezeit V. An feuchteren, felsigen Standorten auf Sardinien, den Balearen und stellenweise in Ost- und Südspanien. Meist nur in Südeuropa als Gartenpflanze.

Fam. Malvaceae – Malvengewächse

Schönmalve *Corynabutilon vitifolium* (CAV.) KEARNEY
Kleiner Baum oder Strauch, etwa 4–9 m hoch. Junge Zweige weißlich behaart. Blätter wechselständig, einfach, graufilzig, meist 10–15 cm lang, am Grunde herzförmig, meist mit 3–5 schmalen Lappen, jeder Lappen zugespitzt und grob gezähnt. Blütenstand achselständig, wenigblütig. Einzelblüten bis 7 cm breit, 5zählig, mit rundlichen, überlappenden Kronblättern, meist blaßblau oder weißlich. Frucht wird bei der Reife in mehrere einsamige Teile zerlegt. Blütezeit V. Ursprünglich in Chile. In wintermilden Gebieten Europas gelegentlich als Ziergehölz angepflanzt.

Buxus sempervirens: **a** Wuchsform **b** blühender Zweig **c** männliche Blüte **d** weibliche Blüte **e** Frucht
Corynabutilon vitifolium: **f** Wuchsform **g** blühender Zweig

a
b
c
d
e
f
g

Fam. Rhamnaceae – Kreuzdorngewächse

Christusdorn *Paliurus spina-christi* MILLER
Kleiner, dichtverzweigter Strauch oder Baum bis etwa 3 m Höhe. Zweige biegsam, zickzackförmig gebogen, stark dornig, kahl oder fein behaart. Blätter wechselständig, in einer Ebene zweizeilig angebracht, etwa 2–4 cm lang, oval, ganzrandig oder mit kleinen, scharfen Zähnen. Nebenblätter verdornt, Dornen gerade oder gebogen. Blüten zwittrig, etwa 2 mm breit, gelblich, in lockeren, achselständigen Blütenständen. Frucht holzig, 1,8–3 cm breit, mit großem, welligem Flügelsaum. Blütezeit VII. Vor allem in den trockenheißen Gebieten des Mittelmeerraums, besonders auf der Balkanhalbinsel, weit verbreitet. Verbißfest und daher auch häufig in Feldhecken gepflanzt.

Judendorn *Zizyphus jujuba* (L.) MILLER
Kleiner, dicht verzweigter Baum oder Strauch bis etwa 8 m Höhe, der vorigen Art in der Erscheinung ähnlich. Zweige grün, biegsam, zickzackförmig hin- und hergebogen, kahl, nicht-blühende Abschnitte mit ansehnlichen Nebenblattdornen, blühende Zweige meist dornenlos. Blätter wechselständig, 2–7 cm lang, länglich, mit stumpfer Spitze, am Rande fein gezähnt, oberseits glänzend hellgrün und unbehaart, unterseits zerstreut behaart, besonders auf den Blattnerven. Nebenblattdornen von ungleicher Länge, einer lang und gerade, der andere kurz und gekrümmt. Blütenstand klein, achselständig, Blüten auf kurzen Stielchen, unscheinbar grünlich-gelb, etwa 3 mm im Durchmesser. Steinfrucht eiförmig, 1,5–3 cm lang, zur Reifezeit rötlich-braun oder schwärzlich, eßbar, Fleisch von überraschend angenehmem Geschmack. Blütezeit VI–VII. Asiatische Art, die im Mittelmeergebiet wegen ihrer Früchte gelegentlich kultiviert wird.

Paliurus spina-christi: **a** Wuchsform **b** blühender Zweig **c** fruchtender Zweig
Zizyphus jujuba: **d** Wuchsform **e** blühender Zweig **f** Zweig mit unreifen Früchten

a
b
c
e
f
d

Purgier-Kreuzdorn *Rhamnus cathartica* L.

Laubwerfender, zweihäusiger Strauch oder kleiner Baum bis 10 m Höhe. Rinde älterer Exemplare fast schwarz, gefurcht, mit kleinen Flecken abschuppend, unter der Oberfläche orangebraun. Äste gegenständig, rechtwinklig vom Stamme abstehend. Seitenäste und Zweige enden manchmal in längeren Dornen, andere bilden Kurztriebe unterhalb der Blätter und Blüten. Zweige kahl oder dicht behaart, grau oder braun, mit deutlichen Blattspuren. Blätter 3–7 cm lang, annähernd gegenständig, oval bis elliptisch, vorne stumpflich oder etwas ausgerandet und mit schlanker Spitze, am Rande fein gezähnt, mit 2–4 Paar deutlicher Seitennerven, grün, im Herbst gelb. Blattstiel um 1 cm lang. Nebenblätter fallen frühzeitig ab. Blüten von süßlichem Duft, 4- oder 5zählig, auf dünnen Stielchen, einzeln oder in Büscheln am Ende der Vorjahrestriebe. Steinfrucht kugelig, 6–8 mm breit, mit 2–4 gelben Steinen, zur Reifezeit schwarz. Blütezeit IV–VI. In Hecken, in Dickichten oder an Waldrändern in Europa weit verbreitet. Fehlt im Mittelmeergebiet. Dort durch die verwandte Art *Rhamnus alaternus* ersetzt.

Faulbaum, Pulverholz *Frangula alnus* MILLER

Kleiner dornenloser, laubwerfender Strauch oder Baum bis etwa 5 m Höhe. Rinde ziemlich dünn, glatt auch an älteren Exemplaren, braun, mit einem Netzwerk purpurner Zeichnungen. Zweige und Äste aufrecht bis aufsteigend, undeutlich gegenständig, vom Stamm rechtwinklig abstehend, aber nicht deutlich in Kurz- oder Langtriebe gegliedert. Junge Zweige anfangs grün, später braun, schwach behaart und mit hellen Lentizellen. Knospen ohne Schuppen, aber dicht bräunlich behaart. Blätter oberhalb der Mitte am breitesten, stumpflich-spitz, ganzrandig, mit 7–9 Paar unauffälliger Seitennerven, grün, im Herbst rötlich-gelb. Blüten einzeln oder in Büscheln an den jungen Trieben, 5zählig, zwittrig. Steinfrucht kugelig, bis 1 cm breit und lang, kugelig, zur Reifezeit rot bis schwärzlich. Blütezeit V–VI. In Europa in feuchteren Wäldern oder in Weidengebüsch mit Ausnahme des hohen Nordens und Teilen des Mittelmeergebietes weit verbreitet und häufig. Alle Teile der Pflanze sind giftig.

Rhamnus cathartica: **a** Wuchsform **b** Winterzweig **c** fruchtender Zweig **d** männliche Blüte **e** weibliche Blüte
Frangula alnus: **f** Wuchsform **g** Winterzweig **h** fruchtender Zweig **i** Blüte

a
b
c
d
e
f
g
h
i

Fam. Tiliaceae – Lindengewächse

Silber-Linde *Tilia tomentosa* MOENCH
Ansehnlicher Baum bis 30 m Höhe mit pyramidaler oder kugelig gewölbter Krone. Rinde dunkelgrau-grünlich, mit einem Netzwerk schmaler, flacher Risse und Leisten überspannt. Äste sehr variabel, meist ziemlich gerade, aufrecht. Junge Zweige filzig weißlich behaart, später oberseits dunkelgrau-grünlich, unterseits hellgrün. Knospen 6–8 mm lang, eiförmig, braun bis grün, flaumig behaart. Blätter 8–12 cm lang, von rundlichem Umriß, plötzlich in eine schlanke Spitze verschmälert, herzförmig, mit etwas schiefem Blattgrund, oberseits glatt oder etwas runzelig, unterseits weißlich mit Sternhaaren besetzt. Blattstiel etwa 1,8–5 cm lang, ebenfalls weißlich flaumhaarig. Tragblätter der Blütenstände lanzettlich bis länglich-oval, gelblich-grün, behaart. Blüten mit Staminodien. Kapselfrüchte 0,6–1,2 cm lang, eiförmig, leicht 5kantig, etwas warzig, behaart. Blütezeit VII–VIII. In Asien und auf der Balkanhalbinsel beheimatet, bis nach Nordungarn verbreitet. Häufig als Park- oder Zierbaum gepflanzt.

Hängende Silber-Linde *Tilia petiolaris* DC.
Baum bis etwa 30 m Höhe mit meist recht schmal gewölbter Krone. Rinde dunkel oder blaßgrau, mit schmalen, flachen Leisten und Furchen. Äste aufrecht, bogig überhängend und an den Enden lang herabhängend. Junge Zweige blaß grau-grünlich, dicht behaart. Knospen etwa 5 cm lang, eiförmig, mattgrün, behaart. Knospen etwa 5 mm lang, eiförmig, mattgrün, behaart. Blätter 5–12 cm lang, von oval-rundlichem Umriß mit schlanker Spitze und herzförmiger, etwas schiefer Basis, scharf gezähnt, oberseits dunkelgrün und nur wenig behaart, unterseits dicht weißfilzig. Tragblätter der Blütenstände spatelförmig bis schmal-lanzettlich, mit kleinen Haarbüscheln besetzt. Blüten mattweiß, zu 3–10 in hängenden Blütenständen, mit Staminodien. Kapselfrucht etwa 1,2 cm lang, breit-kugelig, leicht 5kantig, auf der Oberfläche fein warzig, meist immer steril. Blütezeit VII. Herkunft dieser Art ist unklar. Meist wird sie als entfernte Varietät der vorigen Art angesehen. Häufig auf Friedhöfen, in Parks und als Straßenbaum gepflanzt.

Tilia tomentosa: **a** Wuchsform **b** Rinde **c** blühender Zweig **d** Früchte
Tilia petiolaris: **e** Wuchsform **f** blühender Zweig **g** Früchte

a
b
c
d
e
f
g

Sommer-Linde *Tilia platyphyllos* SCOP.
Großer Baum mit gewölbter, manchmal recht schmaler Krone bis 40 m Höhe. Rinde dunkelgrau, mit feinen Längsfurchen und mitunter auch mit flachen Leisten. Äste steil aufrecht. Junge Zweige rötlich-braun, kahl oder flaumhaarig. Behaarung meist auf die Spitzenregion beschränkt. Knospen etwa 6 mm lang, eiförmig, dunkelrot, kahl oder fein behaart, nur mit 2 großen Schuppen. Blätter 6–9(–15) cm lang, breit-oval mit schlanker, verlängerter Spitze, am Grunde herzförmig, symmetrisch, am Rande regelmäßig gezähnt. Tragblätter der Blütenstände länglich-oval, weißlich-grün, kahl oder fein behaart. Blüten gelblich-weiß, zu 2–6 an hängenden Blütenständen, ohne Staminodien, mit unbehaartem Griffel. Kapselfrüchte 0,8–1,2 cm lang, kugelig bis birnenförmig, behaart, mit 3–5 Kanten und verholzten Klappen. Blütezeit VI. Wichtiges Unterscheidungsmerkmal: Blätter unterseits mit weißlichen Haarbüscheln in den Achseln der Blattnerven. Wichtiger Waldbaum in Mittel- und Osteuropa, bis zur Ukraine und nach Kleinasien verbreitet, sonst häufig in Parks oder als Straßenbaum angepflanzt.

Rot-Linde *Tilia rubra* DC.
Der Sommer-Linde sehr ähnlich, jedoch mit kräftigen Blättern, die am Rande borstlich gezähnt sind und eine etwas schiefere Blattbasis zeigen. In Südosteuropa beheimatet. Seltener angepflanzt.

Winter-Linde *Tilia cordata* MILLER
Stattlicher Baum bis über 30 m Höhe mit etwas unregelmäßiger, aber dichter und gewölbter Krone. Rinde grau, an jungen Bäumen sehr glatt, später dunkler grau bis braun mit breiten Rissen und grober Felderung. Zweige fast kahl, oberseits bräunlich-rot, unterseits olivgrün. Knospen etwa 5 mm lang, eiförmig, glatt, dunkelrot. Blätter 3–9 cm lang, von rundlichem Umriß, vorne schlank zugespitzt, am Grunde herzförmig, am Rande fein gezähnt, oberseits glänzend dunkelgrün, glatt, unterseits blaßgrün, mit rötlich-braunen Haarbüscheln in den Achseln der Blattnerven. Blattstiel 2,5–4 cm lang. Tragblätter der Blütenstände länglich-lanzettlich, blaßgrün, gestielt. Blüten durchscheinend weiß, zu 4–15 in hängenden Blütenständen oder (häufiger) aufrecht, ohne Staminodien. Kapselfrucht etwa 6 mm lang, kugelig, gerippt, anfangs behaart, später glatt. Blütezeit VII. Wichtiger Waldbaum in Mitteleuropa. Häufig in Parks und als Straßenbaum gepflanzt.

Tilia platyphyllos: **a** Wuchsform **b** Rinde **c** Blatt **d** Blüten **e** Früchte
Tilia cordata: **f** Wuchsform **g** blühender Zweig **h** Früchte

c
a
d
e
b
g
h
f

Holländische Linde *Tilia vulgaris* HAYNE *(Tilia europaea)*
Stattlicher Baum bis fast 50 m Höhe mit hoher, gewölbter, etwas unregelmäßig aufgebauter Krone. Rinde mattgrau, an jungen Bäumen glatt, später längsrissig mit flachen Furchen und Leisten. Stamm oft mit Maserknollen und Schößlingen. Äste aufrecht, bogig. Junge Zweige grün, glatt oder (selten) etwas behaart. Knospen etwa 7 mm lang, eiförmig, rötlich-braun, meist glatt. Blätter 6–10 cm lang, breit-oval mit kurzer Spitze, am Grunde herzförmig, symmetrisch, manchmal auch fast gerade, Blattzähne gerundet, mit scharfer Spitze, oberseits mattgrün, unterseits heller, in Achseln der Blattnerven mit weißlichen Haarbüscheln. Blattstiel 2–5 cm lang, glatt, grün. Tragblätter der Blütenstände länglich, gelblich-grün, auf der Mittelrippe leicht behaart. Blüten gelblich-weiß, zu 5–10 in hängenden Blütenständen, ohne Staminodien, mit glattem Griffel. Kapselfrucht etwa 8 mm lang, breit-oval bis kugelig, vorne gerundet, leicht gerippt, mit dicken, holzigen Klappen, oft steril. Blütezeit VII. Bastard aus der Sommer- und der Winter-Linde, die Eltern an Wuchshöhe und Schönheit übertreffend. Als Park- und Straßenbaum wesentlich häufiger gepflanzt als die beiden Elternarten. In Europa weit verbreitet, auch als natürlicher Bastard.

Krim-Linde *Tilia euchlora* C. KOCH
Mittelgroßer Baum mit unregelmäßiger Krone, bis etwa 20 m hoch. Rinde glatt, mattgrau, an älteren Bäumen zerrissen und braun. Äste anfangs aufrecht, gekrümmt, später ausgebreitet und an den Enden herabhängend. Zweige hellgrün, manchmal oberseits grünlich-rot, meist glatt und unbehaart. Knospen 3–6 mm breit, gelblich-rot, glatt. Blätter 5–10 cm lang, breit-oval, plötzlich zugespitzt, mit etwas schiefem Blattgrund, am Rande fein gezähnt, Zähne in eine Haarspitze auslaufend, oberseits glänzend dunkelgrün, unterseits blasser, mit auffälligen rötlich-braunen Haarbüscheln in den Achseln der Blattnerven. Blattstiel etwa 3,5 cm lang, glatt. Tragblätter der Blütenstände sehr schmal, grünlich-weiß. Blüten kräftig gelb, zu 3–7 in Blütenständen, hängend. Früchte bis 1,2 cm lang, eiförmig bis elliptisch, an beiden Enden verschmälert. Blütezeit VII. Vermutlich Bastard aus der Winter-Linde und der **Schwarzmeer-Linde** *(Tilia dasystyla)*, die sich durch gelbliche Haarbüschel auf der Blattunterseite und einen behaarten Griffel auszeichnet. Der Bastard wird sehr häufig als Allee- und Parkbaum gepflanzt.

Tilia vulgaris: **a** Wuchsform **b** Rinde **c** blühender Zweig **d** Früchte
Tilia euchlora: **e** Wuchsform **f** Blatt **g** Blüten **h** Früchte

a
c
b
f
d
g
h
e

Fam. Nyssaceae – Tupelobaumgewächse

Tupelobaum *Nyssa sylvatica* MARSH
Laubwerfender, zweihäusiger Baum bis etwa 30 m Höhe im Ursprungsgebiet, in Kultur meist kleiner. Stamm bis 1,5 m dick. Krone breitkegelförmig. Rinde bräunlich-grau, grob gefeldert und mit breiten Rissen. Blätter 5–15 cm lang und 4–8 cm breit, meist oval bis verkehrt-eiförmig, an beiden Enden verschmälert, ganzrandig oder wenig gezähnt, meist kahl. Blattstiel 1,5–2,5 cm lang, behaart, rötlich. Blüten eingeschlechtig, bis 1,5 cm breit, grünlich, auf dünnen, behaarten Stielchen bis 3 cm Länge; männliche Blüten sehr zahlreich in rundlichen Blütenköpfen, weibliche Blüten nur zu 2–4. Steinfrucht, 1–2 cm lang, eiförmig, bläulich-schwarz, mit einsamigem Stein. Ursprünglich nur in den Sumpfgebieten des östlichen Nordamerikas. In Europa stellenweise eingeführt und wegen des leuchtend gelben Herbstlaubes angepflanzt.

Papiertaschentuch-Baum *Davidia involucrata* BAILLON
Mittelgroßer laubwerfender Baum zwischen 12–20 m Höhe. Krone an jüngeren Bäumen kegelförmig, erst später breiter und gewölbt. Äste ziemlich kräftig. Rinde graubraun bis purpurbraun, mit schmalen Längsrissen, mitunter abschilfernd. Junge Triebe glatt, mattbraun. Knospen oval, glatt, dunkelrot. Blätter etwa 8–18 cm lang, breit-oval, am Grunde herzförmig, in eine schlanke Spitze verschmälert, am Rande gleichmäßig mit dreieckigen, spitzen Zähnen, oberseits dunkelgrün glänzend, unterseits bleich und flaumhaarig. Blattstiel bis 15 cm lang, rosa, gelbgrün oder dunkelrot. Blüten klein, ohne Kronblätter, in dichten Blütenköpfen, mehrere männliche Blüten und eine zwittrige Blüte zusammenstehend, mit langen Staubblättern. Blütenstand von einem auffälligen Paar weißlicher Hochblätter eingeschlossen, die bis 16 cm lang und 10 cm breit sein können und vom Grunde des Blütenstandes herabhängen. Früchte zur Reifezeit etwa 3,5 cm breit, rundlich, grün mit purpurnem Anflug, mehrsamig. Blütezeit V. Ursprünglich nur in China. In Nordwesteuropa in Parks und Gärten mitunter als Zierbaum angepflanzt.

Nyssa sylvatica: **a** Wuchsform **b** Zweigende mit männlichen Blüten **c** weibliche Blüten **d** männliche Blüten **e** fruchtender Zweig
Davidia involucrata: **f** Wuchsform **g** blühender Zweig **h** Frucht

a
b
c
d
e
g
f
h

Fam. Elaeagnaceae – Ölweidengewächse

Sanddorn *Hippophae rhamnoides* L.
Reichverzweigter, zweihäusiger, laubwerfender Strauch oder kleiner Baum bis höchstens 11 m Höhe, oft mehrstämmig. Rinde längsrissig, an älteren Exemplaren abschuppend. Zweige silbrig beschuppt. Blätter 1–6 × 0,3–1 cm, fast sitzend oder sehr kurz gestielt, einfach, ungeteilt, ganzrandig, beidseits mit silbrigen oder rötlich-braunen Schuppenhaaren besetzt. Blüten grünlich, etwa 3 mm breit, unauffällig, vor dem Laubaustrieb aufblühend, an Vorjahrstrieben. Männliche Blüten mit 4 Staubblättern, Kelchröhre kürzer als die Zipfel; weibliche Blüten etwas länger gestielt, mit langer Kelchröhre und kürzeren Kelchzipfeln. Frucht steinfruchtähnlich, entwickelt sich ausnahmsweise aus dem Blütenkelch, bis 8 mm breit, hellorange, einsamig, eßbar. Blütezeit III–IV. In Schotterfluren der Hochgebirge und an den Küsten auf festgelegten Dünen. Vor allem in Nordwesteuropa sehr verbreitet, sonst häufig als Ziergehölz in Parks und Gärten gepflanzt.

Schmalblättrige Ölweide *Elaeagnus angustifolia* L.
Zweihäusiger, laubwerfender Baum bis 13 m Höhe oder kleinerer Strauch, manchmal mit dornigen Zweigen. Junge Zweige mit glitzernden silbrigen Schuppen besetzt, im 2. Jahr meist kahl und schwärzlich. Blätter 4–6 × 1–2,5 cm, schmal-länglich bis länglich-lanzettlich, oberseits dunkelgrün und dicht mit silbrig-weißen Schuppenhaaren besetzt, unterseits blasser. Blüten 0,8–1 cm lang, duftend, einzeln oder zu 3 Paaren in den Blattachseln, kurz vor dem Laubaustrieb erscheinend, glockenförmig, außen silbrig, innen dottergelb, auf 2–3 mm langem Stielchen. Frucht oval, 1–2 cm lang, fleischig, gelblichrötlich, mit silbrigen Schuppenhaaren. Blütezeit VI. In Westasien beheimatet und vielfach wegen der silbrigen Blätter als Ziergehölz gepflanzt.

Breitblättrige Ölweide *Elaeaganus commutata* REHD.
Kleinerer Baum oder Strauch, der vorigen Art recht ähnlich, jedoch mit braunen Zweigen und breiteren, etwa 4–8 × 2–4 cm großen Blättern. Ursprünglich nur in Nordamerika. Gelegentlich als Ziergehölz in Parks und Gärten.

Hippophae rhamnoides: **a** Wuchsform **b** blühender Zweig **c** Früchte **d** Schuppenhaare von den Blättern (stark vergrößert)
Elaeagnus angustifolia: **e** Wuchsform **f** blühender Zweig **g** Früchte

b
a
c
d
g
e
f

Fam. Tamaricaceae – Tamariskengewächse

Tamarix – Tamariske

Sträucher oder kleine Bäume mit kleinen, schuppenartigen Blättern, die versenkte, salzabscheidende Drüsen führen. Blüten klein, weiß oder rosa in ährenförmigen Blütenständen, endständig an jungen Trieben oder am Vorjahrestrieb (manchmal auch an beiden). Blüten mit 4–5 Kelch- und Kronblättern, 4–15 Staubblätter (davon 4–5 gegenüber den Kelchblättern und 0–10 über den Kronblättern) und 4–5 Griffel. Bei Arten ohne inneren Staubblattkreis oft eine dicke Nektardrüse mit 4–5 Zipfeln zwischen den Staubblättern und dem Fruchtknoten. Samen mit Haarbüscheln.

Afrikanische Tamariske *Tamarix africana* POIRET
Schlanker Baum bis etwa 8 m Höhe mit sehr kurzem Stamm oder mehrstämmig. Äste häufig stark gebogen und gekrümmt. Rinde schwarz oder tiefpurpurn-schwärzlich, glatt. Blätter 1,4–4 mm lang, mit schmalem Hautrand, spitz. Blütenstände 3–6 × 0,5–0,8 cm. Blütezeit vom Frühjahr bis in den Sommer hinein. Tragblätter dreieckig, stumpflich oder verschmälert, mitunter länger als der Kelch. Blüten fast sitzend, 5zählig, weiß oder rosa, ohne inneren Staubblattkreis. Kelchblätter 1,5 mm lang, spitz zulaufend; Kronblätter 2–3 mm lang, eckig-eiförmig. Staubblattfilamente am Grunde verbreitet und mit der Nektardrüse verwachsen. In Salzmarschen an der Küste. Vor allem im westlichen Mittelmeergebiet verbreitet. Entlang der europäischen Atlantikküste auch angepflanzt und stellenweise eingebürgert.

Kanarische Tamariske *Tamarix canariensis* WILLD.
Mehr oder weniger buschiger Baum oder Strauch bis etwa 10 m Höhe. Rinde rötlich-braun. Blätter 1–3 mm lang. Blütenstände 1,5–4 × 0,3–0,5 cm, einzeln oder in Gruppen, ziemlich dicht, mit warziger Achse. Blütezeit meist im Sommer. Tragblätter linealisch bis spitz-dreieckig, ganzrandig, etwa so lang wie der Kelch oder nur wenig länger. Blüten rosa, 5zählig, mit 5 inneren Staubblättern über den Kronblättern. Kelchblätter 0,5–0,75 mm lang, tief geteilt; Kronblätter 1,25–1,5 mm lang, verkehrt-eiförmig und frühzeitig abfallend. An trockenen Standorten in Küstennähe im westlichen Mittelmeergebiet und an der portugiesischen Atlantikküste. Kaum angepflanzt.

Tamarix africana: **a** Wuchsform **b** blühender Zweig **c** Blüte
Tamarix canariensis: **d** Wuchsform **e** blühender Zweig **f** Blüte

a
b
c
d
e
f

Französische Tamariske *Tamarix gallica* L.
Kleiner Baum oder Strauch bis etwa 8 m Höhe. Rinde purpurbraun bis schwarzbraun, ohne Papillen. Blätter 1,5–2 mm lang. Blütenstände 2,5 × 0,5 cm, locker, im Frühjahr aufblühend. Tragblätter der Einzelblüten kürzer als der Kelch, die unteren länglich-stumpflich, die oberen schmal-dreieckig mit schlanker Spitze. Blüten rosa, 5zählig, ohne inneren Staubblattkreis. Kelchblätter 0,7–1,3 mm lang, eckig-oval, spitz; Kronblätter 1,5–2 mm lang, elliptisch bis oval, frühzeitig abfallend. Staubblattfilamente an der Basis nicht auffällig verdickt, jedoch mit der Honigdrüse verwachsen. In Südwesteuropa häufig, nördlich bis zur Bretagne. Gelegentlich auch angepflanzt.

Kleinblütige Tamariske *Tamarix parviflora* DC.
Kleiner Baum oder Strauch bis etwa 6 m Höhe mit locker verzweigten, schlanken Ästen. Rinde glatt, dunkelbraun bis rötlichbraun. Blätter 3–5 × 0,3–0,5 mm, länglich, spitz, mit Hautsaum. Blütenstände 3–5 × 0,5 cm, einzeln, ziemlich dicht, meist im Frühjahr aufblühend. Tragblätter der Einzelblüten länglich, stumpf, etwas schuppig. Blüten weiß oder blaßrosa, 4zählig (nur selten 5zählig), mit 0–4 Staubblättern im inneren Kreis. Kelchblätter 2–2,5 mm lang, oval bis eckig, gezähnt, die äußeren gekielt und spitz, die inneren stumpf und kürzer. Kronblätter um 2 mm lang. Ursprünglich nur im Auengebüsch und in Hecken auf der Balkanhalbinsel, jetzt auch im westlichen Mittelmeergebiet gelegentlich gepflanzt.

Viermännige Tamariske *Tamarix tetranda* PALLAS
Der vorigen Art ziemlich ähnlich, jedoch mit schwarzer Rinde und längeren, breiteren Blütenständen, krautigen Tragblättern und Kronblättern zwischen 2,5–3 mm Länge. An feuchten Stellen im balkanischen Bergland. Nur in Südosteuropa.

Tamarix gallica: **a** Wuchsform **b** blühender Zweig **c** Blüte
Tamarix parviflora: **d** Wuchsform **e** blühender Zweig **f** Blüte
Tamarix tetrandra: **g** Blüte

a
b
c
g
e
f
d

Dalmatinische Tamariske ***Tamarix dalmatica*** BAUM
Kleiner kahler Baum mit dunkelbrauner oder schwarzer Rinde. Blätter 2,5–4 mm lang, spitz. Blütenstände 2–6 × 0,8–1 cm, meist im Frühjahr aufblühend. Tragblätter der Blüten breit-dreieckig, stumpf oder spitz, oft dünn und pergamentartig, meist länger als Blütenstielchen und Kelch. Blüten weiß bis rosa, 4zählig, mit 0–3 Staubblättern im inneren Kreis. Kelchblätter 3,5 mm lang, gekielt, die äußeren dreieckig-oval, die inneren kürzer und stumpf; Kronblätter 2,5–5 mm lang, verkehrt-eiförmig, schmal. In Salzmarschen und an Flußläufen im östlichen Mittelmeergebiet.

Griechische Tamariske ***Tamarix smyrnensis*** BUNGE
Kleiner Baum oder Strauch mit rötlich-brauner Rinde. Blätter 1,5–3,5 mm lang, zugespitzt. Blütenstände 1,5–7 × 0,3–0,4 cm lang, in lockeren Büscheln, die oberen am Grunde oft ohne Blüten, meist im Sommer aufblühend. Tragblätter der Blüten schmal-dreieckig, spitz, gezähnt, länger als Blütenstielchen und Kelch. Blütenstielchen kürzer als der Kelch. Blüten rosa, 5zählig, ohne inneren Staubblattkreis. Kelchblätter etwa 1 mm lang, eckig-oval, stumpf oder faltig. Kronblätter etwa 2 mm lang, oval-rundlich, scharf gekielt, besonders zur Basis hin mit deutlicher Rückennaht. Staubblattfilamente dünn, zwischen den Zipfeln der Nektardrüse. In Südosteuropa in küstennahen Salzmarschen oder an Gebirgsflüssen, von der Ägäis bis zur südlichen Ukraine. Die recht ähnliche **Chinesische Tamariske *(Tamarix chinensis)*** wird auch in Mitteleuropa gelegentlich in Parks und Gärten gepflanzt.

Tamarix dalmatica: **a** Wuchsform **b** blühender Zweig **c** Blüte
Tamarix smyrnensis: **d** Wuchsform **e** blühender Zweig **f** Blüte

a
b
c
d
e
f

Fam. Myrtaceae – Myrtengewächse

***Eucalyptus* – Eukalyptus**

Mittelgroße bis sehr große Bäume. Zu dieser Gattung gehören die höchsten bekannten Laubbäume mit Wuchshöhen über 100 m. Rinde entweder weich und bröckelig, in kurze, nicht fasernde Stücke zerfallend oder hart und langfaserig, in breiten Fetzen ablösend, oder sehr dünn, feinfaserig, in schmalen Bändern und Streifen abgehend. Unterschiedliche Jugend- und Folgeblätter, meist senkrecht gestellt. Eigenartige Blüte, bei der die Krone zu einer kegelförmigen Haube umgestaltet ist, die die übrige Blüte einschließt. Kapselfrucht aus der vergrößerten Kelchröhre hervorgehend, von einem Ringwulst umgeben, öffnet sich mit Klappen. Etwa 600 Arten.

Trauben-Eukalyptus *Eucalyptus botryoides* SM.

Dichter, schattenspendender Baum zwischen 12 und 24 m Höhe. Rinde leicht faserig, löst sich kaum ab. Jugendblätter 5–8 × 3–4 cm, annähernd gegenständig, kurzgestielt, breit-lanzettlich bis oval, dünn, manchmal wellig. Folgeblätter 10–14 × 3–6 cm, wechselständig, oval bis lanzettlich, dunkelgrün, ledrig, lang gestielt. Blattnervatur zum Teil undeutlich. Blütenstände achselständig, in 6–10blütigen kopfigen Dolden auf 7–10 cm langem Stiel. Blütenknospen 1–1,2 × 0,5–0,6 cm, leicht eckig oder gerippt, sitzend, mit halbkugeligem Deckel. Früchte 7–9 × 7–9 mm, sitzend, zylindrisch bis faßförmig, mit kleinem Ringwulst und 3–4 Klappen, die den Rand kaum überragen. Ursprünglich nur in Südostaustralien. Jetzt häufig im westlichen Mittelmeergebiet angepflanzt.

Zitronen-Eukalyptus *Eucalyptus citriodora* HOOKER

Schlanker, aber hoher Baum von 25–40 m Höhe. Rinde glatt, weiß bis rosa, schilfert ab. Jugendblätter 7–15 × 3–6 cm, für 4–5 Paare gegenständig, länglich-lanzettlich, ziemlich rauh. Folgeblätter 10–25 × 1–4 cm, wechselständig, schmal-lanzettlich, nach Zitronen duftend. Blattnervatur deutlich. Blütenstand rispig, achselständig, mit je 3–5 Blüten auf 5–7 mm langen Stielchen; Knospen 1–1,2 × 0,7–0,8 mm, gestielt, mit halbkugeligem Deckel; Antheren etwas keulenförmig. Frucht etwa 1 × 1 cm, kugelig-länglich, vorne etwas zusammengezogen. Ursprünglich nur in Queensland. Im westlichen Mittelmeergebiet häufiger angepflanzt.

Eucalyptus botryoides: **a** Wuchsform **b** Rinde **c** Jugendblätter **d** blühender Zweig **e** Fruchtstand
Eucalyptus citriodora: **f** Wuchsform **g** Rinde **h** Jugendblätter **i** blühender Zweig **j** Fruchtstand

a
c
d
e
b
i
h
j
g
f

Sumpf-Eukalyptus *Eucalyptus robustus* SM.
Mittelgroßer, schattenspendender Baum bis etwa 30 m Höhe. Rinde rauh, ziemlich faserig, fällt nicht ab, dunkel. Jugendblätter bis 11 × 7 cm, für 4–5 Paare gegenständig, gestielt, dick, breit lanzettlich bis elliptisch; Folgeblätter 10–18 × 4 cm, wechselständig, lanzettlich bis oval, lang zugespitzt, oberseits glänzend dunkelgrün, unterseits mattgrün. Blattnervatur gut erkennbar. Blütenstand achselständig, doldig, mit 5–10 Blüten, auf abgeflachtem Stiel. Blütenknospen 1–2 × 0,7–1 cm, mit geschnäbeltem Deckel. Antheren etwas keulig, mit auffallender Drüse. Früchte 1,2–1,5 × 1–1,2 cm, sehr kurz gestielt, zylindrisch, mit tief eingeschlossenen Klappen. Im östlichen Australien vor allem in Salzmarschen und Brackwassergebieten. Im westlichen Mittelmeergebiet häufiger angepflanzt.

Harz-Eukalyptus *Eucalyptus resinifer* SM. IN WHITE
Großer Baum mit Stammdurchmesser bis 2 m. Rinde rauh, sehr faserig, mit deutlichen Längsrissen, rissig, aber nicht abschilfernd, rötlich. Jugendblätter 4–6 × 1,5–2 cm, für 3–4 Paare gegenständig, lanzettlich bis eiförmig, kurzgestielt. Folgeblätter 10–16 × 2–3 cm, wechselständig, lanzettlich, oberseits dunkelgrün, unterseits heller. Blattnervatur gut erkennbar. Blütenstände mit 5–10 Einzelblüten, achselständig, auf 1,5–2 cm langen Stielen. Blütenknospen 1,2–1,7 × 0,5–0,6 cm, kurzgestielt, Deckelhaube sehr lang und spitz. Antheren keulig bis länglich, öffnen sich mit parallelen Schlitzen. Früchte 5–8 × 5–8 mm, eiförmig bis halbkugelig, in der Mitte wenig aufgewölbt, aber mit 4 vorstehenden Zähnen. Ursprünglich nur in Queensland und Neusüdwales auf küstennahen Sandböden. Im Mittelmeergebiet von Italien bis Portugal häufig angepflanzt.

Klappenanordnung

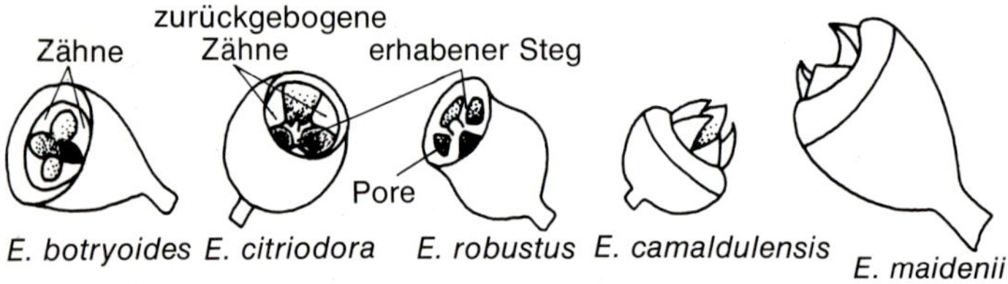

Eucalyptus robustus: **a** Wuchsform **b** Rinde **c** Jugendblätter **d** blühender Zweig **e** Fruchtstand
Eucalyptus resinifer: **f** Wuchsform **g** Rinde **h** Jugendblätter **i** blühender Zweig **j** Fruchtstand

d
e
a
c
b
j
i
f
g
h

Dickstamm-Eukalyptus *Eucalyptus gomphocephalus* DC.
Mittelgroßer bis stattlicher Baum mit bis zu 45 m Wuchshöhe. Rinde hellgrau, faserig, nicht ablösend. Jugendblätter 5–7 × 4–5 cm, für 3–4 Paare gegenständig, breit-lanzettlich. Folgeblätter bis 17 × 2 cm, wechselständig, langgestielt, lederig, schmal-lanzettlich, spitz. Blütenstand achselständig, mit 3–7 Blüten auf abgeflachtem, etwa 2,5–3,5 × 1–1,5 cm großem Stiel. Blütenknospen 2–2,5 × 1,2–1,5 cm, sitzend, mit pilzförmiger, stumpfkegeliger oder halbkugeliger Deckelhaube, die breiter ist als die Kelchröhre. Antheren länglich, öffnen sich mit Längsschlitzen und tragen eine große, rückseitige Drüse. Früchte 1,3–2 × 1,1–1,5 cm, sitzend, glockenförmig, mit deutlichem Randwulst und geraden, vorstehenden Klappenzähnen. In Australien vor allem in Küstennähe verbreitet. Im westlichen Mittelmeergebiet wegen der beachtlichen Wind- und Trockenresistenz stellenweise häufig angepflanzt.

Roter Eukalyptus *Eucalyptus camaldulensis* DEHNH.
Stattlicher Baum bis etwa 40 m Höhe mit verhältnismäßig kurzem Stamm und breit ausladender, hochgewölbter Krone. Rinde glatt, hellgrau, in Platten oder Streifen ablösend. Jugendblätter 6–9 × 2,5–4 cm, für 3–4 Paare gegenständig, breit-lanzettlich bis oval, bläulich bereift. Folgeblätter 12–22 × 0,8–1,5 cm, wechselständig, schmal-lanzettlich, lang zugespitzt, dünn, matt- bis blaßgrün, mit deutlicher Blattnervatur. Blütenstand doldig, achselständig, mit 5–10 Einzelblüten auf schlankem, rundem Stiel. Blütenknospen 0,6–1 × 0,4–0,5 cm, kurzgestielt. Deckelhaube geschnäbelt oder zugespitzt. Antheren verkehrt-eiförmig, mit Längsschlitzen öffnend, mit kleiner rückseitiger Drüse. Früchte 6–8 × 5–6 mm, halbkugelig bis breit-napfförmig, in der Mitte aufgewölbt und mit 4 spitzen, hochstehenden Zähnen. Sehr formenreich. In Australien weit verbreitet. Weltweit in vielen Gebieten angepflanzt. Im Mittelmeergebiet teilweise als Forstbaum kultiviert.

Klappenanordnung

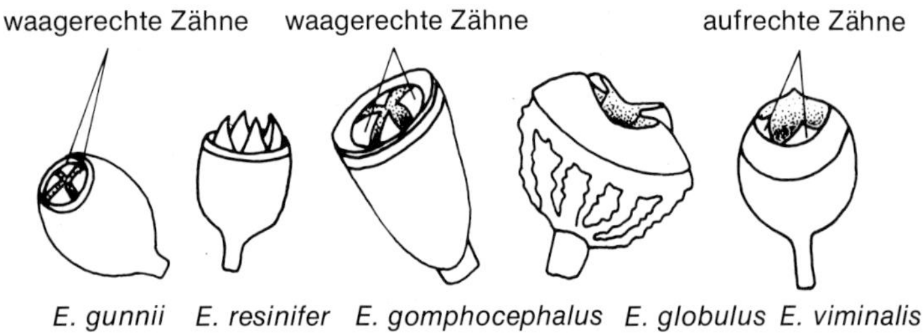

Eucalyptus gomphocephalus: **a** Wuchsform **b** Rinde **c** Jugendblätter **d** blühender Zweig **e** Fruchtstand
Eucalyptus camaldulensis: **f** Wuchsform **g** Rinde **h** Jugendblätter **i** Folgeblätter **j** Blütenknospen **k** Fruchtstand

a
b
c
d
e
f
g
h
i
j
k

Kugel-Eukalyptus, Blaugummibaum *Eucalyptus globulus* LABILL.
Mittelgroßer bis sehr großer Baum bis annähernd 65 m Höhe. Rinde glatt, blaugrau, etwas abschilfernd. Jugendblätter 7–16 × 4–9 cm, meist gegenständig, breit-lanzettlich bis oval, am Grunde herzförmig, sitzend bis halbstengelumfassend. Folgeblätter 10–30 × 3–4 cm, wechselständig, schmallanzettlich, sichelförmig, beidseits glänzend dunkelgrün, lederig, deutlich gestielt. Blattnervatur wenig auffallend. Blüten meist einzeln achselständig, seltener zu 3 in einer kopfigen Dolde. Blütenknospen 3 × 2 cm, blaugrün, sitzend, mit dicker, warziger, abgeflachter Deckelhaube. Antheren länglich, mit parallelen Schlitzen und kugeliger Drüse. Früchte 1–1,5 × 1,5–3 cm, vierkantig, etwas warzig, flach-kugelig, mit sehr breitem Ringwulst, der die 3–6 Zähne nahezu verdeckt. Ursprünglich nur in Australien. Im Mittelmeergebiet, besonders in Italien, in großem Umfang zur Trockenlegung von Sumpfgebieten und als Forstbaum angepflanzt. Neben dieser Art und den anderen auf den Seiten 270–279 aufgeführten Formen werden im Mittelmeerraum in Parks und an Straßen weitere Eukalyptus-Arten angepflanzt, darunter *E. rudis, E. cladocalyx, E. diversicolor, E. maculata, E. sideroxylon, E. amygdalinus, E. pauciflora, E. punctata, E. tereticornis* und *E. urnigera*. Manche davon gedeihen auch in milden Lagen Nordwesteuropas.

Maiden-Eukalyptus *Eucalyptus maidenii* MUELLER
Ansehnlicher Baum von 15–45 m Höhe. Rinde glatt, bläulich-weiß, schält sich jährlich. Jugendblätter 4–16 × 4–12 cm, meist gegenständig, oval bis annähernd halbkreisförmig, am Grunde oft herzförmig, auffallend bläulich-grau gefärbt. Folgeblätter bis 20 × 2,5 cm, wechselständig, schmal-lanzettlich bis lanzettlich, sichelförmig, glänzend dunkelgrün, lederig-derb, gestielt, mit deutlicher Blattnervatur. Blütenstand achselständig, 3–7blütige kopfige Dolde auf abgeflachtem Stiel bis 15 cm Länge. Blütenknospen etwa 1,5 × 0,9 cm, sitzend oder kurzgestielt, mit zugespitztem oder geschnäbeltem Deckel. Antheren verkehrt-eiförmig mit ovaler Drüse, die halb so lang ist wie die Pollensäcke. Früchte 0,8–1 × 1–1,2 cm, fast sitzend, glockenförmig bis kegelig, bereift, mit dickem Randwulst und aufrechten Klappenzipfeln. Heimisch nur im südöstlichen Australien. Im westlichen Mittelmeergebiet, vor allem auf Sardinien und Sizilien, als Forstbaum gepflanzt.

Eucalyptus globulus: **a** Wuchsform **b** Rinde **c** Jugendblätter **d** blühender Zweig **e** Frucht
Eucalyptus maidenii: **f** Wuchsform **g** Rinde **h** Jugendblätter **i** blühender Zweig **j** Früchte

a
b
c
d
e
f
g
h
i
j

Ruten-Eukalyptus ***Eucalyptus viminalis*** LABILL.
Großer Baum bis etwa 50 m Höhe. Rinde rauh, an der Stammbasis wenig abschilfernd, oberwärts wesentlich glatter und in langen, herabhängenden Streifen und Fetzen ablösend. Jugendblätter 5–10 × 1,5–3 cm, schlank, lanzettlich, gegenständig, sitzend und halbstengelumfassend, blaßgrün. Zwischenblätter 8–27 × 4–5 cm, breiter lanzettlich, ebenfalls blaßgrün. Folgeblätter 11–18 × 1,5–2 cm, schmal-lanzettlich, wechselständig, gestielt, flach oder gewellt, blaßgrün, mit kaum oder wenig sichtbarer Blattnervatur. Blütenstand achselständig, doldig, meist 3blütig, auf kantigem, 3–6 mm langem Stiel. Blütenknospen etwa 7 × 5 mm, oval bis zylindrisch, sitzend oder sehr kurz gestielt, mit länglicher, kegeliger oder fast halbkugeliger Deckelhaube. Antheren verkehrt-eiförmig mit länglicher Drüse. Früchte 5–6 × 7–8 mm, kugelig oder napfförmig, sitzend oder sehr kurz gestielt, vorne etwas eingeschnürt und mit 4 waagerechten Klappenzipfeln. Blütezeit VIII–IX. Ursprünglich nur in Australien. Im Mittelmeergebiet vielfach für Schutzpflanzungen verwendet.

Gunns Eukalyptus ***Eucalyptus gunnii*** HOOKER
Mittelgroßer, aber meist stattlicher Baum bis etwa 30 m Höhe. Rinde ziemlich glatt, grün mit weißlicher oder rosafarbener Tönung, in Streifen ablösend. Jugendblätter 3–4 × 2–4 cm, elliptisch bis verkehrt-eiförmig, am Grunde herzförmig, graugrün, sitzend. Folgeblätter 4–7 × 1,5–3 cm, breiter lanzettlich, gestielt, kräftig grün, Blattnervatur undeutlich. Blütenstand doldig, meist 3blütig, auf rundlichem oder wenig abgeflachtem Stiel. Blütenknospen 6–8 × etwa 5 mm, keulig bis zylindrisch, fast sitzend, mit kurz zugespitzter Deckelhaube auf flaschenförmiger Kelchröhre. Antheren länglich bis rundlich, mit großer, kugeliger Drüse. Früchte 0,7–1 × 0,8–0,9 cm, halbkugelig bis glockenförmig, mit 3–5 Klappenzipfeln. Ursprünglich in australischen Gebirgen (subalpine Region). In England und Frankreich häufiger angepflanzt.

Luma-Myrte ***Myrtus apiculata*** NIEDENZU
Immergrüner Baum bis etwa 12 m Höhe mit kegelförmiger Krone. Rinde orangefarben, löst sich in langen Streifen ab, die weiße Flecken hinterlassen. Blätter 2,5 × 1,5 cm, wechselständig, kurzgestielt, oval mit sehr schlanker Spitze, von süßlichem, würzigem Duft. Blüten einzeln, blattachselständig, in der Knospe kugelig, nach der Entfaltung bis 2 cm breit. Beerenfrucht anfangs rot, später schwarz. Blütezeit VIII–IX. Ursprünglich nur in Südamerika. Vor allem im westlichen England und Schottland und in Irland häufig in Gärten gepflanzt.

Eucalyptus viminalis: **a** Wuchsform **b** Rinde **c** Jugendblätter **d** blühender Zweig **e** Früchte
Eucalyptus gunnii: **f** Wuchsform **g** Rinde **h** Jugendblätter **i** blühender Zweig **j** Früchte
Myrtus apiculata: **k** blühender Zweig

a
b
c
d
e
f
g
h
i
j
k

Fam. Punicaceae – Granatapfelgewächse

Granatapfel *Punica granatum* L.
Laubwerfender Strauch oder kleiner Baum bis etwa 8 m Höhe. Äste sehr zahlreich, schlank, meist aufsteigend oder aufrecht. Zweige dornig oder unbedornt, leicht vierkantig, kahl. Blätter gegenständig, 2–8 × 0,6–2,5 cm, länglich-lanzettlich bis verkehrt-eiförmig, ganzrandig, glatt, glänzend dunkelgrün, ohne Drüsen, ziemlich kurz gestielt, ohne Nebenblätter. Blüten zwittrig, endständig oder an kurzen Seitentrieben, einzeln oder paarig, jede 2,5–4 cm breit. Kelchblätter zu einem 5zipfligen Trichter verwachsen, lederig, dick, rötlich. Kronblätter 5–7, scharlachrot. Antheren sehr zahlreich. Frucht 5–8 cm Durchmesser, kugelig oder etwas länglich, rötlich-braun oder gelblich, außen lederig, innen mit gelblich-weißem Fruchtfleisch und sehr zahlreichen Samen. Kelch bleibt als Krönchen erhalten. Blütezeit VI–IX. Ursprünglich in Südwestasien, in Südeuropa wegen der eßbaren Früchte häufig gepflanzt. Im Mittelmeergebiet vielfach verwildert und eingebürgert.

Fam. Cornaceae – Hartriegelgewächse

Gelber Hartriegel, Kornelkirsche *Cornus mas* L.
Kleiner laubwerfender Baum oder Strauch bis etwa 10 m Höhe mit offener Krone. Äste graubraun, abstehend. Jüngere Zweige grünlich-gelb, sehr fein behaart. Blätter gegenständig, 4–10 × 2–4 cm, oval bis elliptisch, vorne schlank zugespitzt, am Grunde rundlich oder keilförmig, ganzrandig, mattgrün, leicht behaart. Blattstiel etwa 6 mm lang. Blüten in kopfigen Dolden, etwa 2 cm breit, mit etwa 10–25 Einzelblüten, die sich vor dem Laubaustrieb öffnen. Hochblätter 0,6–1 × 0,3–0,6 cm, gelblich, behaart, fallen frühzeitig ab. Blüten etwa 4 mm breit, hellgelb. Steinfrucht 1,2–2 cm lang, länglich-eiförmig, vorne eingedellt, hängend, fleischig, zur Reifezeit hellrot, säuerlich. Blütezeit II–III. In Mittel- und Südosteuropa weit verbreitet und dort in Hecken und Gebüschen häufig. Nördlich der Mittelgebirge nur angepflanzt. Nah verwandt ist der **Rote Hartriegel *(Cornus sanguinea)*,** ein in Europa sehr weit verbreiteter und häufiger Strauch.

Punica granatum: **a** Wuchsform **b** Blüten **c** Früchte
Cornus mas: **d** Wuchsform **e** Blüten **f** fruchtender Zweig

a
b
c
e
f
d

Fam. Ericaceae – Heidekrautgewächse

Erdbeerbaum *Arbutus unedo* L.
Kleinerer Baum oder Strauch bis etwa 9 m Höhe mit meist sehr kurzem Stamm und dichter, rundlich gewölbter Krone. Rinde anfangs rot und glatt, später gefeldert und mit herabhängenden Fetzen und Streifen bedeckt. Äste aufsteigend, gebogen. Zweige anfangs drüsig behaart, rosa oder rötlich. Blätter 4–11 cm lang, etwa 1,5–4 cm breit, länglich-lanzettlich, 2mal so lang wie breit, annähernd ganzrandig oder mit feinen, vorwärts weisenden Zähnen, nur am Grunde behaart, oberseits glänzend dunkelgrün, unterseits blasser, mit kräftiger Mittelrippe; Blattstiel um 1 cm lang, behaart, oft rötlich. Blüten in hängenden Rispen von 4–5 cm Länge, erscheinen im Herbst zusammen mit den reifenden Früchten vom Vorjahr. Kelch grün, 1,5 mm lang, mit rundlichen Zipfeln; Krone um 9 mm lang, weiß oder leicht rosa bis grünlich, krugförmig. Beerenfrucht bis 2 cm dick, kugelig, mit kleinen Warzen bedeckt, gelblich, später scharlachrot, ziemlich säuerlich. Blütezeit X–XI. Vor allem in den Macchien des Mittelmeergebietes und entlang der Atlantikküsten bis Irland. Gelegentlich auch als Zierbaum gepflanzt.

Griechischer Erdbeerbaum *Arbutus andrachne* L.
Kleiner Baum bis etwa 12 m Höhe, im Aussehen der vorigen Art recht ähnlich. Rinde glatt, orangerot, schält in breiten, langen Streifen ab und gibt die zimtfarbenen bis gelblichen tieferen Rindenschichten frei. Junge Zweige kahl, anfangs gelblich-grün, später braun. Blätter 5–10 cm lang, etwa 3–6 cm breit, weniger als 2mal so lang wie breit, gezähnt oder ganzrandig, mit oberseits deutlich erkennbarer, erhabener Mittelrippe; Blattstiel 1,5–2,5 cm lang. Blütenrispen aufrecht, Blüten öffnen sich im Frühjahr. Kelch etwa 2,5 mm lang mit spitzen, dreieckigen Zipfeln. Beerenfrucht 0,8–1,2 cm breit, fast glatt oder mit feinem Netzwerk, zur Reifezeit orangefarben. Blütezeit III–IV. Nur im östlichen Mittelmeergebiet in der Ägäis und auf der Krim.

Bastard-Erdbeerbaum *Arbutus* × *andrachnoides* LINK
Fertiler Bastard der beiden vorigen Arten, der die auffallend gefärbte Rinde von *A. andrachne* und die gezähnten Blätter und rötlichen Blattstiele von *A. unedo* trägt. Junge Zweige nur wenig drüsig behaart. Blüten im Herbst oder zeitigen Frühjahr. Früchte kleiner und glatter als bei *A. unedo.* Im gemeinsamen Verbreitungsgebiet beider Arten im östlichen Mittelmeergebiet. Der verwandte **Amerikanische Erdbeerbaum *(Arbutus menziesii)*** wird in West- und Südeuropa manchmal als Zierbaum gepflanzt.

Arbutus unedo: **a** Wuchsform **b** Rinde **c** blühender Zweig **d** Früchte
Arbutus andrachne: **e** Wuchsform **f** Rinde **g** blühender Zweig **h** Früchte

a
c
d
b
f
g
h
e

Fam. Ebenaceae – Ebenholzgewächse

Dattelpflaume, Lotospflaume *Diospyros lotus* L.
Kleinerer Baum bis etwa 14 m Höhe mit rundlicher oder hochgewölbter Krone. Rinde gefurcht und in kleinere Platten gefeldert, dunkelgrau und manchmal mit rötlichem Anflug. Blätter 6–12 cm lang, länglich-elliptisch, zugespitzt, am Grunde abgerundet, ganzrandig oder wenig gewellt bis sehr flach gebuchtet, oberseits glänzend dunkelgrün, unterseits bläulich-grün, anfangs flaumhaarig, später nur noch auf den Blattnerven behaart; Blattstiel um 1 cm lang, behaart. Männliche Blüten zu 2–3 büschelig zusammen, mit flacher Krone; weibliche Blüten einzeln, etwa 0,8–1 cm lang. Kelch innen behaart mit 4 kurzen Zipfeln; Krone rötlich oder gelblich-weiß, Kelchzipfel zurückgebogen und nur halb so lang wie die Kelchröhre. Frucht etwa 1,5 cm breit, kugelig, gelb oder bläulich-schwarz, bereift, von fadem oder schwach süßlichem Geschmack. Blütezeit VII. Heimisch in ganz Asien. In Süd- und Westeuropa als Zier- oder Obstbaum angepflanzt.

Kakipflaume *Diospyros kaki* L.
Der vorigen Art ziemlich ähnlich, jedoch mit schuppiger Rinde und größerer Frucht bis 7,5 cm Durchmesser, diese kugelig oder wenig länglich, mit 4 großen Kelchblättern, gelblich oder orangerot, nur bei Vollreife süßlich. Blütezeit VI. Ursprünglich nur in Japan und im übrigen Ostasien. In Südeuropa häufiger als Obstbaum kultiviert.

Fam. Styracaceae – Storaxgewächse

Storaxbaum *Styrax officinale* L.
Kleiner laubwerfender Baum oder Strauch von 2–7 m Höhe. Alle Teile mit auffallenden Sternhaaren. Krone rundlich oder flach ausgebreitet. Rinde glatt, grau. Blätter ungeteilt, wechselständig, 3–7 cm lang, oval oder länglich, am Grunde rundlich, vorne mit stumpfer Spitze, ganzrandig, oberseits kräftig grün, unterseits blasser oder weißlich, oberseits wenig, unterseits ziemlich dicht behaart. Blüten zu 3–6 in achsel- oder endständigen Trauben. Kelch glockenförmig, annähernd ganzrandig, grünlich. Krone bis 2 cm breit, weiß, tief 5zipflig geteilt, mit 10 oder manchmal 12 gelben Staubblättern. Blütenstiele 1–2 cm lang, dicht behaart. Steinfrucht bis 1 cm lang, eiförmig, graugrün, dicht behaart, an der Spitze mit Griffelresten. Blütezeit IV–V. Vor allem im östlichen Mittelmeergebiet in Gebüschen entlang von Flußläufen. Das aromatische Harz wird aus Rinde und Ästen gewonnen.

Japanischer Storaxbaum *Styrax japonica* SIEBOLD & ZUCC.
Der vorigen Art ziemlich ähnlich, jedoch meist höher und bis 11 m Höhe erreichend. Blütezeit VI–VII. Ursprünglich nur in China und Japan. Bringt gewöhnlich sehr zahlreiche Blüten hervor und wird auch in Nord- und Westeuropa stellenweise als Zierbaum verwendet.

Diospyros lotus: **a** Wuchsform **b** Blatt und weibliche Blüte **c** Frucht
Diospyros kaki: **d** Wuchsform **e** Blatt und männliche Blüten **f** unreife Früchte
Styrax officinale: **g** Wuchsform **h** blühender Zweig **i** Früchte

a
b
c
d
e
f
g
h
i

Fam. Oleaceae – Ölbaumgewächse

Fraxinus – Esche

Manna-Esche *Fraxinus ornus* L.
Mittelgroßer Baum bis etwa 24 m Höhe mit gewölbter, manchmal auch etwas abgeflachter Krone. Rinde glatt, grau, manchmal auch dunkelgrau bis schwärzlich. Zweige meist kahl, grau oder gelblich. Knospen grau oder bräunlich, weißlich bereift. Blätter unpaarig gefiedert, bis 30 cm lang; Blattspindel gefurcht; jedes der 5–9 Fiederblättchen 3–10 cm lang, oval oder lanzettlich, spitz, mit unregelmäßigen, scharfen Zähnen, unterseits blaßgrün mit bräunlichen oder helleren Flaumhaaren auf den Blattnerven. Blütenrispen 15–20 cm lang, achsel- oder endständig, nach dem Laubaustrieb aufblühend. Blüten cremeweiß, duftend. Kelch klein, tief gelappt. Krone mit 4 linealischen, bis 6 cm langen Kronblättern. Flügelfrucht etwa 1,5–2,5 cm lang, oberhalb der Mitte am breitesten, an der Spitze meist ausgerandet, schmal geflügelt, zur Reifezeit braun. Blütezeit V. Im südlichen Mitteleuropa und in Südeuropa weit verbreitet. Sonst nur als Park- und Zierbaum angepflanzt.

Rot-Esche *Fraxinus pennsylvanica* MARSHALL
Zweihäusiger Baum bis etwa 25 m Höhe mit hoher, rundlich gewölbter Krone. Rinde etwas gefurcht, rötlich-braun. Blätter 22–30 cm lang, unpaarig gefiedert, mit einer weißlich behaarten Spindel. Fiederblättchen 5–9, meist 7, bis 8–15 cm lang, lanzettlich-oval bis elliptisch, vorne spitz oder stumpf, unregelmäßig gezähnt oder ganzrandig, unterseits dicht behaart, ziemlich dünn, kaum gestielt. Blüten achselständig in dichten, behaarten Rispen, blühen vor dem Laubaustrieb. Kelch bleibt, Krone fehlt. Flügelfrucht 3–6 cm lang, oberhalb der Mitte am breitesten, spitz, rundlich oder ausgerandet, am Grunde verschmälert. In feuchten Wäldern des östlichen Nordamerikas beheimatet. In Mittel- und Südosteuropa stellenweise als Forstbaum oder zu Schutzpflanzungen verwendet und mitunter eingebürgert.

Weiß-Esche *Fraxinus americana* L.
Der vorigen Art recht ähnlich, aber bis 40 m hoch. Stielchen der Fiederblättchen länger; deren Basis läuft nicht zur Spindel herab. In feuchten Wäldern des östlichen Nordamerika. Bisher kaum als Forstbaum kultiviert, sondern nur gelegentlich in Parks und Gärten.

Fraxinus ornus: **a** Wuchsform **b** Rinde **c** Blatt **d** Teilblütenstand **e** Blüte **f** Früchte
Fraxinus pennsylvanica: **g** Wuchsform **h** Rinde **i** weibliche Blüten **j** männliche Blüten **k** Blatt **l** Früchte

a
d
e
c
b
f
k
l
i
g
j
h

Gemeine Esche *Fraxinus excelsior* L.
Stattlicher Baum bis etwa 40 m Höhe mit offener, gewölbter Krone. Rinde blaßgrau, an jungen Bäumen glatt, später gefeldert und gefurcht. Zweige an den Knoten abgeflacht. Knospen kegelförmig, schwarz, gegenständig. Blätter 20–35 cm lang; Blattspindel kahl oder behaart, mit 7–13 Fiederblättchen, jedes etwa 5–12 cm lang, länglich-oval bis länglich-lanzettlich, spitz, am Rande scharf gezähnt, Anzahl der Zähne höher als die der Seitennerven, oberseits dunkelgrün, unterseits blasser, am Grunde und auf den Blattnerven weißlich behaart. Blütenstände achselständig an 2jährigen Zweigen, erscheinen vor dem Laubaustrieb. Blüten purpurn. Flügelfrüchte zahlreich, 2,5–5 cm lang, länglich bis lanzettlich, vorne ausgerandet und mit deutlicher Spitze, anfangs hellgrün, später bräunlich. Blütezeit IV–V. Neben rein männlichen und rein weiblichen Bäumen gibt es auch rein zwittrige oder einhäusige Exemplare. In Europa als Wald- und Parkbaum weit verbreitet.

Schmalblättrige Esche *Fraxinus angustifolia* VAHL
Mittelgroßer Baum bis etwa 25 m Höhe mit hochgewölbter, unregelmäßig aufgebauter Krone. Rinde mit einem Netzwerk schmaler, aber tiefer Furchen, dunkelgrau, an alten Bäumen sehr warzig. Äste aufrecht, wenig verzweigt. Zweige kurz, kahl, etwas hängend. Knospen dunkelbraun, behaart. Blätter 15–25 cm lang, Blattspindel kahl, mit 5–13 Fiederblättchen, diese 3–9 cm lang, länglich-lanzettlich, lang zugespitzt, am Rande wenig gezähnt, Anzahl der Zähne entspricht ungefähr der Zahl der Seitennerven, oberseits glänzend grün, unterseits heller und auf der Mittelrippe behaart. Blüten büschelig achselständig vor dem Laubaustrieb. Blüten zwittrig. Flügelfrüchte in kleinen Büscheln, etwa 2,5–4 cm lang, länglich bis lanzettlich, kahl, zur Reifezeit braun. Blütezeit V. In den Niederungen entlang von Flüssen im südlichen und südöstlichen Europa. Seltener als Parkbaum gepflanzt.

Schwarzmeer-Esche *Fraxinus pallisiae* WILMOTT
Der vorigen Art ähnlich, jedoch mit dicht samthaarigen Zweigen, Blattstielen und jungen Blättern. Nur in den Flußniederungen von Bulgarien und Rumänien ostwärts verbreitet. Kaum angepflanzt.

Fraxinus excelsior: **a** Wuchsform **b** Rinde **c** blühender Zweig **d** männliche Blüte **e** Blatt **f** Früchte
Fraxinus angustifolia: **g** Wuchsform **h** Rinde **i** blühender Zweig **j** Blatt **k** Früchte

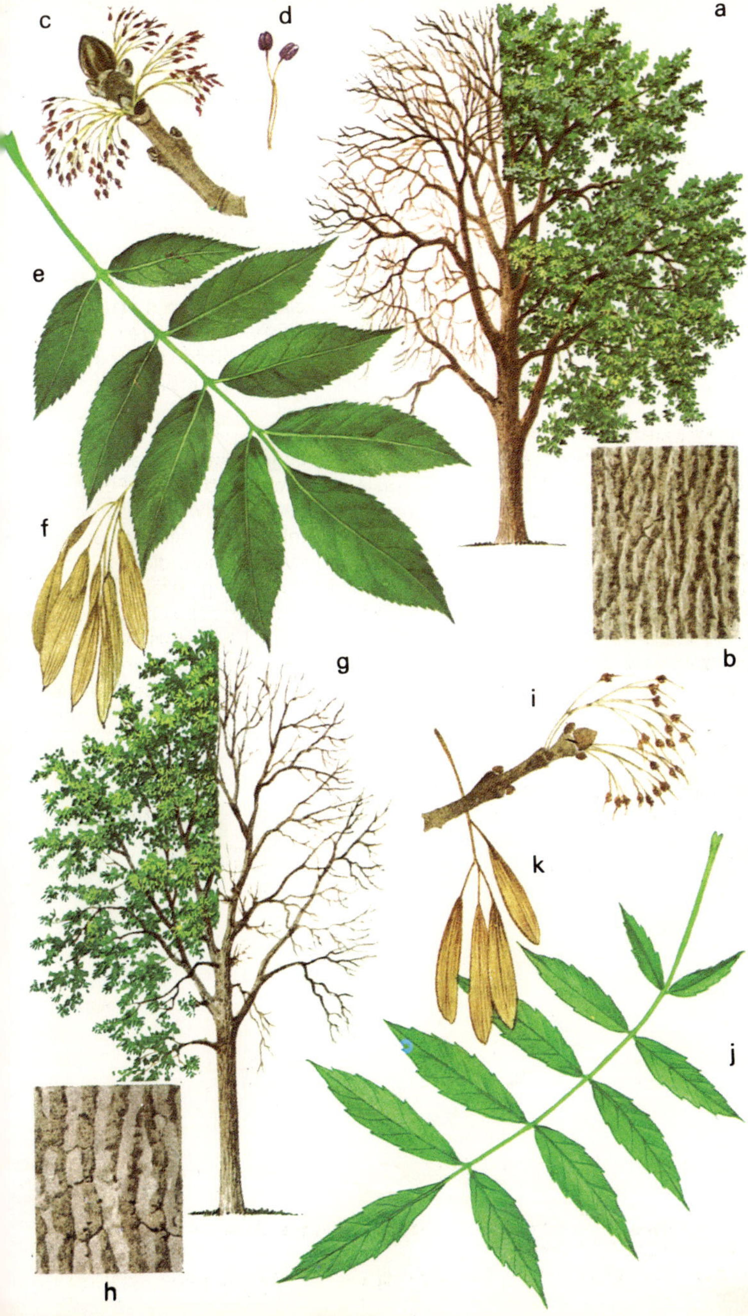

a
b
c
d
e
f
g
h
i
j
k

Glanz-Liguster *Ligustrum lucidum* AITON

Kleiner immergrüner Baum bis etwa 15 m Höhe oder größerer Strauch, mit breiter, gewölbter Krone. Rinde glatt oder fein rissig, grau mit blaßbraunen Streifen. Äste abstehend ausgebreitet, Zweige ziemlich gerade, kahl, mit zahlreichen weißen Lentizellen. Blätter gegenständig, einfach, 8–12 cm lang, oval, vorne spitz, dick, ganzrandig, oberseits glänzend dunkelgrün, unterseits blasser oder mattgrün, junge Blätter auch rötlich. Blütenstand rispig, locker verzweigt, 12–20 cm lang, mit zahlreichen kleinen, duftenden, creme-weißen Blüten. Kelch mit 4 Zipfeln, glockenförmig; Krone mit langer Röhre und 4 ausgebreiteten kurzen Zipfeln. Beerenfrucht oval, etwa 1 cm lang, schwarz, aber weißlich bereift. Blütezeit VIII–I. Ursprünglich nur in China, in Südeuropa als Park- und Straßenbaum häufiger angepflanzt. Nah verwandt ist der **Gemeine Liguster *(Ligustrum vulgare),*** der als Strauch in Gebüschen und Wäldern Europas weit verbreitet ist und häufig zu Heckenpflanzungen verwendet wird.

Ölbaum *Olea europaea* L.

Sehr langlebiger immergrüner Baum bis etwa 15 m Höhe mit knorrigem, oft gedrehtem, ziemlich kurzem Stamm, der sich bald in mehrere Einzelstämme oder größere Äste auflöst und innen oft hohl ist. Rinde grau bis silbrig, fein gefurcht. Zweige drehrund oder kantig, mit kleinen silbrigen Schuppen besetzt. Blätter gegenständig, 2–8 cm lang, lanzettlich, unterhalb der Blattmitte am breitesten, vorne kurz zugespitzt, ganzrandig, sitzend oder sehr kurz gestielt, unterseits schuppig behaart. Blüten ein- oder zweigeschlechtig, duftend, in achselständigen Rispen. Kelch mit 4 kurzen Zähnen oder rundlichen Zipfeln. Krone 4teilig, mit weißlichen Kronblättern. Steinfrucht ölig, 1–3,5 cm lang, eiförmig bis kugelig, anfangs grün, nach einem Jahr bräunlich, schwarz oder gelegentlich elfenbeinweiß. Blütezeit VII–VIII. Reifezeit IX–X. In offenen Wäldern in trockenen, heißen Gebieten. Der kultivierte Ölbaum ist eine der ältesten Kulturpflanzen im Mittelmeergebiet. Er leitet sich vom **Wilden Ölbaum *(Olea oleaster)*** ab, der sich durch seinen mehr strauchigen Wuchs und die dornigen, kantigen Zweige unterscheidet. Im gesamten Mittelmeergebiet weit verbreitet und Leitform der mediterranen Hartlaubvegetation.

Ligustrum lucidum: **a** Wuchsform **b** blühender Zweig **c** Blüte **d** Früchte
Olea europaea: **e** Wuchsform **f** blühender Zweig **g** Blüte **h** Früchte

a
b
c
d
e
g
h
f

Breitblättrige Steinlinde *Phillyrea latifolia* L.
Kleiner immergrüner Baum oder Strauch bis 15 m Höhe mit dichter, rundlicher Krone. Rinde glatt, grau, manchmal mit einem Netzwerk flacher, erhabener Leisten. Äste aufrecht, nur an älteren Exemplaren gebogen oder abstehend. Zweige sehr schlank, dicht behaart, grau oder bräunlich. Blätter gegenständig, einfach, fast rechtwinklig abstehend; Jugendblätter 2–7 × 1–4 cm, oval-herzförmig bis oval-lanzettlich, mit scharf gezähntem Rand; Folgeblätter 1–6 × 0,4–2 cm, lanzettlich bis elliptisch, ganzrandig oder sehr fein gezähnt, oberseits glänzend dunkelgrün, unterseits mattgrün oder blaß, mit 7–11 dicht stehenden Seitennervenpaaren. Blüten zweigeschlechtig, in kurzen, dichten, achselständigen Blütenständen. Kelch auf 3/4 seiner Länge in 4 dreieckige Zipfel geteilt. Krone grünlich-weiß, 4zipflig, mit sehr kurzer, aber deutlicher Röhre. Steinfrucht kugelig, 0,7–1 cm lang, zur Reifezeit blauschwarz. Blütezeit VI. Im Mittelmeergebiet in der Macchie weit verbreitet und in Küstennähe gelegentlich angepflanzt.

Gemeiner Flieder *Syringa vulgaris* L.
Kleiner laubwerfender Baum oder Strauch von 3–7 m Höhe mit rundlicher oder hochgezogener Krone. Rinde grau oder bräunlich, spiralig gefurcht und in den Vertiefungen oft rostrot. Zweige drehrund, glänzend, grünlich-rot. Blätter gegenständig, gestielt, ganzrandig, kahl, etwas lederig, kräftig oder dunkelgrün, matt, spitz. Blütenstände rispig, achsel- oder endständig, 10–20 cm lang. Blüten duftend; Kelch klein, 4zipflig; Krone röhrenförmig, lila oder (selten) weiß, 0,8–2 cm lang, mit 4 abstehenden Zipfeln. Frucht kapselförmig, spitz, eiförmig, 0,8–1 cm lang. Blütezeit V–VI. In Gebüschen des balkanischen Berglandes weit verbreitet, aber schon seit langem als Zierbaum angepflanzt. Der nah verwandte **Ungarische Flieder *(Syringa josikaea)*** unterscheidet sich durch seine elliptischen Blätter mit keilförmiger Basis und seine endständige, beblätterte Blütenrispe. Diese Art ist auf die Gebirge in Nordrumänien und die Karpaten beschränkt.

Phillyrea latifolia: **a** Wuchsform **b** blühender Zweig **c** Blüte **d** Frucht
Syringa vulgaris: **e** Wuchsform **f** blühender Zweig **g** Blüte **h** Frucht

a
c
d
h
g
b
f
e

Fam. Bignoniaceae – Trompetenbaumgewächse

Gewöhnlicher Trompetenbaum *Catalpa bignonioides* WALTER
Laubwerfender Baum bis etwa 20 m Höhe mit breiter, ausladender Krone. Rinde matt graubraun, meist glatt, fein schuppig oder wenig gefurcht. Zweige kräftig, glatt, graubraun. Knospen sehr klein, orangebraun; Endknospe entwickelt sich gewöhnlich nicht. Blätter gegenständig oder in Wirteln zu 3, 10–25 × 7–22 cm, breit-oval mit kurzer, verschmälerter Spitze, am Grunde abgerundet oder herzförmig, am Rande oft gewellt oder sehr leicht gebuchtet, hellgrün, im jungen Zustand oft auch etwas rötlich, unterseits dicht flaumhaarig; Blattstiel 10–18 cm lang, angeflacht, glatt. Blüten in großen Trauben von 15–25 cm Länge. Einzelblüte bis 5 cm breit; Krone 5teilig mit krausen Kronblättern, weiß, mit gelben und rötlichen Punkten gesprenkelt. Frucht kapselförmig, zylindrisch, 15–40 × 0,6–0,8 cm, hängend. Blütezeit VI–VIII. In den südöstlichen USA beheimatet. In Europa häufig als Zier- und Parkbaum angepflanzt.

Bastard-Trompetenbaum *Catalpa* × *erubescens* CARR.
Ähnlich wie die vorige Art, Rinde jedoch rauher mit breiteren Furchen und Leisten. Blätter bis 38(–60) cm lang, oft breiter als lang, breit-oval bis fünfeckig, an jedem Zipfel mit kurzer Spitze, am Grunde herzförmig, anfangs purpurn, später hellgrün. Blüten in Trauben bis 30 cm Länge. Einzelblüten bis 4 cm breit, duftend, Samen unfruchtbar. Blütezeit VII–IX. Bastard aus *C. bignonioides* und *C. ovata*. In Süd- und Westeuropa häufig als Parkbaum verwendet.

Westlicher Trompetenbaum *Catalpa speciosa* ENGELM.
Ähnlich wie der Gewöhnliche Trompetenbaum, aber häufiger um 30 m hoch. Rinde mit schuppigen Leisten und Furchen. Blätter 12–32 × 7–23 cm, oval-lanzettlich oder manchmal mit 3 schmalen Lappen, an den Spitzen lang und schmal, am Grunde meist herzförmig, oberseits glänzend dunkelgrün, unterseits mit blaßbraunen Flaumhaaren. Blüten in Trauben bis 20 cm Länge; Einzelblüten bis 6 cm breit. Kapselfrüchte etwa 50 × 50 cm. Blütezeit VI–VII. Im zentralen Nordamerika beheimatet. Stellenweise als Zierbaum gepflanzt.

Gelber Trompetenbaum *Catalpa ovata* G. DON
Ähnlich wie der Gewöhnliche Trompetenbaum, Blätter jedoch etwa 25 × 25 cm, annähernd fünfeckig, an allen Ecken zugespitzt, dunkelgrün. Blütenstände bis 25 cm lang. Einzelblüte um 2,5 cm breit, mattweiß mit gelblichem Anflug, innen rötlich gesprenkelt. Kapselfrucht bis 30×0,8 cm. Blütezeit VII–VIII. Ursprünglich nur in China. Stellenweise als Zier- und Parkbaum angepflanzt.

Catalpa bignonioides: **a** Wuchsform **b** Blatt **c** Blütenstand **d** Frucht
Catalpa × *erubescens:* **e** Blatt **f** Blüte
Catalpa speciosa: **g** Blüte
Catalpa ovata: **h** Blüte

a
b
c
d
e
f
g
h

Fam. Scrophulariaceae – Braunwurzgewächse

Paulownie *Paulownia tomentosa* (THUNB.) STEUDEL
Laubwerfender Baum bis etwa 15 m Höhe mit gewölbter Krone. Rinde glatt und grau. Krone nur mit wenigen Ästen, weit abstehend. Zweige kräftig, purpurbraun, mit zahlreichen Lentizellen. Knospen winzig, purpurn. Blätter gegenständig, bis 45×25 cm, breit-oval mit langer, verschmälerter Spitze, am Grunde tief herzförmig, ganzrandig oder (vor allem an jungen Bäumen) mit wenigen großen Lappen, oberseits weichhaarig, blaßgrün, unterseits dicht graufilzig, besonders im Bereich der Blattnerven. Blattstiel 10–15 cm lang. Blüten in aufrechten, etwa 25–30 cm langen Trauben. Einzelblüten in der Knospe bräunlich behaart, später blaß oder tief violett, bis 6 cm lang, in der Kronröhre gelblich, diese mit 5 breiten Zipfeln. Kapselfrucht bis 5 × 2 cm, eiförmig, vorne geschnäbelt, glänzend und klebrig, mit zahlreichen Samen. Blütezeit V. Ursprünglich nur in China. In Mittel- und Südeuropa als Park- und Zierbaum verwendet.

Fam. Myoporaceae – Mauslochbäume

Schmalblättriger Mauslochbaum *Myoporum tenuifolium* G. FORSTER
Immergrüner Strauch oder kleiner Baum bis etwa 8 m Höhe, meist mit rundlicher Krone, aber sehr variabel in Form und Aussehen. Rinde fein rissig, graubraun. Blätter wechselständig, 4,5–10 cm lang, entweder 1,5–3 cm breit, länglich-elliptisch bis lanzettlich oder fast linealisch, an beiden Enden verschmälert oder bis 5 cm breit, oberhalb der Blattmitte am breitesten, an der Spitze stumpf, oberseits glänzend dunkelgrün, ganzrandig oder nur wenig gezähnt, mit zahlreichen durchscheinenden Drüsen. Blattstiel 0,5–1,5 cm lang. Blüten in achselständigen Büscheln, meist zu 5–9, gelegentlich auch einzeln. Kelch bis 3 mm lang, bis zur Hälfte in 5 schmale, spitze, ziemlich steife Zipfel geteilt. Krone weiß, auf der Innenseite purpurn gesprenkelt und bärtig behaart, annähernd glockenförmig, um 1 cm breit, Kronzipfel kürzer als Kronröhre. Steinfrucht klein, wenig fleischig, 7–9 mm breit, kugelig, purpurn. Blütezeit IV. Ursprünglich nur in Australien und Neukaledonien. Besonders in Westeuropa von Portugal bis Irland in Hecken oft gepflanzt. Stellenweise eingebürgert.

Paulownia tomentosa: **a** Wuchsform **b** Blatt eines jungen Baumes **c** Blütenstand **d** Früchte
Myoporum tenuifolium: **e** Wuchsform **f** Blätter **g** blühender Zweig

a
b
c
d
e
f
g

Fam. Caprifoliaceae – Geißblattgewächse

Schwarzer Holunder *Sambucus nigra* L.
Kleiner sommergrüner Baum oder Strauch bis etwa 10 m Höhe. Rinde rissig gefurcht, graubraun, an älteren Exemplaren sehr korkig. Von der Stammbasis wachsen oft sehr lange, gerade Schößlinge. Äste gebogen bis aufrecht. Zweige und jüngere Äste mit weißem Mark. Blätter gegenständig, unpaarig gefiedert mit 2–3 Fiederpaaren. Fiederblättchen 4,5–12 cm lang, oval, zugespitzt, gesägt bis gezähnt, unterseits spärlich behaart. Blüten in flacher Schirmrispe bis 24 cm Durchmesser. Einzelblüten 3–5zählig, cremeweiß, duftend. Steinfrucht kugelig, zur Reifezeit schwarz oder rötlich-schwarz. Blütezeit VI–VII. Häufig an Waldrändern und in Hecken. In Mitteleuropa weit verbreitet, in Südeuropa wegen der Früchte stellenweise angebaut.
Der **Trauben-Holunder *(Sambucus racemosa)*** ist recht ähnlich, besitzt jedoch ein rostbraunes Mark in den Zweigen und trägt rote Steinfrüchte.

Gemeiner Schneeball *Viburnum opulus* L.
Kleiner laubwerfender Baum oder Strauch, meist nicht über 4 m hoch. Zweige abstehend, unbehaart, graubraun bis hellgrau. Knospen mit Schuppen. Blätter 3–8 cm lang, mit 3 bis manchmal 5 unregelmäßig gezähnten, nach vorne weisenden Lappen und fadenförmigen Nebenblättern. Blütenstand schirmrispig, etwa 4–10 cm breit, mit einem äußeren Kranz steriler, blumiger Blüten und inneren, fertilen Blüten mit sehr kleinen Kronblättern. Frucht kugelig, rot, nach dem Laubfall noch längere Zeit bleibend. Blütezeit VI–VII. In Europa an Waldrändern und in Feldgehölzen weit verbreitet.

Wolliger Schneeball *Viburnum lantana* L.
Laubwerfender kleiner Baum bis etwa 6 m Höhe mit runden, grauen, behaarten Ästen und schuppenlosen Knospen. Blätter 4–14 cm lang, oval, oberhalb der Mitte am breitesten, rauh, am Rande gezähnt, unterseits dicht mit Sternhaaren besetzt, ohne Nebenblätter. Blütenstand 6–10 cm breit, alle Blüten fertil und einheitlich. Frucht eiförmig, etwas abgeflacht, anfangs rot, später schwarz. Blütezeit V–VI. Vor allem an warmen und trockenen Standorten, vorzugsweise auf Kalkböden. In Deutschland nur bis zum Mittelrheingebiet. Im südlichen Mitteleuropa und im Süden weit verbreitet.

Lorbeer-Schneeball *Viburnum tinus* L.
Dicht verzweigter, immergrüner Strauch oder kleiner Baum bis etwa 7 m Höhe. Zweige meist kahl, wenig kantig. Blätter 3–10 cm lang, oval-lanzettlich oder von oval-rundlichem Umriß, ganzrandig, am Rande oft etwas umgeschlagen, oberseits dunkelgrün glänzend, unterseits heller und spärlich behaart. Blütenstand schirmrispig, 4–9 cm breit, Blüten alle einheitlich und fertil. Früchte kugelig, zugespitzt, dunkelblau. An trockenen, steinigen Standorten in Felsgebüsch. In Südeuropa weit verbreitet und häufig. Manchmal in Hecken oder als Ziergehölz angepflanzt.

Sambucus nigra: **a** Wuchsform **b** Rinde **c** blühender Zweig **d** Früchte
Viburnum opulus: **e** blühender Zweig **f** Früchte
Viburnum lantana: **g** blühender Zweig **h** Früchte
Viburnum tinus: **i** blühender Zweig **j** Früchte

a
b
c
d
e
f
g
h
i
j

Fam. Agavaceae – Agavengewächse

Cordyline *Cordyline australis* (G. FORSTER) HOOKER
Kleiner immergrüner Baum bis etwa 13 m Höhe mit zylindrischem Stamm, oft mehrstämmig. Rinde blaß braungrau. Blätter 30–90 × 2,5–8 cm, linealisch bis linealisch-lanzettlich, zur Spitze allmählich verschmälert, scharf zugespitzt, dunkelgrün oder etwas gelblich, meist in rundlichen Büscheln am Ende des Stammes, aufrecht, nur die unteren hängen herab und umschließen den Stamm, sitzend, mit zahlreichen Längsnerven. Blüten in großen, endständigen Rispen, diese 60–120 × 30–60 cm. Einzelblüten duftend, etwa 1 cm breit, mit 6 schmalen, cremeweißen Hüllblättern. Frucht beerenförmig, etwa 6 mm lang, kugelig, weißlich oder bläulich-weiß. Blütezeit VI–VII. Ursprünglich nur in Neuseeland. In West- und Südeuropa häufiger als Zierbaum in Gärten und Parks gepflanzt.

Yucca *Yucca aloifolia* L.
Der vorigen Art recht ähnlich, bis 10 m hoch, mit kräftigem, dicklichem Stamm, der sich reich verzweigt. Blätter 50–100 cm lang, am Rande mit kleinen Zähnen, bläulich-grün. Blüten 4–6 cm breit, weiß, an den Spitzen der Hüllblätter oft purpurn überlaufen. Frucht zur Reifezeit länglich, gestielt, fleischig, schwärzlich-purpurn. In den südwestlichen USA beheimatet, in Europa häufig als Zierpflanze in Gärten und im Süden mitunter verwildernd.

Drachenbaum *Dracaena draco* L.
Ähnlich wie Cordyline, jedoch mit kurzem, recht ansehnlichem Stamm, der oft gebogen und gedreht ist und sich weiter oben gabelig zu einer fast ebenen, ausgebreiteten Krone verzweigt. Blätter bläulich-grün, am Grunde rötlich. Blüten grünlich-weiß. Früchte bis 1,5 cm lang, kugelig, rötlich-orange. 1samig. Auf den Kanarischen Inseln und auf Madeira beheimatet, im Mittelmeergebiet gelegentlich an Straßen und Plätzen gepflanzt.

Fam. Musaceae – Bananengewächse

Banane *Musa cavendishii* LAMBERT EX PAXTON
Baumförmige Staude mit Sprossen bis 3 m Höhe, die einmal fruchten und dann absterben. Die Pflanze erneuert sich jährlich aus einem ansehnlichen Wurzelstock. Blätter setzen am Grunde an, Blattscheiden sehr lang, faserig, bleibend, röhrig, mit freien Rändern, aber dicht um die Blattscheiden jüngerer Blätter geschlossen, bilden auf diese Weise einen Scheinstamm. Blattspreite 120–200 × 40–60 cm, länglich, vorne gerundet, ganzrandig, aber bald bis zur Mittelrippe in verschiedene Lappen und Abschnitte zerrissen. Der Blütenstand ist eine lange, hängende Ähre, etwa 1 m lang. Beerenfrucht (Banane) 12–18 cm lang mit zahlreichen sterilen Samen. Blütezeit III–IX. Ursprünglich nur im tropischen Asien; im Mittelmeergebiet häufig in Hausgärten oder in Parks gepflanzt.

Cordyline australis: **a** Wuchsform **b** Blüte **c** Frucht
Yucca aloifolia: **d** Wuchsform – *Dracaena draco:* **e** Wuchsform
Musa cavendishii: **f** Wuchsform **g** Blütenstand

a
b
c
d
e
f
g

Fam. Arecaceae – Palmen

Schmuckpalme *Arecastrum romanzoffianum* (CHAM.) BELL
Einhäusiger Baum mit einzelnem, schlankem Stamm, bis etwa 10 m Höhe und 70 cm Durchmesser. Stamm ziemlich glatt und deutlich geringelt. Blätter fiederig, bis 5 m lang, Fiederblättchen schmal, weniger als 3 cm breit, weich, von der Spindel herabhängend, beidseits gleichfarben grün. Blütenstand bis 1 m lang, achselständig, von der Krone meist herabhängend, mit sehr zahlreichen cremeweißen Blüten und zur Reifezeit mit gelben, geschnäbelten, eiförmigen Früchten. Heimisch im südlichen und zentralen Brasilien. Im Mittelmeergebiet stellenweise als Straßenbaum gepflanzt.

Wächter-Palme *Howeia forsteriana* (C. F. MOORE & F. MÜLLER) BELL
Einhäusiger Baum mit einzelnem, sehr schlankem Stamm bis etwa 15 m Höhe. Stamm grau, glatt, mit Blattnarben. Blätter fiederig, um 5 m lang, mit kräftiger Mittelrippe und weit stehenden, flachen Fiederblättchen, diese schmal-lanzettlich, beidseits gleichfarben grün, unterseits fleckig und schuppig. Blattstiel bis etwa 1,5 m lang, meist aufrecht und nur wenig bogig überhängend. Blütenstand bis etwa 1 m lang, aus der Krone heraushängend, reich verzweigt. Früchte eiförmig, vorne kurz zugespitzt, bis 6 cm lang, dicht gepackt. Auf der Lord-Howe-Insel heimisch und im Mittelmeergebiet in Parks und Gärten ein beliebter Zierbaum.

Chilenische Weinpalme *Jubaea chilensis* (MOLINA) BAILLON
Einhäusiger Baum mit einzelnem, recht dickem Stamm, bis 30 m hoch und 2 m dick. Stamm grau, glatt, mit rautenförmigen Blattspuren bedeckt. Blätter gefiedert, bis 4 m lang, mit sehr zahlreichen Fiederblättchen, diese bis 70 cm lang, 3 cm breit und an der Spitze geteilt. Blütenstand achselständig, reichblütig; Früchte oval-kugelig, gelb. Vielleicht die widerstandsfähigste der Palmen von der Südhalbkugel. Sie erträgt Trockenheit und niedere Temperaturen recht gut und wächst enorm gut an der französischen Riviera. Größte im Mittelmeergebiet angepflanzte Palmenart.

Arecastrum romanzoffianum: **a** Wuchsform **b** Blatt **c** Blütenstand
Howeia forsteriana: **d** Wuchsform **e** Blatt **f** Früchte
Jubaea chilensis: **g** Wuchsform

a
b
c
d
e
f
g

Zwergpalme *Chamaerops humilis* L.
Kleine schaftlose oder kurzstämmige Palme, meist nicht über 2 m hoch, in Kultur jedoch bis 6 m erreichend. Zweihäusig. Stamm grau, mit grauen oder weißlichen Fasern alter Blattbasen bedeckt. Blätter fächerförmig, bis 1 m Durchmesser, sehr starr, tief geteilt; Segmente schwertförmig, an der Spitze auffasernd, grün, graugrün oder bläulich, nicht hängend, sondern steif-aufrecht. Blütenstand bis 35 cm lang, unauffällig und oft zwischen den Blättern versteckt. Früchte bis 4,5 cm breit, kugelig bis länglich, gelb oder braun. Einzige europäische Palme. Meist in Küstennähe auf sandigem Boden. Vor allem im westlichen Mittelmeergebiet.

Australische Fächerpalme *Livistona australis* (R. BR.) C. F. P. MART.
Einhäusiger Baum mit schlankem Schaft bis etwa 20 m Höhe oder mehr. Stamm immer mit braunen Blattbasen und braunen Fasern bedeckt. Blätter fächerförmig, bis 1,5 m Durchmesser, im Umriß kreisförmig. Blattrippe setzt sich in die Blattspreite fort. Blattsegmente glänzend dunkelgrün, mit vorstehendem, gelblichem Blattnerv, weich, an den Spitzen überhängend, oft auch mit langen, von den Segmentspitzen herabhängenden Fäden. Blattstiele sehr lang, dünn, stachelig, gezähnt. Blütenstand in den Blattachseln, anfangs von einem sehr holzigen Hochblatt eingeschlossen, später sehr reich verzweigt, mit langen Fruchtständen. Früchte rundlich, etwa 2 cm groß, rötlich-braun. Ursprünglich in Ost-Australien. In Südeuropa vielfach als Straßen- und Parkbaum gepflanzt.

Chamaerops humilis: **a** Wuchsform **b** Blatt **c** Früchte
Livistona australis: **d** Wuchsform **e** Blatt **f** Blütenstand

a
b
c
d
e
f

Phoenix – Dattelpalme

Große, zweihäusige Bäume mit hohen Schäften. Blätter fiederig, mit schlanken Fiederblättchen, an der Basis der Spindel kürzer als an der Spitze. Blattstiel kräftig, kürzer als der Spreitenanteil, ohne Stachel. Blütenstände gestielt, mit wenigen Verzweigungen. Blüten gelblich; männliche Blüten mit sehr dünnen Staubfäden; Fruchtknoten der weiblichen Blüten aus 3 Fruchtblättern. Frucht beerenförmig, meist nur aus 1 Fruchtblatt entwickelt. Samen entlang der Bauchseite gefurcht.

Kanarische Dattelpalme *Phoenix canariensis* CHABAUD

Palme mit sehr kräftigem Stamm, bis etwa 20 m hoch. Die bleibenden Blattbasen bilden einen sehr massiven Schaft bis 1,5 m Durchmesser. Blätter gefiedert, 5–6 m lang, bis zu 200 in einer dichten Krone, aufsteigend-aufrecht, nur die unteren überhängend. Je Blatt etwa 150–200 Paar Fiedern, lang zugespitzt, ziemlich kurz und schmal, hellgrün, nicht gefaltet, gerade, an der Spindel in verschiedenen Winkeln ansitzend. Blattstiel am Grunde mit Stacheln, die nach oben allmählich länger werden und in kurze Fiederblättchen übergehen. Blütenstand reich verzweigt, bis 2 m lang, aus den Blattachseln. Früchte in großen Massen, jede kugelig-eiförmig, bis 3 cm dick, orangefarben. Samen runzlig. Ursprünglich nur auf den Kanarischen Inseln, jedoch in der gesamten tropischen und subtropischen Welt angepflanzt. Eine kleinere, mehrstämmige Palme mit kleinen Früchten, *Phoenix theophrasti,* kommt nur auf Kreta vor und ist dort endemisch.

Echte Dattelpalme *Phoenix dactylifera* L.

Schlanker, zweihäusiger Baum bis 35 m Höhe, mit Schößlingen an der Basis. Schaft jahrelang mit alten Blattbasen bedeckt, die ein charakteristisches Gittermuster bilden. Blätter gefiedert, bis etwa 4 m lang, bilden eine lichte Krone mit etwa 20–40 Blättern, von denen nur die obersten aufrecht stehen. Fiedern bis 50 cm lang, graugrün, steif, scharf zugespitzt. Fruchtstand hängend. Dattelfrucht 2,5–8 cm groß, dunkelorange, süß, eßbar. Ursprünglich in Arabien und Persien. Im Mittelmeergebiet vielfach angepflanzt, dort aber kaum fruchtend.

Phoenix canariensis: **a** Wuchsform **b** Blatt **c** Fruchtstand
Phoenix dactylifera: **d** Wuchsform **e** Blatt **f** Fruchtstand **g** Frucht

a
b
c
e
f
d
g

Chinesische Hanfpalme *Trachycarpus fortunei* (HOOK.) H. A. WENDL.
Einhäusige Palme mit schlankem Stamm bis etwa 14 m Höhe. Stamm lange Zeit mit bleibenden, dichten, langen, braunen, faserigen Blattbasen bedeckt, daher matt aussehend. Blatt fächerförmig, bis 1 m breit und lang, bis fast zum Grunde geteilt; Teilblättchen steif, sehr spitz, oberseits grün, unterseits graugrün. Blattstiele bis 50 cm lang, wenig gezähnt, am Grunde mit dichten braunen Fasern bedeckt. Blütenstand sehr reich verzweigt, mit zahlreichen gelben, duftenden Blüten. Früchte 3lappig, nierenförmig, etwa 2 cm lang, schwarzpurpurn zur Reifezeit. Samen an der Bauchseite gefurcht. Ursprünglich in China und Japan. Im Mittelmeergebiet häufig zu Alleen oder in Parks gepflanzt.

Kalifornische Fächerpalme *Washingtonia filifera*
(J. J. LINDEN) H. A. WENDL.
Einschäftige Palme bis 20 m Höhe und 1 m Durchmesser mit zwittrigen Blüten. Oberer Teil des Schaftes oder manchmal der gesamte Stamm mit den Resten abgestorbener Blätter bedeckt; im Ursprungsgebiet daher auch Petticoat-Palme genannt. Wenn die Blätter entfernt werden, bilden die bleibenden Blattbasen eine dichte, unregelmäßige Lage, die den Stamm mit einem Furchen- und Leistenmuster überziehen, das viel wulstiger ist als die Wachstumsringe. Blätter bis 2 m Durchmesser, im Umriß rundlich bis fächerförmig, auf mehr als der Hälfte der Spreite tief geteilt, mit langen Fäden an den einzelnen Segmenten und Schlitzen, die vom Blatt herabhängen. Blattstiel bis 2 m lang und 15 cm dick. Jedes Blatt besteht aus etwa 50 graugrünen Segmenten. Blütenstände in den Achseln der unteren Blätter, mit zahlreichen kleinen, weißen Blüten, anfangs aufrecht, später hängend. Früchte eiförmig, leicht runzelig. Beheimatet in Südkalifornien, Arizona und Mexiko. In Parks und Gärten im Mittelmeerraum oder auch entlang von Straßen vielfach gepflanzt.

Trachycarpus fortunei: **a** Wuchsform **b** Blatt **c** Blütenstand
Washingtonia filifera: **d** Wuchsform **e** Blatt **f** Früchte

a
b
c
d
e
f

Erklärung einiger Fachausdrücke

Andrözeum Gesamtheit der Staubblätter einer Blüte
Angiospermen Bedecktsamer; Pflanzen, bei denen die Samenanlagen von einem oder mehreren Fruchtblättern völlig eingeschlossen werden
Antheren Staubbeutel
Apikaldominanz Längenwachstum der Seitenzweige wird zugunsten der Hauptachse unterdrückt
Arillus Samenmantel; zusätzliche, meist fleischige Hülle, die den eigentlichen Samen nur unvollständig einhüllt und eine Frucht vortäuscht
Art-Epitheton Der wissenschaftliche Name einer Pflanze besteht aus zwei Teilen, von denen der erste die Gattung (z. B. *Salix*) und der zweite (Epitheton) zusammen mit dem Gattungsnamen die Art bezeichnet (z. B. *Salix caprea* Sal-Weide)
axillar achselständig, wird zur Bezeichnung von Verzweigungen verwendet, die in der Achsel eines Tragblattes entspringen
Bast Gesamtheit der vom Kambium nach außen abgegebenen Gewebe
Bastarde oder Hybriden sind Individuen, die aus der Kreuzung erbverschiedener Eltern hervorgehen. Dabei gehören die Eltern mindestens verschiedenen Unterarten an
Bedecktsamer Angiospermen; Pflanzen, bei denen die Samenanlagen von einem oder mehreren Fruchtblättern völlig eingeschlossen werden
Beeren Fruchtform, bei der viele Samen in einen fleischigen Fruchtteil eingebettet sind
Beerenzapfen Bei manchen Nadelhölzern (z. B. beim Wacholder) verholzen die Zapfenschuppen nicht, sondern werden fleischig. Sie nehmen dabei das Aussehen von Beeren an, sind aber morphologisch gesehen Beerenzapfen
Binome Die wissenschaftliche Benennung einer Art besteht immer aus (mindestens) zwei Teilen, dem Gattungsnamen und dem Art-Epitheton. Beide zusammen ergeben ein Binom
Blattachsel Winkel zwischen Blattstiel und Sproßachse
Blattspreite flächiger Anteil eines Blattes im Unterschied zum Blattgrund oder Blattstiel
Borke Infolge des sekundären Dickenwachstums reißt die Rinde stellenweise auf – es muß in tieferen Schichten ein neues Abschlußgewebe entstehen. Die äußeren Schichten sterben dabei ab. Ihre Gesamtheit wird als Borke bezeichnet
Chlorophyll Blattfarbstoff, kompliziert aufgebautes, organisches Farbmolekül
Cultivar durch gärtnerische Maßnahmen als Zier- oder Gartenform züchterisch veränderte Pflanze
Deckschuppe Teil des Koniferenzapfens, verwächst bei der Zapfenreife mit der Samenschuppe und bildet ein kräftiges, verholztes Element
dichotom gabelig; wird für eine besondere Form der Verzweigung oder (in diesem Buch) für die Bezeichnung eines Bestimmungsschlüssels verwendet, dessen Fragen jeweils nur die Entscheidung zwischen zwei Möglichkeiten geben. Der Bestimmungsgang verzweigt sich dabei
eingeschlechtig Blüten nicht zwittrig, sondern entweder nur mit Fruchtblättern (weiblich) oder nur mit Staubblättern (männlich) ausgestattet
einhäusig männliche und weibliche Blüten werden getrennt, aber auf dem gleichen Individuum angelegt (z. B. Hasel)
einkeimblättrig Pflanzen, die nur mit einem Keimblatt (Cotyledon) auskeimen
Endknospe Knospe am Triebende
fertil fruchtbar
Fiedern Teile oder Abschnitte eines zusammengesetzten (gefiederten) Blattes, die auch Blättchen genannt werden
Filament Teil des Staubblattes, trägt an seinem oberen Ende die beiden Staubbeutel, Staubfaden
Flügelfrucht Nußfrucht, die einen Flügel zur Erleichterung der Verbreitung durch Fliegen oder Segeln trägt

Fruchtblatt weiblicher Anteil einer Blüte, der die Samenanlagen trägt
Garrigue Kleingebüschvegetation im Mittelmeergebiet, meist durch Beweidung oder Brandlegung aus der Macchie hervorgegangen
getrenntgeschlechtig Pflanzen, die keine Zwitterblüten hervorbringen, sondern weibliche und männliche Blüten auf verschiedenen Individuen tragen
Griffel Teil des Fruchtknotens, der an seinem oberen Ende die Narbe trägt
Gymnospermen Nacktsamer; Pflanzen, bei denen die Samenanlage nicht von einem Fruchtblatt eingeschlossen ist
Gynözeum Gesamtheit der Fruchtknoten bzw. Fruchtblätter einer Blüte
Hochblätter Blätter des Blütenbereichs, die sich in Form und Farbe von den übrigen Laubblättern, aber auch von den eigentlichen Blütenblättern (Kelch- und Kronblätter) deutlich unterscheiden
hybridogen auf Bastardierung bzw. Hybridisierung zurückgehende Sippe
intergenerisch Bastarde oder Hybriden zwischen Eltern verschiedener Gattungszugehörigkeit
interspezifisch Bastarde oder Hybriden zwischen Eltern verschiedener Artzugehörigkeit
Kätzchen spezialisierter Blütenstand mit meist zahlreichen, stark vereinfachten weiblichen oder männlichen Blüten
Kambium als Ring bzw. Zylinder angelegtes Bildungsgewebe im Stamm, das nach außen Bast (Phloem) und nach innen Holz (Xylem) abgibt
Kapsel Fruchtform, die aus der Verwachsung von mindestens zwei Fruchtblättern hervorgeht
Kernholz dunklerer Holzteil im Stamminneren, vom helleren (und jüngeren) Splintholz meist deutlich abgesetzt
Knoten Blattansatzstellen an den Sproßachsen
Leitbündel spezialisiertes Gewebe, in dem Einrichtungen für den Transport von Wasser (Xylem) und von Assimilaten (Phloem) zusammengefaßt sind
Lentizellen Öffnungen der Rinde, die der Durchlüftung tieferer Rindengewebe dienen (Ersatz für Spaltöffnungen)
Lignin Holzsubstanz
Macchie undurchdringliche Großgebüschvegetation im Mittelmeergebiet
Maserknollen knotige oder knollige Verdickungen am Stamm besonders im Abzweigungsbereich der größeren Äste, die zum natürlichen Erscheinungsbild gehören, jedoch auch auf Krankheiten zurückzuführen sind
Mikrosporangien Behälter der Mikrosporen. Bei Blütenpflanzen spricht man von Staubbeuteln bzw. Staubkörnern (Pollen)
Mikrosporophylle Blätter, die die männlichen Sporen hervorbringen, heißen bei den Blütenpflanzen Staubblätter
Nacktsamer Gymnospermen; Pflanzen, bei denen die Samenanlagen offen zugänglich und nicht von einem Fruchtblatt eingeschlossen sind
Nadelblätter Blatt-Typ der Nadelhölzer, auch als Nadeln bezeichnet
Narbe Teil des Fruchtknotens, an dem die von Tieren oder durch den Wind herangeführten Pollen angeheftet werden
Nektar Drüsensekret, das in den Nektarien abgesondert wird. Nektarien finden sich nicht nur in Blüten, sondern auch an Blattstielen
Nektarien Nektardrüsen zur Produktion von Nektar
Nomenklatur wissenschaftliche Benennung bzw. Namengebung für die einzelnen Arten; erfolgt nach einem festgelegten Regelwerk
Nuß Fruchtform, die sich nicht von selbst öffnet und deren äußere Schichten stärker verholzt sind
Parenchym Grund- oder Füllgewebe mit weitgehend unspezialisierten Zellen
Petalen Kronblätter
Phloem Bastteil oder Siebteil, im Leitgewebe außerhalb des Kambiums gelegen
Phyllodien Blätter, deren Blattspreite stark reduziert ist und bei denen der flächig verbreiterte Blattstiel die Aufgaben der Spreite übernimmt

Pollen männliche Verbreitungseinheit, wird in den Staubblättern produziert und durch Tiere oder den Wind verbreitet
Primordialblätter = Primärblätter, auf die Keimblätter folgender Blatt-Typ, der sich gestaltlich von den Folgeblättern unterscheidet, oder Blatt-Typ, der erst durch späteres Wachstum in die arttypische Form übergeht
Rhachis Mittelrippe des Laubblattes, wird bei gefiederten Blättern als Spindel bezeichnet
Rinde Abschlußgewebe, umgibt alle Sproßachsenbereiche mit einer abdichtenden, schützenden Haut
Samenanlagen besondere Einrichtungen an den Fruchtblättern, aus denen nach Befruchtung die Samen hervorgehen
Samenschuppe Teil des Koniferenzapfens, der die Samenanlagen trägt (entspricht dem Fruchtblatt)
sekundäres Dickenwachstum Die Stämme einkeimblättriger Pflanzen (z.B. Palmen) wachsen sofort auf die endgültige Dicke heran. Alle anderen Gehölze nehmen erst allmählich an Umfang zu, sie werden sekundär dicker
Sepalen Kelchblätter
spannrückig von der idealen Säulenform durch die Bildung größerer Wülste oder Leisten abweichender Baumstamm
Splintholz hellerer Holzteil unmittelbar innerhalb des Kambiums, vom dunkleren (und älteren) Kernholz meist deutlich abgesetzt
Staminodien unfruchtbare (sterile) Staubblätter
Steinfrucht Fruchtform, deren Fruchtschale in einen fleischigen äußeren und verholzten inneren Teil gegliedert ist
Steinzellen Zellen mit besonders dicken Zellwänden, die oft in das Fruchtfleisch von Birnen eingestreut sind und deren sandigen Geschmack hervorrufen
Stomata Spaltöffnungen (besorgen den Gasaustausch)
Subspecies unterscheidbarer Formenkreis innerhalb einer Art, als Unterart oder Kleinart besonders ausgeschieden
Systematik biologische Teildisziplin, die sich mit der natürlichen Verwandtschaft der Organismen befaßt
Taxon taxonomische Kategorie beliebiger Rangstufe, z.B. Gattung, Familie oder Ordnung. Wird am ehesten mit dem deutschen Begriff „Sippe“ umschrieben
Taxonomie biologische Teildisziplin, die sich mit der Einordnung der Arten in Gattungen, Familien, Ordnungen, Klassen etc. befaßt
taxonomische Bastarde Bastarde oder Hybriden, die durch Kreuzung verschiedener Arten oder sogar Gattungen entstehen
Tracheen Gefäße, Leitelemente im Xylem, können so groß sein, daß man sie als Poren mit bloßem Auge erkennen kann (z.B. bei den Eichen)
Tracheiden längliche Zellen mit durchbrochenen Endwänden, dienen im toten Zustand dem Wassertransport
Tragblätter Blätter, aus deren Blattachsel eine Blüte oder ein Seitenzweig entspringt
Trieb jährlicher Zuwachs an den Sproßspitzen
Variabilität auf genetische oder Umwelteinflüsse zurückgehende Veränderlichkeit des Erscheinungsbildes einer Art

---

Blätter und Blütenstände (schematisch)

a oval **b** lanzettlich, zugespitzt **c** spatelförmig, stumpf **d** rundlich, kreisförmig **e** linealisch, vorne etwas ausgerandet **f** Grund abgeschnitten, Rand doppelt gezähnt oder gesägt **g** gelappt, am Grunde geöhrt **h** gezähnt, am Grunde herzförmig **i** handförmig geteilt **j** unpaarig gefiedert, Fiederblättchen elliptisch **k** doppelt gefiedert **l** Blätter rautenförmig, kreuzgegenständig **m** Blätter in Wirteln **n** Traube **o** Rispe **p** Knäuel **q** Dolde

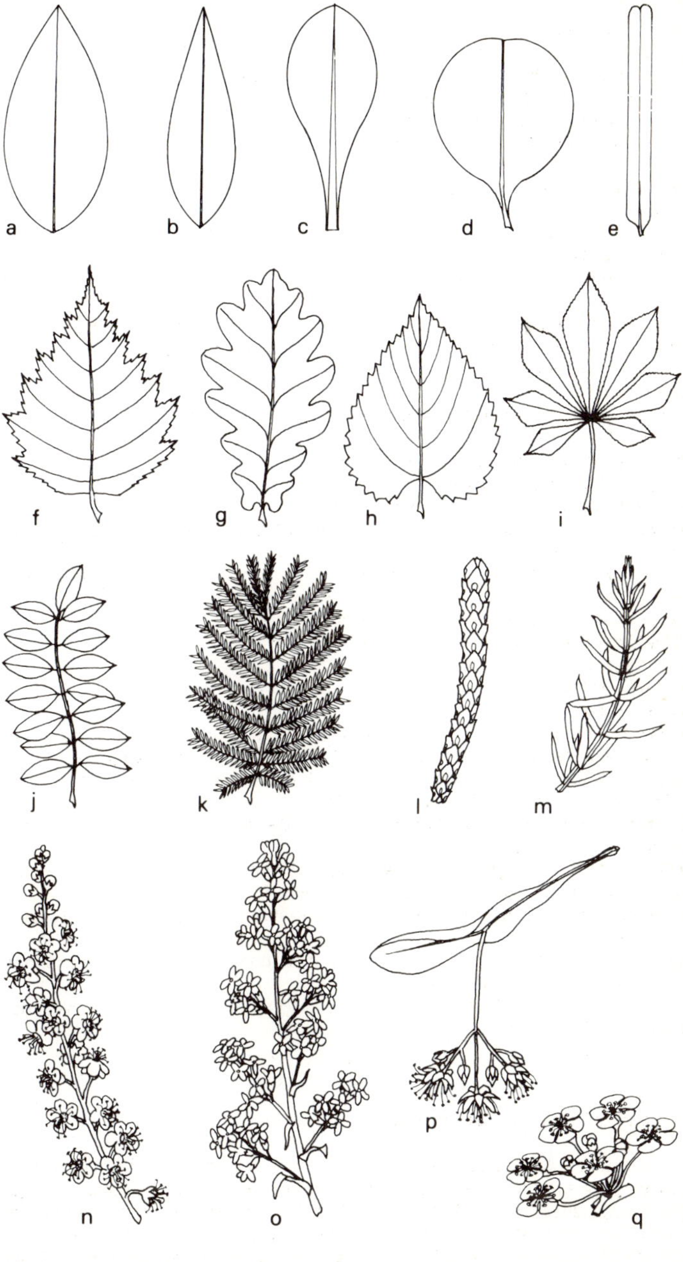
a
b
c
d
e
f
g
h
i
j
k
l
m
n
o
p
q

Varietäten Formenkreis innerhalb einer Art, der nicht den Rang einer (geografisch festlegbaren) Unterart hat
Wasserreiser lange, meist unverzweigte Triebe aus Ruheknospen am Stamm oder an größeren Ästen
wechselständig an aufeinanderfolgenden Knoten sitzt jeweils nur ein Blatt
windblütig Pflanzen, deren Blütenpollen ausschließlich vom Wind verfrachtet und zu den weiblichen Blüten gebracht wird
Wirtel wenn an einem Knoten mehrere Blätter ansitzen
Wurzelbrut lange, oft nur wenig verzweigte Triebe, die aus Ruheknospen am Stammgrund hervorgehen. Nach dem Fällen eines Stammes häufig auch als Stockausschlag bezeichnet
Xylem Holzteil, im Leitgewebe innerhalb des Kambiums gelegen
zweihäusig männliche und weibliche Blüten werden auf verschiedenen Individuen angelegt (z.B. Weiden)
zweizeilig Blätter sitzen an der Achse in zwei übereinanderstehenden Reihen (Zeilen) an
zwittrig Staubblätter (männlich) und Fruchtblätter (weiblich) in der gleichen Blüte
zygomorph Blüte, die nur eine (meist senkrecht verlaufende) Symmetrieebene zuläßt (z.B. eine Schmetterlings- oder Lippenblüte)

Verzeichnis der wissenschaftlichen Pflanzennamen

Halbfett gesetzte Seitenangaben verweisen auf Abbildungen

Verzeichnis der deutschen Pflanzennamen

Halbfett gesetzte Seitenangaben verweisen auf Abbildungen